U0720638

“基础数学应用”丛书

湖北省工业与应用数学学会规划教材

科学出版社“十四五”普通高等教育本科规划教材

数值线性代数

向　华　杨志坚　编著

科学出版社图书类重大项目

科 学 出 版 社

北　京

内 容 简 介

本书作为信息与计算科学专业和应用数学专业数值代数课程的教材，系统介绍了数值代数的基本概念和基本理论，并详细阐述了线性方程组、最小二乘、特征值和奇异值等典型问题的数值解法. 具体内容包括矩阵范数，线性方程组的 Gauss 消去法，经典迭代法，共轭梯度法，最小二乘问题的正交变换法，非对称矩阵特征值问题的幂法、QR 算法，对称矩阵特征值问题的对称 QR 算法、Jacobi 方法、二分法、分而治之法，奇异值分解以及快速 Fourier 变换等. 在介绍数值算法的同时，书中也给出了简洁的理论证明. 每章首页附有知识导图二维码，章末附有知识扩展.

本书可作为计算数学、应用数学、科学工程计算等专业本科生的教材或参考用书，也可供从事相关研究工作的科技人员参考.

图书在版编目(CIP)数据

数值线性代数 / 向华，杨志坚编著. -- 北京 : 科学出版社，2024. 9. (“基础数学应用”丛书) (湖北省工业与应用数学学会规划教材) (科学出版社“十四五”普通高等教育本科规划教材). -- ISBN 978-7-03-079563-2

Ⅰ. O241.6

中国国家版本馆 CIP 数据核字第 20248W8U81 号

责任编辑：吉正霞 范培培 / 责任校对：杨聪敏

责任印制：彭 超 / 封面设计：苏 波

科 学 出 版 社 出版

北京东黄城根北街 16 号

邮政编码：100717

http://www.sciencep.com

武汉精一佳印刷有限公司印刷

科学出版社发行 各地新华书店经销

*

2024 年 9 月第 一 版 开本：787×1092 1/16

2024 年 9 月第一次印刷 印张：9 1/2

字数：235 000

定价：45.00 元

（如有印装质量问题，我社负责调换）

“基础数学应用”丛书编委会

丛书序

数学本身就是生产力. 众所周知, 数学是一门重要的基础学科, 也是其他学科的重要基础, 几乎所有学科都依赖于数学的知识和理论, 几乎所有重大科技进展都离不开数学的支持. 数学也是一门关键的技术. 数学的思想和方法与计算技术的结合已经形成了一种关键性的、可实现的技术, 称为“数学技术”. 在当代, 数学在航空航天、人工智能、生物医药、能源开发等领域发挥着关键性, 甚至决定性作用. 数学技术已成为高技术的突出标志和不可或缺的组成部分, 从而也可以直接地产生生产力. “高技术本质上是一种数学技术”的观点现已被越来越多的人认同.

人工智能(AI)时代是人类历史上最伟大的时代, 它已经对人们的生产、生活、思维方式产生深刻的影响. 在这个时代, 人工智能技术被广泛应用到人类生活的各个方面, 加速了各行各业的智能化进程, 同时也带来了许多挑战和机遇. 世界正飞速进入人工智能时代. 我们需要积极应对这一时代的挑战和机遇, 更好地发挥人工智能技术的优势, 推动人类社会的进步和发展.

在大数据技术和人工智能时代, 数学的作用更为突出. 一方面数学提供了人工智能算法和大模型的理论基础、工具和方法, 同时也为人工智能的思维方式和表达提供了一种规范和统一的描述方式. 另一方面, 人工智能的发展也对数学学科本身产生了深远的影响, 驱动了数学理论的创新, 加速了数学与其他学科的交叉融合, 为数学提供了新的研究方向和挑战. 数学与人工智能的深入结合给人工智能的发展和应用带来更大的潜力和机遇.

为适应新形势, 满足高等数学教育对教学内容和教学方式的新需求, 湖北省工业与应用数学学会在各位同仁的共同努力下推出了这套系列教材. 本套教材中既有经典内容的新写法, 也有新的数学理论、思想和方法的呈现, 注重体系性与协调性统一, 注重理论与实践相结合, 具体生动、图文并茂、逻辑性强, 便于学生自主学习, 也便于教师使用.

作为一种新的尝试, 希望本套丛书能为湖北省乃至全国的数学教育贡献一点湖北力量.

杨志坚

2024 年 5 月

前　言

数值线性代数是计算数学的基础，其核心问题如线性方程组、最小二乘、特征值问题与奇异值问题等在科学与工程计算中广泛存在，尤其是随着近年来数据科学和人工智能的发展，数值代数课程日益重要. 党的二十大报告指出，一些关键核心技术实现突破，战略性新兴产业发展壮大，载人航天、探月探火、深海深地探测、超级计算机、卫星导航、量子信息、核电技术、大飞机制造、生物医药等取得重大成果，进入创新型国家行列. 这些创新领域无疑给计算数学尤其是数值线性代数带来了巨大机遇.

本书探讨这些典型问题的数值计算方法. 线性方程组的求解方法分为直接法和迭代法. 对中小型稠密矩阵多用直接法，包括一般矩阵的三角分解、对称正定矩阵的根平方法；对大规模稀疏线性方程组可用迭代法，包括 Jacobi 迭代、Gauss-Seidel 迭代和 SOR 迭代等经典迭代法(讨论模型问题时使用了张量积). 以共轭梯度法为代表介绍 Krylov 子空间方法，并讨论了预处理技术. 最小二乘问题主要介绍基于 QR 分解的正交分解法和广义逆. 特征值问题分为对称和非对称两类. 非对称特征值问题介绍幂法、QR 算法；对称特征值问题介绍对称 QR 算法、Jacobi 方法、二分法、分而治之法等. 考虑到大数据技术中常用到奇异值分解，我们也在第 8 章简要介绍了 Golub-Kahan SVD 算法. 最后，我们还简要介绍了快速 Fourier 变换. 选材大都是经典的，经历了时间和实践的检验，仍极具生命力和实用价值. 介绍高效数值算法的同时，给出了稳定性和收敛性等理论结果，并将理论与编程实践联系，适当介绍相关的 LAPACK 函数. 力求简洁，便于教学和自学. 掌握这些内容可为进一步学习和研究打下基础.

由于编者水平有限，加之时间仓促，不足之处在所难免，敬请批评指正.

编　者

2023 年 12 月

目　录

第1章

绪　论

第1章知识导图

科学计算与理论分析、科学实验为认识自然的三大主要方式. 我们针对生产实践和科学实验建立数学模型后, 需要设计求解问题的数值方法, 对方法的收敛性、稳定性和误差等进行理论分析, 在计算机上编写代码或利用软件包实现算法, 并对计算结果后处理、总结规律或揭示机理, 反馈到工程和科学实践中. 这个过程需要计算机器, 计算机对于数学和应用数学, 变得像望远镜对于物理学、显微镜对于生物学一样重要. 这个过程更需要高效求解数学问题的计算方法, 比如, 我们所得到的描述宏观世界、微观世界和宇观世界运动的方程极其优美, 但除少数特殊情形外, 均不能解析求解, 一般需要借助数值方法. 计算机技术和数值方法在工程和科学计算领域取得了长足的进展, 比如在大规模计算和多尺度计算方面, 数值线性代数则是数值算法的基础.

工程和科学领域的诸多问题越来越依赖于数值计算方法, 经过半个多世纪的探索, 涌现了一大批优秀算法, 尤其是 2000 年评出的 20 世纪十大算法, 它们分别为: ①Monte Carlo(蒙特卡罗)方法, ②单纯形法, ③Krylov(克雷洛夫)子空间方法, ④矩阵分解方法, ⑤优化的 FORTRAN 编译器, ⑥矩阵特征值的 QR 算法, ⑦快速排序算法, ⑧快速 Fourier(傅里叶)变换, ⑨整数关系探测算法, ⑩快速多极算法. 这些优秀的算法对科学研究乃至人们日常生活都产生了深远的影响, 其中一些算法属于数值线性代数, 将在本书中介绍.

数值线性代数研究内容包括: 线性代数方程组、最小二乘、矩阵特征值、奇异值问题以及相应软件包的编制等. 本书中矩阵用大写黑体英文字母表示, 列向量用小写黑体英文字母表示, 实数或复数一般用小写希腊字母表示. 没有特殊说明时, 矩阵和向量的维数是相容的, 使矩阵-矩阵和矩阵-向量乘法有意义. 对于矩阵 $\boldsymbol{A}$, 我们用 $\boldsymbol{A}(p:q,s:t)$ 表示由 $\boldsymbol{A}$ 的第 p 行到 q 行和第 s 列到 t 列的所有元素按原有顺序组成的 $(q-p+1)\times(t-s+1)$ 子矩阵; 特别地, $\boldsymbol{A}(i,:)$ 和 $\boldsymbol{A}(:,j)$ 分别表示矩阵 $\boldsymbol{A}$ 的第 i 行和第 j 列. $\mathbb{R}^{m\times n}$ 和 $\mathbb{C}^{m\times n}$ 分别表示 $m\times n$ 实矩阵和复矩阵集合.

1.1 矩阵范数

线性代数方程组 $\boldsymbol{Ax}=\boldsymbol{b}$ 是数值代数中的基本问题. 我们将讨论系数矩阵 $\boldsymbol{A}$ 和右端向量 $\boldsymbol{b}$ 的扰动对解向量 $\boldsymbol{x}$ 的影响, 需要对向量和矩阵进行度量, 引入向量范数和矩阵范数等概念.

线性空间 $\mathbb{R}^n$ 上向量 $\boldsymbol{x}$ 的范数是满足下面三个条件的非负实值函数 $\|\cdot\|$:

(1) $\|\boldsymbol{x}\|\geqslant 0$, 当且仅当 $\boldsymbol{x}=\boldsymbol{0}$ 时, $\|\boldsymbol{x}\|=0$;

(2) $\|\alpha\boldsymbol{x}\|=|\alpha|\|\boldsymbol{x}\|$, $\forall\ \alpha\in\mathbb{R}$;

(3) $\|\boldsymbol{x}+\boldsymbol{y}\|\leqslant\|\boldsymbol{x}\|+\|\boldsymbol{y}\|$, $\forall\ \boldsymbol{x},\boldsymbol{y}\in\mathbb{R}^n$.

对任意 $\boldsymbol{x}=(x_1,\cdots,x_n)^{\mathrm{T}}, \boldsymbol{y}=(y_1,\cdots,y_n)^{\mathrm{T}}\in\mathbb{R}^n$ 有

$$\big|\|\boldsymbol{x}\|-\|\boldsymbol{y}\|\big|\leqslant\|\boldsymbol{x}-\boldsymbol{y}\|\leqslant c\max_{1\leqslant j\leqslant n}|x_j-y_j|,$$

其中 $c=\sum_{j=1}^n\|\boldsymbol{e}_j\|$, $\boldsymbol{e}_j$ 是坐标基矢. 故 $\|\cdot\|$ 是 $\mathbb{R}^n$ 上的实值连续函数.

如下是几种常用的向量范数.

2-范数: $\|\boldsymbol{x}\|_2=\left(\sum_{i=1}^n x_i^2\right)^{\frac{1}{2}}$.

1-范数：$\|x\|_1=\sum_{i=1}^{n}|x_i|$.

∞-范数：$\|x\|_\infty=\max_{0\leqslant i\leqslant n}|x_i|$.

p-范数(Hölder(霍尔德)范数)：$\|x\|_p=\left(\sum_{i=1}^{n}|x_i|^p\right)^{1/p}$ $(1\leqslant p<\infty)$.

能量范数：$\|x\|_A=(x^{\mathrm T}Ax)^{1/2}$，其中 A 为对称正定矩阵.

图 1.1 给出了 ∞-范数和 1-范数的例子. $\mathbb{R}^n$ 上可以引入多种范数，$\mathbb{R}^n$ 上向量范数的一个重要性质是所谓的等价性. 向量范数 $\|\cdot\|$ 和 $\|\cdot\|_*$ 等价的含义是对 $\forall\ x\in\mathbb{R}^n$，存在常数 $c_1,c_2>0$，使得

$$c_1\|x\|\leqslant\|x\|_*\leqslant c_2\|x\|.$$

例如,

$$\|x\|_\infty\leqslant\|x\|_1\leqslant n\|x\|_\infty,\quad \frac{1}{\sqrt n}\|x\|_1\leqslant\|x\|_2\leqslant\|x\|_1,\quad \frac{1}{\sqrt n}\|x\|_2\leqslant\|x\|_\infty\leqslant\|x\|_2.$$

范数等价性表明，如果在某种范数下序列 $\{x_k\}$ 收敛到 x_*，则在任一种范数下收敛性都成立.

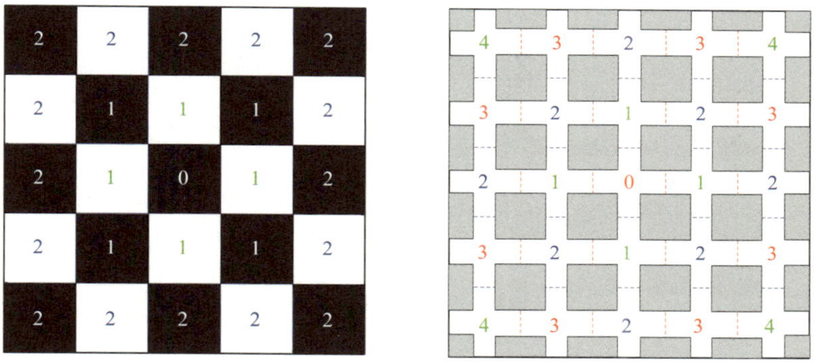

图 1.1　左：国际象棋中王到周围格点的距离，右：街道为东西和南北向时，中心到各交叉路口的距离

$\mathbb{R}^{n\times n}$ 中矩阵范数为满足以下条件的非负实数 $\|\cdot\|$.

(1) $\|A\|\geqslant 0$，$\forall\ A\in\mathbb{R}^{n\times n}$；当且仅当 $A=0$ 时，$\|A\|=0$.

(2) $\|\alpha A\|=|\alpha|\|A\|$，$\forall\ A\in\mathbb{R}^{n\times n}$，$\alpha\in\mathbb{R}$.

(3) $\|A+B\|\leqslant\|A\|+\|B\|$，$\forall\ A,B\in\mathbb{R}^{n\times n}$.

由这个定义不难推广至 $\mathbb{R}^{m\times n}$. 如果除此以外还满足下面第(4)条，则称之为相容矩阵范数.

(4) $\|AB\|\leqslant\|A\|\|B\|$，$\forall\ A,B\in\mathbb{R}^{n\times n}$.

下面通过已知向量范数定义矩阵范数,

$$\|A\|=\max_{x\neq 0}\frac{\|Ax\|}{\|x\|}$$

称为诱导矩阵范数(又称为从属于向量范数的矩阵范数或算子范数)，自然满足上述矩阵范数定义中的四条.

我们有下面三种常用的矩阵范数,

$$\|A\|_\infty = \max_i \sum_{j=1}^{n} |a_{ij}|,$$

$$\|A\|_1 = \max_j \sum_{i=1}^{n} |a_{ij}|,$$

$$\|A\|_2 = \sqrt{\lambda_{\max}(A^{\mathrm{T}} A)},$$

这里 $\lambda_{\max}(\cdot)$ 表示最大特征值.

下面导出 ∞-范数表达式. 令 $\mu = \max\limits_{1\leqslant i\leqslant n} \sum\limits_{j=1}^{n} |a_{ij}|$, 由向量范数定义,

$$\begin{aligned}\|Ax\|_\infty &= \max_{1\leqslant i\leqslant n} \sum_{j=1}^{n} |a_{ij}x_j| \leqslant \max_{1\leqslant i\leqslant n} \sum_{j=1}^{n} |a_{ij}|\,|x_j| \\ &\leqslant \max_{1\leqslant i\leqslant n}\left(\max_{1\leqslant j\leqslant n}|x_j| \sum_{j=1}^{n}|a_{ij}|\right) = \max_{1\leqslant j\leqslant n}|x_j| \max_{1\leqslant i\leqslant n}\left(\sum_{j=1}^{n}|a_{ij}|\right) = \|x\|_\infty\, \mu.\end{aligned}$$

由 ∞-范数定义可知 $\|A\|_\infty = \max\limits_{\|x\|_\infty=1}\|Ax\|_\infty$, 所以 $\|A\|_\infty \leqslant \mu$. 下面说明等号可以取到. 设 A 的第 k 行元素绝对值之和等于 μ, 即

$$\sum_{j=1}^{n} |a_{kj}| = \max_{1\leqslant i\leqslant n} \sum_{j=1}^{n} |a_{ij}| = \mu .$$

按如下方式取向量 $x = (x_1, x_2, \cdots, x_n)^{\mathrm{T}}$: 当 $a_{kj} \geqslant 0$ 时, $x_j = 1$; 当 $a_{kj} < 0$ 时, $x_j = -1$. 这样, $\|x\|_\infty = 1$, $|a_{kj}x_j| = |a_{kj}|$, 且 $\|Ax\|_\infty = \sum\limits_{j=1}^{n}|a_{kj}| = \mu$. 由此可知,

$$\|A\|_\infty = \mu = \max_{1\leqslant i\leqslant n} \sum_{j=1}^{n} |a_{ij}| .$$

下面导出 2-范数的表达式. 注意到 $A^{\mathrm{T}}A$ 对称, 可设其特征对 (λ_i, u_i), 即 $A^{\mathrm{T}}Au_i = \lambda_i u_i$, $i = 1, 2, \cdots, n$; 且 $u_i^{\mathrm{T}} u_j = \delta_{ij}$, $\lambda_1 \geqslant \lambda_2 \geqslant \cdots \geqslant \lambda_n$. 对任意 $x \in \mathbb{R}^n$, 按此特征向量系展开, $x = \sum\limits_{i=1}^{n} \beta_i u_i$, 则容易计算下面的向量 2-范数:

$$\|x\|_2^2 = x^{\mathrm{T}} x = \sum_{i=1}^{n} \beta_i^2, \quad \|Ax\|_2^2 = x^{\mathrm{T}} A^{\mathrm{T}} A x = \sum_{i=1}^{n} \lambda_i \beta_i^2 .$$

显然,

$$\frac{\|Ax\|_2^2}{\|x\|_2^2} = \frac{\sum\limits_{i=1}^{n} \lambda_i \beta_i^2}{\sum\limits_{i=1}^{n} \beta_i^2} \leqslant \frac{\sum\limits_{i=1}^{n} \lambda_1 \beta_i^2}{\sum\limits_{i=1}^{n} \beta_i^2} = \lambda_1 .$$

从而, $\|A\|_2^2 = \max\limits_{x\neq 0} \dfrac{\|Ax\|_2^2}{\|x\|_2^2} \leqslant \lambda_1$, 当 $x = u_1$ 时取等号. 故 $\|A\|_2 = \sqrt{\lambda_1}$.

还有一个常用的范数是 F-范数(Frobenius(弗罗贝尼乌斯)范数),

$$\|A\|_F=\left(\sum_{i=1}^n\sum_{j=1}^n a_{ij}^2\right)^{1/2}=\sqrt{\operatorname{tr}(A^TA)}.$$

F-范数不是算子范数，但和算子范数一样满足范数相容性.

例 1.1 证明：(1) $\|Ax\|_2\leqslant\|A\|_F\|x\|_2$；(2) $\|AB\|_F\leqslant\|A\|_F\|B\|_F$.

证明 (1) 将矩阵 A 按行分块：$A^T=(a_1,\cdots,a_n)$，则

$$\|Ax\|_2^2=\sum_{j=1}^n\left(a_j^Tx\right)^2\leqslant\sum_{j=1}^n\|a_j\|_2^2\|x\|_2^2=\|A\|_F^2\|x\|_2^2,$$

故 $\|Ax\|_2\leqslant\|A\|_F\|x\|_2$.

(2) 矩阵 B 按列分块：$B=(b_1,\cdots,b_n)$，并用(1)中结论，则有

$$\begin{aligned}\|AB\|_F^2&=\|A(b_1,\cdots,b_n)\|_F^2=\|(Ab_1,\cdots,Ab_n)\|_F^2=\sum_{j=1}^n\|Ab_j\|_2^2\\&\leqslant\sum_{j=1}^n\|A\|_F^2\|b_j\|_2^2=\|A\|_F^2\sum_{j=1}^n\|b_j\|_2^2=\|A\|_F^2\|B\|_F^2,\end{aligned}$$

故 $\|AB\|_F\leqslant\|A\|_F\|B\|_F$. □

注 (1)的证明中用到了 Cauchy-Schwarz(柯西-施瓦茨)不等式 $|x^Ty|\leqslant\|x\|_2\|y\|_2$. 从(2)的证明中不难导出 $\|AB\|_F\leqslant\|A\|_2\|B\|_F$.

例 1.2 定义 $\kappa(A)=\|A^{-1}\|_2\|A\|_2$，证明：$\kappa(A^TA)=\kappa^2(A)$.

证明 应用关系式 $\|A^T\|_2=\|A\|_2=\|A^TA\|_2^{1/2}$，则有

$$\kappa(A^TA)=\|A^TA\|_2\|(A^TA)^{-1}\|_2=\|A\|_2^2\|A^{-1}\|_2^2=\kappa^2(A).$$ □

可根据矩阵范数定义证明 2-范数和 F-范数有下面的酉不变性. 设 U 和 V 为酉矩阵(即 $U^HU=I$，$V^HV=I$，这里上标 H 表示共轭转置)，则

$$\|UA\|_2=\|AV\|_2=\|UAV\|_2=\|A\|_2,$$
$$\|UA\|_F=\|AV\|_F=\|UAV\|_F=\|A\|_F.$$

由矩阵范数可讨论矩阵序列的收敛性.

设 $A_k=\left(a_{ij}^{(k)}\right)$，若 $\lim\limits_{k\to\infty}a_{ij}^{(k)}=a_{ij}(i,j=1,2,\cdots,n)$，则称 $A=(a_{ij})$ 为矩阵序列 $\{A_k\}$ 的极限，记为 $\lim\limits_{k\to\infty}A_k=A$. 容易验证矩阵序列 $\{A_k\}$ 收敛于 A 等价于 $\lim\limits_{k\to\infty}\|A-A_k\|=0$.

在线性方程组的迭代法中，我们特别关注矩阵序列 $\{A_k\}$ 是否趋于零矩阵，这里需要引入另一个重要概念. 定义谱半径 $\rho(A)$ 为矩阵 A 特征值最大模，即

$$\rho(A)=\max\{|\lambda|:Ax=\lambda x,\ x\neq 0\}.$$

若 $A^HA=AA^H$，则称 A 为正规矩阵；若 $A^HA=AA^H=I$，则称之为酉矩阵. 对正规矩阵 A，$\rho(A)=\|A\|_2$，这可由下面的 Schur 分解证明.

引理 1.1 (Schur(舒尔)分解)

$\forall A\in\mathbb{C}^{n\times n}$，存在酉阵 U，使得 $U^HAU=T$ 为上三角矩阵.

证明 当 $n=1$ 时，显然成立. 假设命题对 $n-1$ 阶矩阵成立，下面考虑 n 阶矩阵 A.

$(\lambda, \boldsymbol{v})$ 是 $\boldsymbol{A}$ 的特征对，即 $\boldsymbol{A}\boldsymbol{v}=\lambda\boldsymbol{v}\ (\boldsymbol{v}\neq\boldsymbol{0})$，且 $\|\boldsymbol{v}\|_2=1$，设 $\boldsymbol{V}=(\boldsymbol{v},\tilde{\boldsymbol{V}})$ 为 $n\times n$ 酉矩阵，则

$$\begin{aligned}\boldsymbol{V}^{\mathrm{H}}\boldsymbol{A}\boldsymbol{V}&=(\boldsymbol{v},\tilde{\boldsymbol{V}})^{\mathrm{H}}\boldsymbol{A}(\boldsymbol{v},\tilde{\boldsymbol{V}})\\&=\begin{pmatrix}\boldsymbol{v}^{\mathrm{H}}\\ \tilde{\boldsymbol{V}}^{\mathrm{H}}\end{pmatrix}(\boldsymbol{A}\boldsymbol{v},\boldsymbol{A}\tilde{\boldsymbol{V}})=\begin{pmatrix}\lambda\boldsymbol{v}^{\mathrm{H}}\boldsymbol{v} & \boldsymbol{v}^{\mathrm{H}}\boldsymbol{A}\tilde{\boldsymbol{V}}\\ \lambda\tilde{\boldsymbol{V}}^{\mathrm{H}}\boldsymbol{v} & \tilde{\boldsymbol{V}}^{\mathrm{H}}\boldsymbol{A}\tilde{\boldsymbol{V}}\end{pmatrix}=\begin{pmatrix}\lambda & *\\ \boldsymbol{0} & \tilde{\boldsymbol{V}}^{\mathrm{H}}\boldsymbol{A}\tilde{\boldsymbol{V}}\end{pmatrix}.\end{aligned}$$

由假设知，存在 $n-1$ 阶酉矩阵 $\tilde{\boldsymbol{Q}}$，使得 $\tilde{\boldsymbol{Q}}^{\mathrm{H}}(\tilde{\boldsymbol{V}}^{\mathrm{H}}\boldsymbol{A}\tilde{\boldsymbol{V}})\tilde{\boldsymbol{Q}}=\tilde{\boldsymbol{T}}$，这里 $\tilde{\boldsymbol{T}}$ 为上三角矩阵.

定义 $\boldsymbol{Q}=\mathrm{diag}(1,\tilde{\boldsymbol{Q}})$，$\boldsymbol{U}=\boldsymbol{V}\boldsymbol{Q}$，则

$$\boldsymbol{U}^{\mathrm{H}}\boldsymbol{A}\boldsymbol{U}=\boldsymbol{Q}^{\mathrm{H}}(\boldsymbol{V}^{\mathrm{H}}\boldsymbol{A}\boldsymbol{V})\boldsymbol{Q}=\begin{pmatrix}\lambda & *\\ \boldsymbol{0} & \tilde{\boldsymbol{T}}\end{pmatrix}=\boldsymbol{T}.$$

这里 $\boldsymbol{T}$ 为上三角矩阵，命题得证. □

引理 1.2

给定 $\boldsymbol{A}$，$\forall\varepsilon>0$，$\exists\|\cdot\|_*$，使得 $\|\boldsymbol{A}\|_*\leqslant\rho(\boldsymbol{A})+\varepsilon$.

证明 设 $\boldsymbol{A}$ 有 Schur 分解：$\boldsymbol{U}^{\mathrm{H}}\boldsymbol{A}\boldsymbol{U}=\boldsymbol{T}+\boldsymbol{\Lambda}$，这里 $\boldsymbol{\Lambda}=\mathrm{diag}(\lambda_1,\lambda_2,\cdots,\lambda_n)$，$\boldsymbol{T}=(t_{ij})$ 是严格上三角矩阵，$\boldsymbol{U}$ 是酉矩阵.

对 $\forall\delta>0$，记 $\boldsymbol{D}_\delta=\mathrm{diag}(1,\delta,\delta^2,\cdots,\delta^{n-1})$，则有

$$\boldsymbol{D}_\delta^{-1}\boldsymbol{U}^{\mathrm{H}}\boldsymbol{A}\boldsymbol{U}\boldsymbol{D}_\delta=\boldsymbol{\Lambda}+\boldsymbol{D}_\delta^{-1}\boldsymbol{T}\boldsymbol{D}_\delta=\boldsymbol{\Lambda}+\begin{pmatrix}0 & \delta t_{12} & \delta^2 t_{13} & \cdots & \delta^{n-1}t_{1n}\\ 0 & 0 & \delta t_{23} & \cdots & \delta^{n-2}t_{2n}\\ \vdots & \vdots & \vdots & & \vdots\\ 0 & 0 & 0 & \cdots & \delta t_{n-1,n}\\ 0 & 0 & 0 & \cdots & 0\end{pmatrix}.$$

对给定的 $\varepsilon>0$，取 δ，使 $\max\limits_j\sum\limits_{i=1}^{j-1}\left|\delta^{j-i}t_{ij}\right|\leqslant\varepsilon$，则有

$$\|\boldsymbol{A}\|_*\equiv\left\|\boldsymbol{D}_\delta^{-1}\boldsymbol{U}^{\mathrm{H}}\boldsymbol{A}\boldsymbol{U}\boldsymbol{D}_\delta\right\|_1=\left\|\boldsymbol{\Lambda}+\boldsymbol{D}_\delta^{-1}\boldsymbol{T}\boldsymbol{D}_\delta\right\|_1\leqslant\rho(\boldsymbol{A})+\varepsilon.$$

易验证，$\|\cdot\|_*$ 是矩阵范数. □

容易证明，若 $\|\cdot\|$ 是相容矩阵范数，则 $\rho(\boldsymbol{A})\leqslant\|\boldsymbol{A}\|$. 注意，$\rho(\boldsymbol{A})$ 一般不是范数，很容易举出反例，使得三角不等式 $\rho(\boldsymbol{A}+\boldsymbol{B})\leqslant\rho(\boldsymbol{A})+\rho(\boldsymbol{B})$ 不成立.

我们这里用 Schur 分解来证明，是考虑到它在数值计算中的重要性；事实上，此引理之证明亦可以用其他方法，如 Jordan（若尔当）分解，请读者自行练习.

下面的定理在后面迭代法收敛性证明中要用到.

定理 1.3

$\lim\limits_{k\to\infty}\boldsymbol{A}^k=\boldsymbol{0}$ 等价于谱半径 $\rho(\boldsymbol{A})<1$.

证明 （必要性）已知 $\lim\limits_{k\to\infty}\boldsymbol{A}^k=\boldsymbol{0}$，假设 $\rho(\boldsymbol{A})\geqslant1$，则 $\boldsymbol{A}$ 的按模最大的特征值 λ 满足 $|\lambda|\geqslant1$. 设对应特征向量为 $\boldsymbol{x}$，即 $\boldsymbol{A}\boldsymbol{x}=\lambda\boldsymbol{x}$，则 $\boldsymbol{A}^k\boldsymbol{x}=\lambda^k\boldsymbol{x}$.

两边取范数 $\left|\boldsymbol{A}^k\boldsymbol{x}\right\|=|\lambda|^k\|\boldsymbol{x}\|\geqslant\|\boldsymbol{x}\|$. 故 $\|\boldsymbol{x}\|\leqslant\left\|\boldsymbol{A}^k\boldsymbol{x}\right\|\leqslant\left\|\boldsymbol{A}^k\right\|\|\boldsymbol{x}\|$，从而 $\left\|\boldsymbol{A}^k\right\|\geqslant1$，与 $\lim\limits_{k\to\infty}\left\|\boldsymbol{A}^k\right\|=0$ 矛盾.

（充分性）设 $\rho(\boldsymbol{A})<1$，存在 $\varepsilon>0$，使 $\rho(\boldsymbol{A})+\varepsilon<1$．对 $\varepsilon>0$，由引理知，存在矩阵范数 $\|\cdot\|$，使得 $\|\boldsymbol{A}\|\leqslant\rho(\boldsymbol{A})+\varepsilon<1$．故 $\lim\limits_{k\to\infty}\|\boldsymbol{A}^k\|=0$，即 $\lim\limits_{k\to\infty}\boldsymbol{A}^k=\boldsymbol{0}$． □

1.2 计算误差

数值方法涉及对原问题的逼近，自然就引出误差的概念，经常用到绝对误差、相对误差和有效数字等．设 x^* 为准确值，x 为 x^* 的近似．令 $\Delta x=x^*-x$，$\Delta_r x=\dfrac{x^*-x}{x^*}$，定义 $|\Delta x|$ 为绝对误差，$|\Delta_r x|$ 为相对误差；有时也将 $|x^*-x|/|x|$ 作为相对误差．相对误差是无量纲数，通常用百分比表示．一般精确值 x^* 未知，Δx 不能给出；但往往可以估计其范围，确定一正数 ε，使得 $|\Delta x|\leqslant\varepsilon$，此时称 ε 为绝对误差限/界．同样，若能找到正数 ε_r，使得 $|\Delta_r x|\leqslant\varepsilon_r$，则称 ε_r 为相对误差限．

以近似值参加运算，所得的结果也是近似的，含有误差，这就要考虑误差的传播．考查一元光滑函数 $y^*=f(x^*)$，输入数据 x^* 有扰动 $\Delta x=x^*-x$，对应于相对扰动 $\Delta_r x=\Delta x/x$，输出结果为 $y=f(x)$，易验证，

$$\Delta y=y^*-y\approx f'(x)\Delta x,\quad \Delta_r y=\frac{\Delta y}{y}\approx\frac{xf'(x)}{f(x)}\Delta_r x.$$

显然，$\varepsilon(y)\approx|f'|\varepsilon(x)$，$\varepsilon_r(y)\approx\left|\dfrac{xf'(x)}{f(x)}\right|\varepsilon_r(x)$，这里 $\varepsilon(\cdot)$ 和 $\varepsilon_r(\cdot)$ 分别表示绝对误差界和相对误差界．输入数据的相对扰动导致输出结果的相对扰动约放大了 $|xf'(x)/f(x)|$ 倍．

进一步考虑多元可微函数的求值，精确值为 $y^*=f(x_1^*,x_2^*,\cdots,x_n^*)$，自变量用近似值 $x_1,x_2,\cdots,x_n$ 进行计算，得函数值的近似值 $y=f(x_1,x_2,\cdots,x_n)$．由多元函数 Taylor（泰勒）公式，得绝对误差和相对误差分别为

$$\Delta y=y^*-y\approx\sum_{i=1}^n f_i'(x_1,x_2,\cdots,x_n)\Delta x_i,\quad \Delta x_i=x_i^*-x_i,$$

$$\Delta_r y=\Delta y/y\approx\sum_{i=1}^n\frac{x_i f_i'}{y}\frac{\Delta x_i}{x_i}=\sum_{i=1}^n\frac{x_i f_i'}{y}\Delta_r x_i,\quad \Delta_r x_i=\Delta x_i/x_i.$$

故有如下误差限的估计，

$$\varepsilon(y)\approx\sum_{i=1}^n|f_i'(x_1,x_2,\cdots,x_n)|\varepsilon(x_i),$$

$$\varepsilon_r(y)\approx\sum_{i=1}^n\left|\frac{x_i}{y}f_i'(x_1,x_2,\cdots,x_n)\right|\varepsilon_r(x_i).$$

例如，

$$\varepsilon\left(\frac{x_1}{x_2}\right)\approx\frac{1}{|x_2|}\varepsilon(x_1)+\frac{|x_1|}{x_2^2}\varepsilon(x_2),\quad \varepsilon_r\left(\frac{x_1}{x_2}\right)\approx\varepsilon_r(x_1)+\varepsilon_r(x_2),\quad x_1x_2\neq0;$$

$$\varepsilon(x_1\pm x_2)\approx\varepsilon(x_1)+\varepsilon(x_2),\quad \varepsilon_r(x_1\pm x_2)\approx\frac{|x_1|}{|x_1\pm x_2|}\varepsilon_r(x_1)+\frac{|x_2|}{|x_1\pm x_2|}\varepsilon_r(x_2).$$

有效数字为从第一个非零数字开始至末尾的所有数字，其位数与小数点位置无关. 下面说明有效数字个数反映精度高低. 绝对误差、相对误差与有效数字个数是相关的. 设实数 x^*，经四舍五入后的近似值 x 有 n 位有效数字，表示为如下标准形式:

$$x = \pm 0.a_1 a_2 \cdots a_n \times 10^m = \pm(a_1 \times 10^{-1} + a_2 \times 10^{-2} + \cdots + a_n \times 10^{-n}) \times 10^m,$$

其中 $a_1 \neq 0, a_i \in \{0,1,2,\cdots,9\}, i = 1,2,\cdots,n$.

注意到最后一位 a_n 是四舍五入后得到的，故绝对误差限

$$|\Delta x| = |x^* - x| \leqslant \frac{1}{2} \times 10^{m-n}.$$

从而，相对误差限

$$|\Delta_r x| = \frac{|x^* - x|}{|x^*|} \leqslant \frac{\frac{1}{2} \times 10^{m-n}}{0.a_1 \times 10^m} = \frac{1}{2a_1} \times 10^{-(n-1)}.$$

故有效数字越多，相对误差限就越小，近似数的精度越高；反之，有效数字的丢失则意味着精度变差.

若 x 的相对误差限为

$$|\Delta_r x| \leqslant \frac{1}{2(a_1 + 1)} \times 10^{-(n-1)},$$

则绝对误差限

$$|\Delta x| = |x^*| \cdot |\Delta_r x| \leqslant |(0.a_1 + 0.1) \times 10^m| \frac{1}{2(a_1 + 1)} \times 10^{-(n-1)} = \frac{1}{2} \times 10^{m-n}.$$

所以 x 至少具有 n 位有效数字. 故相对误差小，精度高，则意味着有效数字多.

通常的误差分析涉及模型误差、观测误差、截断误差和舍入误差，其中截断误差和舍入误差又称为计算误差，是这里主要关心的.

1.2.1 舍入误差

由于计算机只能有限精度地表示实数，从而产生舍入误差. 具体地说，实数在计算机中用浮点数以如下形式表示

$$\pm d_0 . d_1 d_2 \cdots d_{p-1} \times \beta^e,$$

这里 β 为基底(一般 $\beta = 2$，即二进制数)，p 反映精度(后文将解释)，指数 e 的范围 $L \leqslant e \leqslant U$. 约定 $d_0 = 1$，无需存储；如此表示的浮点数称为正规化数，可由四个整数表征，记为 $F(\beta, p, L, U)$.

浮点数分为单精度浮点数和双精度浮点数. IEEE 754 单精度浮点数由 32 位(四字节)存储，其中 1 位存储符号，8 位存储指数部分，其余 23 位存储尾数部分 d_i $(1 \leqslant i \leqslant p-1)$；双精度浮点数由 64 位(八字节)存储，其中 1 位存储符号部分，11 位存储指数部分，52 位存储尾数部分(注意指数部分存储时要加上偏移量：单精度浮点数为127，双精度浮点数为1023). 单精度浮点数和双精度浮点数的比特位分配如图 1.2 所示，其中 s 表示符号位，e 表示指数部分，m 则表示尾数部分.

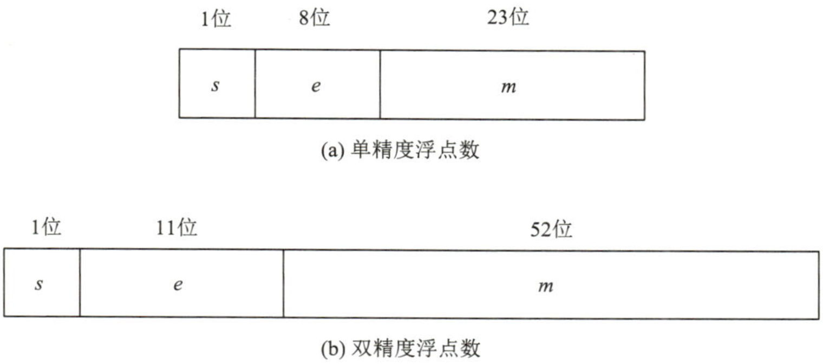

图 1.2 单精度浮点数和双精度浮点数的比特位分配

IEEE 754 标准中单精度浮点数与双精度浮点数对应的四个参数列表如表 1.1 所示.

表 1.1

浮点数	β	p	L	U
单精度	2	24	−126	127
双精度	2	53	−1022	1023

在区间$[2^e,2^{e+1})$上有2^{p-1}个等间距的浮点数, 间距$\Delta x=2^{-p+1}\times 2^e$. 特别地, 1 与右边第 1 个数的距离 $\text{ulp}=2^{-p+1}$. 对于双精度浮点数, $\text{ulp}=2^{-52}\approx 2.22\times 10^{-16}$, 相当于 MATLAB 中的常量 eps. 显然, 能准确表示的实数是有限的, 能精确表示的正规化数的个数为$2^{p-1}(U-L+1)$, 能表示的正的最大和最小正规化数分别为$(1-2^{-p})\times 2^{U+1}$和2^L. 即使如此, 能表示的数仍是非常多的. 注意 Avogadro(阿伏伽德罗)常数$N_A=6.022\times 10^{23}$, $N_A^{1/3}\approx 10^8$; 而$[1,2)$上约有10^{16}个浮点数.

表示一个实数$x\in[2^e,2^{e+1})$, 我们可以有两种方式. 第一种是截断, 亦称向零舍入. 这时表示x的相对误差为

$$\frac{\Delta x}{x}<2^{-p+1}=\text{ulp}.$$

第二种方式是最近舍入, 取与x最接近的浮点数(四舍五入). 这时表示x的相对误差为

$$\frac{\Delta x/2}{x}<2^{-p}=\frac{1}{2}\text{ulp}.$$

设$\text{fl}(x)$表示x的浮点数, 定义机器精度u为用浮点数表示一个非零实数x的最大可能相对误差, 即

$$\frac{|\text{fl}(x)-x|}{|x|}\leqslant u.$$

当用截断时$u=2^{-p+1}$, 用最近舍入时$u=2^{-p}$; 当$p=53$时, $u=2^{-53}\approx 10^{-16}$. 我们有时也用下面等价的式子:

$$\text{fl}(x)=x(1+\delta),\quad |\delta|\leqslant u.$$

令$\delta'=\left(x-\text{fl}(x)\right)/\text{fl}(x)$, 显然

$$|\delta'| = \frac{|x - \mathrm{fl}(x)|}{|\mathrm{fl}(x)|} = \frac{|\delta x|}{|x(1+\delta)|} \leqslant |\delta|.$$

故

$$\mathrm{fl}(x) = \frac{x}{1+\delta'}, \quad |\delta'| \leqslant u.$$

图 1.3 标出了 $F(2,3,-1,1)$ 表示的正规化数(0 和 4 除外).

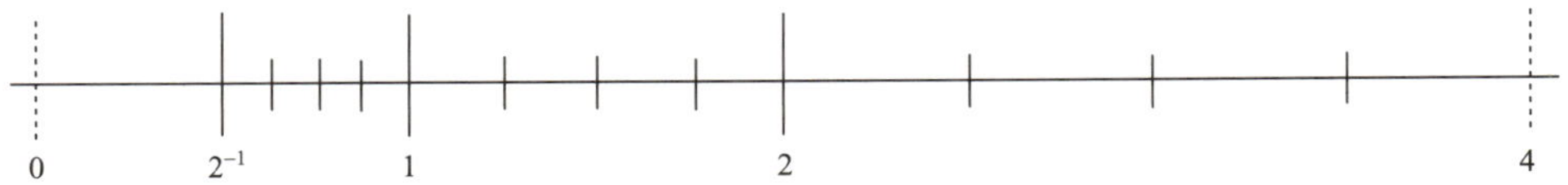

图 1.3 浮点数系统 $F(2,3,-1,1)$

上面提到的仅是正规化数，允许 $d_0 = 0$，则给出所谓的次正规化数，共有 $2^{p-1}-1$ 个，这时能表示的最小双精度正实数为 $2^{-52} \times 2^{-1022}$. 此外，± 0，$\pm\infty$, NaN, 以及各类中断需特殊表示.

用 $\circ$ 表示 $+, -, \times, /$ 四种算术运算中任一种. $\mathrm{fl}(x \circ y)$ 相当于将 x，y 作精确运算后，再舍入为计算机浮点数，故

$$\mathrm{fl}(x \circ y) = (x \circ y)(1+\delta)$$

或

$$\mathrm{fl}(x \circ y) = \frac{x \circ y}{1+\delta},$$

这里 $|\delta| \leqslant u$.

引理 1.4

若 $|\delta_i| \leqslant u$，且 $nu \leqslant 0.01$，则当 $n \geqslant 2$ 时，

$$1 - nu \leqslant \prod_{i=1}^{n} (1+\delta_i) \leqslant 1 + 1.01nu.$$

证明 因 $|\delta_i| \leqslant u$，故

$$(1-u)^n \leqslant \prod_{i=1}^{n} (1+\delta_i) \leqslant (1+u)^n.$$

(1) 估计下界. 当 $0 < x < 1$ 时,

$$(1-x)^n = 1 - nx + \frac{n(n-1)}{2}(1-\theta x)^{n-2} x^2 \geqslant 1 - nx,$$

故 $(1-u)^n \geqslant 1 - nu > 1 - 1.01nu$.

(2) 估计上界. 注意到 $(1+u)^n \leqslant \mathrm{e}^{nu}$,

$$\begin{aligned} \mathrm{e}^x &= 1 + x + \frac{1}{2!}x^2 + \frac{1}{3!}x^3 + \cdots \\ &= 1 + x + \frac{1}{2}x^2\left(1 + \frac{1}{3}x + \frac{2}{4!}x^2 + \cdots\right), \\ &\leqslant 1 + x + \frac{1}{2}x^2 \mathrm{e}^x. \end{aligned}$$

故当 $x = nu < 0.01$ 时，$\frac{1}{2}x^2 e^x \leqslant 0.01x$，且

$$(1+u)^n \leqslant e^{nu} \leqslant 1 + nu + 0.01nu = 1 + 1.01nu . \qquad \square$$

注　该引理的结论可写成

$$\prod_{i=1}^{n}(1+\delta_i) = 1 + 1.01n\theta u , \quad |\theta| \leqslant 1 .$$

定理 1.5

设 $\boldsymbol{x}, \boldsymbol{y} \in \mathbb{R}^n$，$nu \leqslant 0.01$，则 $\left|\mathrm{fl}(\boldsymbol{x}^{\mathrm{T}}\boldsymbol{y}) - \boldsymbol{x}^{\mathrm{T}}\boldsymbol{y}\right| \leqslant 1.01nu\sum_{i=1}^{n}|x_i y_i|$.

证明　$\mathrm{fl}\left(\sum_{i=1}^{n} x_i y_i\right)$ 可按如下方式计算.

$$s_1 \equiv \mathrm{fl}(x_1 y_1) = x_1 y_1 (1+\eta_1),$$
$$s_k \equiv \mathrm{fl}\big(s_{k-1} + \mathrm{fl}(x_k y_k)\big) = \big(s_{k-1} + x_k y_k (1+\eta_k)\big)(1+\delta_k),$$

这里 $|\delta_k|$，$|\eta_k| \leqslant u$，$k = 1,2,\cdots,n$；$s_0 = 0$，$\delta_1 = 0$. 由递推关系知，

$$\mathrm{fl}(\boldsymbol{x}^{\mathrm{T}}\boldsymbol{y}) = s_n = \sum_{i=1}^{n} x_i y_i (1+\eta_i)\prod_{j=i}^{n}(1+\delta_j) .$$

记 $1+\varepsilon_i = (1+\eta_i)\prod_{j=i}^{n}(1+\delta_j) \leqslant 1 + 1.01(n-i+2)u$，$i \geqslant 2$；$\varepsilon_1 \leqslant 1.01nu$（用到 $\delta_1 = 0$）. 从而，

$$\mathrm{fl}(\boldsymbol{x}^{\mathrm{T}}\boldsymbol{y}) = \sum_{i=1}^{n} x_i y_i (1+\varepsilon_i) ,$$

$$\left|\mathrm{fl}(\boldsymbol{x}^{\mathrm{T}}\boldsymbol{y}) - \boldsymbol{x}^{\mathrm{T}}\boldsymbol{y}\right| \leqslant \sum_{i=1}^{n}|\varepsilon_i||x_i y_i| \leqslant 1.01nu\sum_{i=1}^{n}|x_i y_i| . \qquad \square$$

注　(1) 浮点数加法运算不满足结合律，$\mathrm{fl}\left(\sum_{i=1}^{n} x_i y_i\right)$ 按不同顺序计算时，结果略有不同；但不论何种顺序，定理给出的误差限仍有效.

(2) 若 $\left|\boldsymbol{x}^{\mathrm{T}}\boldsymbol{y}\right| \ll \sum_{i=1}^{n}|x_i y_i|$，则 $\mathrm{fl}(\boldsymbol{x}^{\mathrm{T}}\boldsymbol{y})$ 的相对误差可能会很大.

1.2.2　截断误差

截断误差是数学模型的精确解与数值方法的近似解之间的误差，如用近似公式 $e^x \approx 1 + x$ 计算指数函数时的截断误差为 $\frac{1}{2!}x^2 e^{\theta x}(0 < \theta < 1)$. 舍入误差是由机器表示数时产生的；由于计算机字长有限，需对超过位数的数字进行舍入而产生的误差. 数值代数问题中，舍入误差占主要地位；微分方程数值解中主要关注截断误差.

关于截断误差和舍入误差，下面以例子说明. 用有限差分近似导数，

$$f'(x) \approx \frac{f(x+h) - f(x)}{h} , \tag{1.1}$$

直观上说步长 h 越小，近似越准确. 实际计算中步长 h 能否趋于 0 呢？

由 Taylor 展开,

$$f(x+h)=f(x)+f'(x)h+\frac{h^2}{2!}f''(\theta),$$

忽略其中的 $O(h^2)$ 项，可得近似式(1.1). 设 $M=\max|f''(x)|$，则式(1.1)的截断误差界为 $Mh/2$. 设计算单个函数值时的舍入误差为 ε，则式(1.1)的舍入误差界为 $2\varepsilon/h$. 结合此二者，总的计算误差界为

$$\frac{Mh}{2}+\frac{2\varepsilon}{h}.$$

当 h 较大时，截断误差较大；当 h 太小时，舍入误差占主要成分. 当 $h=2\sqrt{\frac{\varepsilon}{M}}$ 时，总的计算误差最小. 例如，用差分格式(1.1)近似 $f(x)=\sin(x)$ 的一阶导数，误差与 h 的关系如图 1.4 所示.

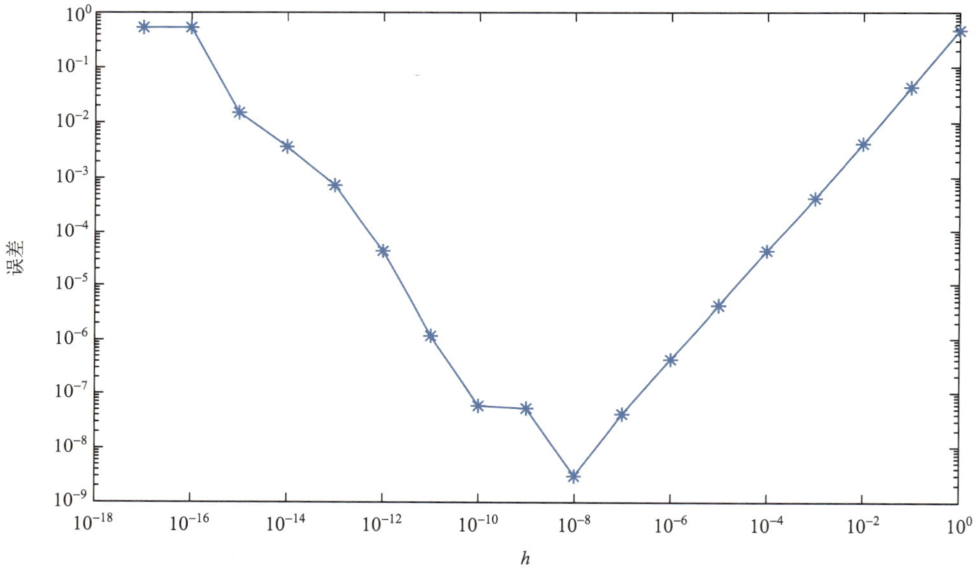

图 1.4　用 $(\sin(x+h)-\sin(x))/h$ 近似一阶导数时的误差

利用 Taylor 展开容易验证,

$$f'(x)=\frac{f(x+h)-f(x-h)}{2h}+O(h^2).$$

如果用右端第一项(中心差分)来近似导数，则截断误差为 $O(h^2)$. 截断误差取决于数学上的逼近格式，而舍入误差来源于计算机器.

1.2.3　减少误差的原则

由于涉及计算误差，数学(理论)上等价的问题，数值上并不等价. 在实际计算中要注意控制误差，下面是减少误差的几个原则.

(1) 避免两个相近的数相减. 相近两数相减会造成有效数字大量丢失, 这就是所谓的灾难性相消(catastrophic cancellation).

比如, 计算

$$f(x)=\frac{1-\cos x}{x^2},$$

取 $x=1.2\times10^{-5}$, 保留 10 位有效数字, $c=\cos x=0.99\cdots99$, $1-c=0.00\cdots01$,

$$\frac{1-c}{x^2}=\frac{10^{-10}}{1.44\times10^{-10}}=0.6944.$$

利用 $\cos x=1-2\sin^2\frac{x}{2}$, 将计算式改写为

$$f(x)=\frac{1}{2}\left(\frac{\sin\frac{x}{2}}{\frac{x}{2}}\right)^2,$$

可得 $f(1.2\times10^{-5})\approx0.5$, 按此式计算可避免相近的数相减.

又如, 求标准误差的公式

$$S_n^2=\frac{1}{n-1}\sum_{i=1}^{n}(x_i-\overline{x})^2,$$

其中 $\overline{x}=\frac{1}{n}\sum_{i=1}^{n}x_i$. 此公式需两次遍历数据: 一次求平均, 另一次计算标准差. 如果改用数学上等价的公式

$$S_n^2=\frac{1}{n-1}\left[\sum_{i=1}^{n}x_i^2-\frac{1}{n}\left(\sum_{i=1}^{n}x_i\right)^2\right],$$

则仅需一次遍历, 但是其中相减的 2 个量一般都较大且接近, 从而产生严重相消(甚至为负, 使开方运算失效).

(2) 避免大数吃小数. 比如, 计算 $s=A+\delta_1+\delta_2+\cdots+\delta_n$, 这里 A 的绝对值很大而 $\delta_i(1\leqslant i\leqslant n)$ 的绝对值很小. 比如, $A=1000$, $\delta_i=0.001\,(1\leqslant i\leqslant n=1000)$, 假设用十进制机器, 以 4 位尾数和 1 位指数存储数据. 如果从左至右依次相加, 则每个 δ_i 均被吃掉; 更好的方法是改变运算次序, 先加所有的 δ_i, 最后与 A 相加.

(3) 避免绝对值小的数作除数. 这时容易放大被除数中微小误差, 甚至导致向上溢出. 后文将看到, Gauss(高斯)消去法求解线性方程组时, 选主元策略就是为了避免出现小除数.

(4) 简化计算步骤. 比如用秦九韶(或霍纳)算法计算多项式 $p_n(x)=a_nx^n+\cdots+a_1x+a_0$ 的函数值. 定义

$$S_n=a_n,\quad S_k=xS_{k+1}+a_k\quad(k=n-1,\cdots,0),$$

则 $p_n(x)=S_0$.

(5) 选用数值稳定的计算公式. 如计算定积分 $I_n=\mathrm{e}^{-1}\int_0^1 x^n\mathrm{e}^x\mathrm{d}x\ (n=0,1,\cdots,100)$. 利用分部积分法得递推公式

$$I_n=1-nI_{n-1}\quad(n=1,2,\cdots,100).$$

取 $\tilde{I}_0$ 为初始值，比如 $\tilde{I}_0=0.6321$，与 $I_0=1-\mathrm{e}^{-1}$ 的误差不超过 $\frac{1}{2}\times10^{-4}$. 按上述递推式计算，结果记为 $\tilde{I}_n$，满足关系

$$\tilde{I}_n-I_n=-n(\tilde{I}_n-I_{n-1})=\cdots=(-1)^n n!(\tilde{I}_0-I_0).$$

初始误差会随着计算步数的增加而迅速扩大，最终将淹没真实值. 该计算式不能控制误差的传播，是数值不稳定的. 注意到

$$\frac{\mathrm{e}^{-1}}{n+1}=\mathrm{e}^{-1}\left(\min_{0\leqslant x\leqslant1}\mathrm{e}^x\right)\int_0^1x^n\mathrm{d}x<I_n<\mathrm{e}^{-1}\left(\max_{0\leqslant x\leqslant1}\mathrm{e}^x\right)\int_0^1x^n\mathrm{d}x=\frac{1}{n+1}.$$

取估计式 $\tilde{I}_n=\dfrac{1+\mathrm{e}^{-1}}{2(n+1)}$，按 $I_{n-1}=\dfrac{1}{n}(1-I_n)$ 递推则是数值稳定的.

1.3 向后误差和条件数

我们以线性代数方程组为例介绍向后误差和条件数等概念，并考查线性代数方程组的性态，求解线性方程组的具体算法在后文讨论.

设求解线性方程组 $\boldsymbol{Ax}=\boldsymbol{b}$，得到计算解 $\boldsymbol{y}$. 这里 $\boldsymbol{y}$ 一般有别于准确解 $\boldsymbol{x}$，设 $\boldsymbol{y}=\boldsymbol{x}+\boldsymbol{\delta}_x$；计算解 $\boldsymbol{y}$ 一般不满足原方程，但是满足一个与原方程相近的问题:

$$(\boldsymbol{A}+\boldsymbol{\delta}_A)\boldsymbol{y}=\boldsymbol{b}+\boldsymbol{\delta}_b.$$

显然关系式中 $\boldsymbol{\delta}_A$ 和 $\boldsymbol{\delta}_b$（以范数衡量）越小，表明计算解越准确. $\boldsymbol{\delta}_A$ 和 $\boldsymbol{\delta}_b$ 视为向后误差.

我们还可以从另一个角度审视. 当数据 $(\boldsymbol{A},\boldsymbol{b})$ 有扰动 $(\boldsymbol{\delta}_A,\boldsymbol{\delta}_b)$ 时，导致解向量有扰动 $\boldsymbol{\delta}_x$，扰动后的解为 $\boldsymbol{y}=\boldsymbol{x}+\boldsymbol{\delta}_x$，

$$(\boldsymbol{A}+\boldsymbol{\delta}_A)(\boldsymbol{x}+\boldsymbol{\delta}_x)=\boldsymbol{b}+\boldsymbol{\delta}_b. \tag{1.2}$$

下面考查扰动量 $\boldsymbol{\delta}_x$ 大小. 先介绍下面的引理.

引理 1.6

设 $\|\cdot\|$ 为诱导矩阵范数，且 $\|\boldsymbol{A}\|<1$，则 $\|(\boldsymbol{I}-\boldsymbol{A})^{-1}\|\leqslant\dfrac{1}{1-\|\boldsymbol{A}\|}$.

证明 先证 $(\boldsymbol{I}-\boldsymbol{A})$ 非奇异. 假设 $(\boldsymbol{I}-\boldsymbol{A})$ 奇异，则有非零向量 $\boldsymbol{x}\neq\boldsymbol{0}$，使得 $(\boldsymbol{I}-\boldsymbol{A})\boldsymbol{x}=\boldsymbol{0}$，即 $\boldsymbol{x}=\boldsymbol{Ax}$，$\|\boldsymbol{x}\|=\|\boldsymbol{Ax}\|\leqslant\|\boldsymbol{A}\|\|\boldsymbol{x}\|$，故 $\|\boldsymbol{A}\|\geqslant1$，矛盾.

再由 $(\boldsymbol{I}-\boldsymbol{A})^{-1}(\boldsymbol{I}-\boldsymbol{A})=\boldsymbol{I}$ 得，$(\boldsymbol{I}-\boldsymbol{A})^{-1}=\boldsymbol{I}+(\boldsymbol{I}-\boldsymbol{A})^{-1}\boldsymbol{A}$. 两边取范数

$$\|(\boldsymbol{I}-\boldsymbol{A})^{-1}\|\leqslant1+\|(\boldsymbol{I}-\boldsymbol{A})^{-1}\|\|\boldsymbol{A}\|,$$

故 $\|(\boldsymbol{I}-\boldsymbol{A})^{-1}\|\leqslant\dfrac{1}{1-\|\boldsymbol{A}\|}$. □

注 $\rho(\boldsymbol{A})\leqslant\|\boldsymbol{A}\|<1$，显然 $\boldsymbol{I}-\boldsymbol{A}$ 的特征值不为 0，故非奇异.

定理 1.7

设 $\boldsymbol{A}$ 为非奇异方阵，$\boldsymbol{Ax}=\boldsymbol{b}\neq\boldsymbol{0}$，且 (1.2) 式成立，则当 $\|\boldsymbol{A}^{-1}\|\|\boldsymbol{\delta}_A\|<1$ 时有

$$\frac{\|\boldsymbol{\delta}_x\|}{\|\boldsymbol{x}\|} \leqslant \frac{\kappa(\boldsymbol{A})}{1-\kappa(\boldsymbol{A})\frac{\|\boldsymbol{\delta}_A\|}{\|\boldsymbol{A}\|}}\left(\frac{\|\boldsymbol{\delta}_b\|}{\|\boldsymbol{b}\|}+\frac{\|\boldsymbol{\delta}_A\|}{\|\boldsymbol{A}\|}\right), \tag{1.3}$$

这里 $\kappa(\boldsymbol{A}) = \|\boldsymbol{A}\|\|\boldsymbol{A}^{-1}\|$.

证明 将式(1.2)展开,

$$\boldsymbol{Ax} + \boldsymbol{A}\,\boldsymbol{\delta}_x + \boldsymbol{\delta}_A\,\boldsymbol{x} + \boldsymbol{\delta}_A\boldsymbol{\delta}_x = \boldsymbol{b} + \boldsymbol{\delta}_b .$$

再用 $\boldsymbol{Ax}=\boldsymbol{b}$, 得

$$\boldsymbol{A}\,\boldsymbol{\delta}_x + \boldsymbol{\delta}_A\,\boldsymbol{x} + \boldsymbol{\delta}_A\boldsymbol{\delta}_x = \boldsymbol{\delta}_b ,$$

$$(\boldsymbol{I} + \boldsymbol{A}^{-1}\boldsymbol{\delta}_A)\boldsymbol{\delta}_x = \boldsymbol{A}^{-1}(\boldsymbol{\delta}_b - \boldsymbol{\delta}_A\boldsymbol{x}) .$$

注意到扰动量很小, 满足 $\|\boldsymbol{A}^{-1}\boldsymbol{\delta}_A\| \leqslant \|\boldsymbol{A}^{-1}\|\|\boldsymbol{\delta}_A\| < 1$, 故 $(\boldsymbol{I} + \boldsymbol{A}^{-1}\boldsymbol{\delta}_A)$ 可逆, 可解出 $\boldsymbol{\delta}_x$,

$$\boldsymbol{\delta}_x = (\boldsymbol{I} + \boldsymbol{A}^{-1}\boldsymbol{\delta}_A)^{-1}\boldsymbol{A}^{-1}(\boldsymbol{\delta}_b - \boldsymbol{\delta}_A\boldsymbol{x}) .$$

要衡量 $\boldsymbol{\delta}_x$ 大小, 需两边取范数,

$$\begin{aligned}\|\boldsymbol{\delta}_x\| &\leqslant \frac{1}{1-\|\boldsymbol{A}^{-1}\boldsymbol{\delta}_A\|}\|\boldsymbol{A}^{-1}\|\left(\|\boldsymbol{\delta}_b\| + \|\boldsymbol{\delta}_A\|\|\boldsymbol{x}\|\right)\\ &= \frac{\|\boldsymbol{x}\|}{1-\|\boldsymbol{A}^{-1}\boldsymbol{\delta}_A\|}\|\boldsymbol{A}^{-1}\|\|\boldsymbol{A}\|\left(\frac{\|\boldsymbol{\delta}_b\|}{\|\boldsymbol{A}\|\|\boldsymbol{x}\|}+\frac{\|\boldsymbol{\delta}_A\|}{\|\boldsymbol{A}\|}\right).\end{aligned}$$

再用 $\|\boldsymbol{b}\| = \|\boldsymbol{Ax}\| \leqslant \|\boldsymbol{A}\|\|\boldsymbol{x}\|$, 得

$$\frac{\|\boldsymbol{\delta}_x\|}{\|\boldsymbol{x}\|} \leqslant \frac{\|\boldsymbol{A}^{-1}\|\|\boldsymbol{A}\|}{1-\|\boldsymbol{A}^{-1}\|\|\boldsymbol{\delta}_A\|}\left(\frac{\|\boldsymbol{\delta}_b\|}{\|\boldsymbol{b}\|}+\frac{\|\boldsymbol{\delta}_A\|}{\|\boldsymbol{A}\|}\right).$$ □

式(1.3)左端 $\|\boldsymbol{\delta}_x\|/\|\boldsymbol{x}\|$ 是解的相对扰动, 右端 $\|\boldsymbol{\delta}_b\|/\|\boldsymbol{b}\|$, $\|\boldsymbol{\delta}_A\|/\|\boldsymbol{A}\|$ 是数据的相对扰动, 该相对扰动被放大 $\|\boldsymbol{A}^{-1}\|\|\boldsymbol{A}\|$ 倍. 定义 $\mathrm{cond}(\boldsymbol{A}) = \|\boldsymbol{A}^{-1}\|\|\boldsymbol{A}\|$ 为条件数. 当条件数大时, 输入数据相对小的扰动导致解较大的改变, 解对扰动敏感, 问题是病态的. 条件数由问题本身决定, 而向后误差则取决于算法.

例 1.3 求 Hilbert(希尔伯特)矩阵 $\boldsymbol{A} = \begin{pmatrix} 1/2 & 1/3 & 1/4 \\ 1/3 & 1/4 & 1/5 \\ 1/4 & 1/5 & 1/6 \end{pmatrix}$ 的条件数 $\mathrm{cond}_\infty(\boldsymbol{A}) = \|\boldsymbol{A}^{-1}\|_\infty \|\boldsymbol{A}\|_\infty$.

解

$$\boldsymbol{A}^{-1} = \begin{pmatrix} 72 & -240 & 180 \\ -240 & 900 & -720 \\ 180 & -720 & 600 \end{pmatrix},$$

$$\|\boldsymbol{A}\|_\infty = \frac{1}{2}+\frac{1}{3}+\frac{1}{4}=\frac{13}{12},$$

$$\|\boldsymbol{A}^{-1}\|_\infty = 240+900+720=1860,$$

$$\mathrm{cond}_\infty(\boldsymbol{A}) = \|\boldsymbol{A}^{-1}\|_\infty \|\boldsymbol{A}\|_\infty = 2015 .$$

误差分析的思想可以追溯到 Gauss. 尽管数值分析专家很早就注意到“坏条件”的情形, 但第

一个正式使用条件数这个概念的是 Turing(图灵). 另外, 条件数这个概念在 von Neumann(冯·诺依曼)和 Goldstine(戈德斯坦)1947 年的文章中已有萌芽. 文中给出了基本定点算术运算舍入误差满足的不等式, 并对 Gauss 消去法矩阵求逆进行了严格的舍入误差分析, 得出了计算矩阵逆与精确逆之差的范数界(除含条件数外)包含数量级为 $O(n^2)$ 的因子; 而 Hottelling(豪泰林)在 1943 年用向前误差分析给出的界含有 $O(4^n)$ 因子, 这是一个过于悲观的估计. von Neumann 和 Goldstine 的工作奠定了现代舍入误差分析的基础, 主要是使用向前误差分析, 其中包含了向后误差分析的思想. Turing 在 1948 年的文章中也含有向后误差分析的思想, Kahan(凯亨)认为 Turing 的工作更接近现代误差分析, Wilkinson(威尔金森)认为最重要的贡献应归功于 Givens(吉文斯), 他在 1954 年的一篇报告中首先明确提出向后误差分析, 这在舍入误差分析历史上是划时代的事件. 基本浮点算术运算中误差满足的不等式首先由 Wilkinson 给出, Wilkinson 的一系列工作大大推广并系统应用了向后误差分析, 在舍入误差分析方面做了许多开创性工作, 不但简化了浮点运算的误差界, 还澄清了以前使舍入误差分析混乱的不少细节.

1.4 运算的级

矩阵计算中常用到向量加法、矩阵-向量乘法、矩阵-矩阵乘法等基本运算, 这些可以作成基本线性代数子程序, 或称 BLAS(basic linear algebra subroutines), 分别为 BLAS1, BLAS2 和 BLAS3, 列表如表 1.2 所示.

表 1.2

运算	定义	例程	f	m	$q=f/m$
BLAS1 (向量加、内积)	$\boldsymbol{y}\leftarrow\alpha\boldsymbol{x}+\boldsymbol{y}$ $\boldsymbol{x}^{\mathrm{T}}\boldsymbol{y}$	saxpy sdot snrm2	$2n$	$3n+1$	2/3
BLAS2 (矩阵-向量积)	$\boldsymbol{y}\leftarrow\boldsymbol{A}\boldsymbol{x}+\boldsymbol{y}$ $\boldsymbol{x}\boldsymbol{y}^{\mathrm{T}}$ $\boldsymbol{A}\leftarrow\boldsymbol{A}+\boldsymbol{x}\boldsymbol{y}^{\mathrm{T}}$	sgemv strsv sger	$2n^2$	n^2+3n	2
BLAS3 (矩阵-矩阵积)	$\boldsymbol{C}\leftarrow\boldsymbol{A}\boldsymbol{B}+\boldsymbol{C}$	sgemm strsm ssyrk	$2n^3$	$4n^2$	$n/2$

以上三类计算涉及的浮点运算次数 f 和存储器引用次数 m 总结在表 1.2 中. 比如, 执行 saxpy 运算 $\boldsymbol{y}\leftarrow\alpha\boldsymbol{x}+\boldsymbol{y}$ 时, 需要把存储器中 n 个 x_i 值、n 个 y_i 值和 1 个 α 值读入寄存器, 然后把 n 个 y_i 值写回存储器. 定义 $q=f/m$, 它衡量每次存储器访问执行多少浮点运算, 或者做有用工作的时间相比于移动数据的时间. 假设每次浮点运算需 t_{arith} 秒, 每次访问需要 t_{mem} 秒, 在算术运算和存储器引用非并行时, 总的运行时间为

$$t_{\text{arith}}f+t_{\text{mem}}m=t_{\text{arith}}f\left(1+\frac{t_{\text{mem}}m}{t_{\text{arith}}f}\right)=t_{\text{arith}}f\left(1+\frac{1}{q}\frac{t_{\text{mem}}}{t_{\text{arith}}}\right),$$

这里 $t_{\text{arith}}f$ 是最佳运行时间, 相当于所有数据都在寄存器中时算法所需时间; q 值越大, 总运行时间越接近最佳. 从表 1.2 中看出, 3 级 BLAS 运算矩阵-矩阵乘法是效率最高的, 因而我们在算法设计和软件实现时尽可能使用矩阵-矩阵积运算而不是 saxpy 或者矩阵-向量积.

知识拓展

除了理论学习，我们还要重视算法在计算机上的实现．在计算机上进行科学计算的传统算法语言是 FORTRAN，早期很多软件都是用 FORTRAN 开发的．C 语言也由于其灵活性和高效性而被广泛使用．

在 20 世纪 70 年代由 Moler 用 FORTRAN 开发了 MATLAB 最初版本，80 年代初用 C 语言改写了内核．其由于简单方便，在数值计算、数理统计、信号图像处理、建模仿真等众多领域得到了广泛应用，它具有数值计算功能、符号运算功能、数据可视化功能、数据图形文字统一处理功能、建模仿真可视化功能等．在 MATLAB 中可用 randn、hilb、toeplitz、hankel、compan、hadamard、gallery 等生成特殊矩阵，也可以用 diag、tril、triu、rot90、fliplr、reshape、repmat、shiftdim、squeeze、cat、permute 等从已有矩阵创建新矩阵．MATLAB 常量 realmax 和 realmin 分别给出最大和最小的正浮点数，分别为 1.7977e+308 和 2.2251e–308．最小的正浮点数为 realmin×eps．表 1.3 列出了单精度浮点数系统中的若干表示．

表 1.3

x	符号	指数	尾数
+0	0	00000000	00000000000000000000000
–0	1	00000000	00000000000000000000000
1	0	01111111	00000000000000000000000
2^{-126}	0	00000001	00000000000000000000000
2^{-127}	0	00000000	10000000000000000000000
2^{-149}	0	00000000	00000000000000000000001
$+\infty$	0	11111111	00000000000000000000000
$-\infty$	1	11111111	00000000000000000000000
NaN	0	11111111	00100100000000000000000
NaN	1	11111111	00100100000000001111110

对正规矩阵，2-范数条件数

$$\mathrm{cond}_2(\boldsymbol{A})=\|\boldsymbol{A}^{-1}\|_2\|\boldsymbol{A}\|_2=\max_j|\lambda_j|\Big/\min_j|\lambda_j|;$$

对于对称正定矩阵，$\mathrm{cond}_2(\boldsymbol{A})=\max_j\lambda_j\Big/\min_j\lambda_j$；对于正交矩阵，2-范数条件数 $\mathrm{cond}_2(\boldsymbol{A})=1$．矩阵条件数的倒数反映了矩阵离奇异矩阵的距离．

对于条件数和向后误差，具体讲还需区分范数型、混合型、分量型条件数、范数型和分量型向后误差等．

习 题 1

1. 当 $|x|\ll 1$ 时，为使下列各式近似计算时比较准确，应如何计算．

(1) $\frac{1}{x}-\frac{\cos x}{x}$; (2) $\tan x-\sin x$;

(3) $\ln\frac{1-\sqrt{1-x^2}}{|x|}$; (4) $\sqrt{x+\frac{1}{x}}-\sqrt{x-\frac{1}{x}}$.

2. 当 $b^2\gg 4|ac|$ 时，给出一元二次方程 $ax^2+bx+c=0$ 求根问题的一个有效算法 $\left(\text{提示：}x_1=\left(-b-\operatorname{sgn}(b)\sqrt{b^2-4ac}\right)/2a, x_1x_2=c/a\right)$.

3. 已知函数

$$f(x)=1.01\mathrm{e}^{4x}-4.62\mathrm{e}^{3x}-3.11\mathrm{e}^{2x}+12.2\mathrm{e}^{x}-1.99,$$

可将此函数改写成

$$f(x)=\left(\left((1.01\mathrm{e}^{x}-4.62)\mathrm{e}^{x}-3.11\right)\mathrm{e}^{x}+12.2\right)\mathrm{e}^{x}-1.99.$$

计算过程中保留三位有效数字，且假定 $\mathrm{e}^{1.53}=4.62$，分别利用第一式和第二式计算 $f(1.53)$ 的近似值，并与精确值的三位结果 $f(1.53)=-7.61$ 进行比较.

4. 设 $I_n=\int_0^1 x^n\mathrm{e}^x\mathrm{d}x, n=0,1,2,\cdots$.

(1) 证明：$I_n=\mathrm{e}-nI_{n-1}$，$n=1,2,3,\cdots$.

(2) 给出一个数值稳定的递推算法，并说明算法的稳定性.

5. 指数函数 $y=\mathrm{e}^x$ 以下面无穷级数的形式给出：

$$y=1+x+\frac{x^2}{2!}+\frac{x^3}{3!}+\cdots.$$

用该级数计算 $x=10$ 和 $x=-10$ 时的函数值，注意舍入误差问题.

6. 设 $\boldsymbol{x}=(1,-2,3)^{\mathrm{T}}$，$\boldsymbol{y}=(1,2,3)^{\mathrm{T}}$，计算 $\boldsymbol{x}$ 和 $\boldsymbol{y}$ 的三种基本范数.

7. 设 $\boldsymbol{A}=\begin{pmatrix}2&-4\\1&-3\end{pmatrix}$，$\boldsymbol{x}=\begin{pmatrix}1\\-2\end{pmatrix}$，求 $\|\boldsymbol{x}\|_p$ 和 $\|\boldsymbol{A}\|_p$（$p=1,2,\infty$）.

8. 证明：$\|\boldsymbol{x}+\boldsymbol{y}\|_2=\|\boldsymbol{x}\|_2+\|\boldsymbol{y}\|_2$，当且仅当 $\boldsymbol{x}$ 和 $\boldsymbol{y}$ 线性相关且 $\boldsymbol{x}^{\mathrm{T}}\boldsymbol{y}\geqslant 0$.

9. 设 $\alpha_1,\alpha_2,\cdots,\alpha_n$ 是 n 个正数，由 $\nu(\boldsymbol{x})=\sqrt{\sum_{i=1}^n\alpha_i x_i^2}$ 定义函数 $\nu:\mathbb{R}^n\to\mathbb{R}$. 证明 ν 是一个范数.

10. 设 $\boldsymbol{A}$ 是实对称正定阵，$\boldsymbol{x}\in\mathbb{R}^n$，定义 $\|\boldsymbol{x}\|_A=(\boldsymbol{Ax},\boldsymbol{x})^{\frac{1}{2}}$，证明：$\|\boldsymbol{x}\|_A$ 是 $\mathbb{R}^n$ 上的一种向量范数.

11. 设 $\nu:\mathbb{R}^{n\times n}\to\mathbb{R}$ 由 $\nu(\boldsymbol{A})=\max\limits_{1\leqslant i,j\leqslant n}|a_{ij}|$ 定义. 证明 $\nu_1=n\nu$ 是矩阵范数，并且举例说明 ν 不满足矩阵范数的相容性.

12. 设 $\|\cdot\|$ 是 $\mathbb{R}^m$ 上的一个向量范数，并且设 $\boldsymbol{A}\in\mathbb{R}^{m\times n}$. 证明：若 $\operatorname{rank}(\boldsymbol{A})=n$，则 $\|\boldsymbol{x}\|_A\equiv\|\boldsymbol{Ax}\|$ 是 $\mathbb{R}^n$ 上的一个向量范数.

13. 设 $\|\cdot\|$ 是从属的矩阵范数，$\boldsymbol{A}$ 是非奇异矩阵，证明：

$$\|\boldsymbol{A}^{-1}\|^{-1}=\min_{\|\boldsymbol{x}\|=1}\|\boldsymbol{Ax}\|.$$

14. 证明: $\|A\|_F^2=\|a_1\|_2^2+\|a_2\|_2^2+\cdots+\|a_n\|_2^2$, 这里 $A=(a_1,a_2,\cdots,a_n)$ 是按列分块的.

15. 证明: $\|A\|_2\leqslant\|A\|_F\leqslant\sqrt{n}\|A\|_2$.

16. 证明: $\|AB\|_F\leqslant\|A\|_2\|B\|_F$ 和 $\|AB\|_F\leqslant\|A\|_F\|B\|_2$.

17. 若 A 和 $A+E$ 都是非奇异的, 证明

$$\|(A+E)^{-1}-A^{-1}\|\leqslant\|E\|\|A^{-1}\|\|(A+E)^{-1}\|.$$

18. 设 $A=\begin{pmatrix}3 & 1.011\\ 6 & 1.995\end{pmatrix}$, 计算条件数 $\mathrm{cond}_1(A)$, $\mathrm{cond}_\infty(A)$.

19. 设 A 是 n 阶非奇异实矩阵, 证明:

(1) $\mathrm{cond}(A)\geqslant 1$;

(2) 若 A 为正交矩阵, 则 $\mathrm{cond}_2(A)=1$;

(3) 若 U 为正交矩阵, 则 $\mathrm{cond}_2(A)=\mathrm{cond}_2(AU)=\mathrm{cond}_2(UA)$;

(4) 若 $B=A^{\mathrm{T}}A$, 则 $\mathrm{cond}_2(B)=\mathrm{cond}_2^2(A)$.

20. 分析方程组

$$\begin{cases}7.0x_1+6.99x_2=34.97,\\ 4.0x_1+4.0x_2=20\end{cases}$$

的性态.

21. 定义矩阵

$$A=\begin{pmatrix}2a & a & 0\\ 0 & a & 0\\ 0 & 0 & a\end{pmatrix},$$

证明: 对任意实数 $a\neq 0$, 方程组 $Ax=b$ 都是非病态的(范数取 $\|A\|_\infty$).

22. 对矩阵

$$A=\begin{pmatrix}0 & 1\\ 0 & 0\end{pmatrix},\quad B=\begin{pmatrix}0 & 0\\ 1 & 0\end{pmatrix},$$

计算 $\rho(A),\rho(B),\rho(A+B)$, 验证是否满足 $\rho(A+B)>\rho(A)+\rho(B)$.

23. 证明: $\|A\|_2^2\leqslant\|A\|_1\|A\|_\infty$.

24. 证明: (1) $\rho(A)^k=\rho(A^k)$; (2) 若 $\lim\limits_{k\to\infty}A^k=0\Leftrightarrow\rho(A)<1$, 则 $\rho(A)<1$.

25. 若 $A^{\mathrm{H}}A=AA^{\mathrm{H}}$, 则称 A 为正规矩阵. 证明: 对正规矩阵 A, $\rho(A)=\|A\|_2$.

第 2 章

线性方程组的直接法

第 2 章知识导图

《九章算术》是《算经十书》中最重要的一部，经历代各家的增补修订，成书最迟在东汉前期. 西汉的张苍、耿寿昌曾经对《九章算术》进行了整理和增补，现今流传的大多为魏晋时期刘徽的注本. 书中收集了 246 个数学问题，分别隶属于方田、粟米、衰分、少广、商功、均输、盈不足、方程、勾股九章，其中的方程章记载："今有上禾三秉，中禾二秉，下禾一秉，实三十九斗；上禾二秉，中禾三秉，下禾一秉，实三十四斗；上禾一秉，中禾二秉，下禾三秉，实二十六斗. 问上、中、下禾实一秉各几何？答曰：上禾一秉九斗四分斗之一. 中禾一秉四斗四分斗之一. 下禾一秉二斗四分斗之三. "设上、中、下禾一捆分别能打谷子 x, y, z 斗，这个问题可以表示为方程组

$$\begin{cases} 3x+2y+z=39, \\ 2x+3y+z=34, \\ x+2y+3z=26. \end{cases}$$

线性代数方程组在科学与工程实际中普遍存在，比如在结构分析、电子网络设计中经常遇到；数值求解偏微分方程时，用有限差分或有限元离散后也得到线性代数方程组. 线性代数方程组的求解是数值计算中的基本问题. 我们讨论下面一组含有 $\boldsymbol{n}$ 个未知参数的 $\boldsymbol{n}$ 个方程：

$$\begin{cases} a_{11}x_1 + a_{12}x_2 + \cdots + a_{1n}x_n = b_1, \\ a_{21}x_1 + a_{22}x_2 + \cdots + a_{2n}x_n = b_2, \\ \qquad\qquad \cdots\cdots \\ a_{n1}x_1 + a_{n2}x_2 + \cdots + a_{nn}x_n = b_n. \end{cases}$$

上述方程简写为

$$\boldsymbol{A}\boldsymbol{x}=\boldsymbol{b},$$

其中 $\boldsymbol{A}\in\mathbb{R}^{n\times n}$，$\boldsymbol{b}\in\mathbb{R}^{n\times 1}$. 矩阵 $\boldsymbol{A}$ 称为系数矩阵，向量 $\boldsymbol{b}$ 称为右端项. 当矩阵 $\boldsymbol{A}$ 的元素很多为零时(比如有限元离散出来的矩阵)，我们称之为稀疏矩阵，否则称之为稠密矩阵. 把 $\boldsymbol{A}$ 和 $\boldsymbol{b}$ 放一块，称 $[\boldsymbol{A}, \boldsymbol{b}]$ 为增广矩阵. 当 $\boldsymbol{A}$ 非奇异时，方程的解可由 Cramer（克拉默）法则显式给出. 然而 Cramer 法则因为计算量太大，不是一个现实可行的方法. 求解线性代数方程组的方法主要分为两大类：一类是直接法，以 Gauss 消去法为基础，多用于求解中小型稠密问题；另一类是迭代法，如经典的 Jacobi（雅可比）迭代、Gauss-Seidel（高斯-赛德尔）迭代以及近代的 Krylov 子空间方法，适合求解大规模稀疏问题.

2.1 顺序 Gauss 消去法

在给出算法的一般描述之前，让我们从《九章算术》中的例子开始. 下面左边是线性方程组，右边是对应的增广矩阵.

$$\begin{cases} 3x_1+2x_2+x_3=39, \\ 2x_1+3x_2+x_3=34, \\ x_1+2x_2+3x_3=26, \end{cases} \qquad \begin{pmatrix} 3 & 2 & 1 & 39 \\ 2 & 3 & 1 & 34 \\ 1 & 2 & 3 & 26 \end{pmatrix}. \tag{2.1}$$

用(2.1)中第一式，消去第二、三式中的变元 x_1，得

$$\begin{cases} 3x_1+2x_2+\quad x_3=39, \\ \dfrac{5}{3}x_2+\dfrac{1}{3}x_3=8, \\ \dfrac{4}{3}x_2+\dfrac{8}{3}x_3=13, \end{cases} \qquad \begin{pmatrix} 3 & 2 & 1 & 39 \\ 0 & \dfrac{5}{3} & \dfrac{1}{3} & 8 \\ 0 & \dfrac{4}{3} & \dfrac{8}{3} & 13 \end{pmatrix}. \tag{2.2}$$

再用(2.2)式中第二式消去第三式中的变元 x_2，得

$$\begin{cases} 3x_1+2x_2+\quad x_3=39, \\ \dfrac{5}{3}x_2+\dfrac{1}{3}x_3=8, \\ \dfrac{12}{5}x_3=\dfrac{33}{5}, \end{cases} \qquad \begin{pmatrix} 3 & 2 & 1 & 39 \\ 0 & \dfrac{5}{3} & \dfrac{1}{3} & 8 \\ 0 & 0 & \dfrac{12}{5} & \dfrac{33}{5} \end{pmatrix}.$$

这时系数矩阵为上三角矩阵，记为 $\boldsymbol{U}$．最终所得线性代数方程组记为 $\boldsymbol{Ux}=\hat{\boldsymbol{b}}$，其中 $\hat{\boldsymbol{b}}$ 是变换之后的右端项．系数矩阵为上三角矩阵的线性方程组是容易求解的，我们可以先算出 x_3，然后回代，依次算出 x_2 和 x_1，得到解

$$x_1=\frac{37}{4},\quad x_2=\frac{17}{4},\quad x_3=\frac{11}{4}.$$

从求解过程中可以看出，消元的过程就是将原来系数矩阵化为上三角矩阵(当然右端项也作相应变化)．实现这一过程主要是用初等变换将某一行倍乘后加到另一行，从而将矩阵的下三角部分消为零元．变换以后所得线性代数方程组的系数矩阵为上三角矩阵，这很容易用回代法求解．这就是求解线性方程组的 Gauss 消去法．

2.1.1　Gauss 变换矩阵

定义 Gauss 变换矩阵为 $\boldsymbol{L}_k=\boldsymbol{I}-\boldsymbol{l}_k\boldsymbol{e}_k^{\mathrm{T}}$，其中 $\boldsymbol{l}_k=(0,\cdots,0,l_{k+1},\cdots,l_n)^{\mathrm{T}}$ 为 Gauss 向量，其前 k 个元素为 0，$\boldsymbol{e}_k$ 是仅有第 k 个分量为 1 而其余分量全为 0 的列向量，即

$$\boldsymbol{L}_k=\begin{pmatrix} 1 & & & & & \\ & \ddots & & & & \\ & & 1 & & & \\ & & l_{k+1} & 1 & & \\ & & \vdots & & \ddots & \\ & & l_n & & & 1 \end{pmatrix},\quad \boldsymbol{l}_k=\begin{pmatrix} 0 \\ \vdots \\ 0 \\ l_{k+1} \\ \vdots \\ l_n \end{pmatrix}.$$

注意到 $\boldsymbol{e}_k^{\mathrm{T}}\boldsymbol{l}_k=0$，从而

$$\boldsymbol{L}_k\left(\boldsymbol{I}+\boldsymbol{l}_k\boldsymbol{e}_k^{\mathrm{T}}\right)=\left(\boldsymbol{I}-\boldsymbol{l}_k\boldsymbol{e}_k^{\mathrm{T}}\right)\left(\boldsymbol{I}+\boldsymbol{l}_k\boldsymbol{e}_k^{\mathrm{T}}\right)=\boldsymbol{I}-\boldsymbol{l}_k\boldsymbol{e}_k^{\mathrm{T}}+\boldsymbol{l}_k\boldsymbol{e}_k^{\mathrm{T}}-\boldsymbol{l}_k\left(\boldsymbol{e}_k^{\mathrm{T}}\boldsymbol{l}_k\right)\boldsymbol{e}_k^{\mathrm{T}}=\boldsymbol{I},$$

$$\boldsymbol{L}_k^{-1}=\boldsymbol{I}+\boldsymbol{l}_k\boldsymbol{e}_k^{\mathrm{T}}.$$

注意到 $i<j$ 时，$\boldsymbol{e}_i^{\mathrm{T}}\boldsymbol{l}_j=0$，从而

$$\boldsymbol{L}_i\boldsymbol{L}_j=\left(\boldsymbol{I}-\boldsymbol{l}_i\boldsymbol{e}_i^{\mathrm{T}}\right)\left(\boldsymbol{I}-\boldsymbol{l}_j\boldsymbol{e}_j^{\mathrm{T}}\right)=\boldsymbol{I}-\boldsymbol{l}_i\boldsymbol{e}_i^{\mathrm{T}}-\boldsymbol{l}_j\boldsymbol{e}_j^{\mathrm{T}}+\boldsymbol{l}_i\boldsymbol{e}_i^{\mathrm{T}}\boldsymbol{l}_j\boldsymbol{e}_j^{\mathrm{T}}=\boldsymbol{I}-\boldsymbol{l}_i\boldsymbol{e}_i^{\mathrm{T}}-\boldsymbol{l}_j\boldsymbol{e}_j^{\mathrm{T}}.$$

2.1.2 顺序消去过程

对于线性方程组 $\boldsymbol{Ax}=\boldsymbol{b}$，其中 $\boldsymbol{A}\in\mathbb{R}^{n\times n}$ 非奇异，$\boldsymbol{b}\in\mathbb{R}^n$，如果 $\boldsymbol{A}$ 是上三角矩阵或下三角矩阵，则用回代法容易求解；一般情形下的 Gauss 消去过程就是将问题化为易求解的上三角矩阵. 定义如下矩阵(其中上标表示消去的步骤，上标 1 带括号表示原矩阵及其矩阵元素)：

$$\boldsymbol{A}^{(1)}\equiv\boldsymbol{A}=\begin{pmatrix} a_{11}^{(1)} & a_{12}^{(1)} & \cdots & a_{1n}^{(1)} \\ a_{21}^{(1)} & a_{22}^{(1)} & \cdots & a_{2n}^{(1)} \\ \vdots & \vdots & & \vdots \\ a_{n1}^{(1)} & a_{n2}^{(1)} & \cdots & a_{nn}^{(1)} \end{pmatrix}.$$

定义乘子 $l_{i1}=\dfrac{a_{i1}^{(1)}}{a_{11}^{(1)}}\ (i=2,3,\cdots,n)$，此处及本小节后文均假设定义乘子时的分母不为零；分母为零或分母绝对值很小时，需要用到后面介绍的选主元策略. 计算

$$a_{ij}^{(2)}=a_{ij}^{(1)}-l_{i1}a_{1j}^{(1)}\quad (i,j=2,3,\cdots,n).$$

第一列对角线以下元素化为 0，系数矩阵变为

$$\boldsymbol{A}^{(2)}\equiv\begin{pmatrix} a_{11}^{(1)} & a_{12}^{(1)} & \cdots & a_{1n}^{(1)} \\ 0 & a_{22}^{(2)} & \cdots & a_{2n}^{(2)} \\ \vdots & \vdots & & \vdots \\ 0 & a_{n2}^{(2)} & \cdots & a_{nn}^{(2)} \end{pmatrix}.$$

注意第一步后，右下方的 $(n-1)\times(n-1)$ 子矩阵已被改变，其元素用新的上标区分(上标 2 带括号表示).

将第一步消去过程用矩阵表达. 令

$$\boldsymbol{A}^{(1)}=\boldsymbol{A}\equiv\begin{pmatrix} a_{11}^{(1)} & \boldsymbol{r}_1^{\mathrm{T}} \\ \boldsymbol{c}_1 & \tilde{\boldsymbol{A}}_1 \end{pmatrix},\quad \boldsymbol{L}_1=\begin{pmatrix} 1 & \\ -\dfrac{\boldsymbol{c}_1}{a_{11}^{(1)}} & \boldsymbol{I}_{n-1} \end{pmatrix}\equiv\boldsymbol{I}-\boldsymbol{l}_1\boldsymbol{e}_1^{\mathrm{T}},\quad \boldsymbol{l}_1=\begin{pmatrix} 0 \\ \dfrac{\boldsymbol{c}_1}{a_{11}^{(1)}} \end{pmatrix},$$

其中，$\boldsymbol{c}_1$ 是第一列对角线以下元素定义的列向量，$\boldsymbol{c}_1=\boldsymbol{A}(2:n,1)$；$\boldsymbol{r}_1^{\mathrm{T}}=\boldsymbol{A}(1,2:n)$，$\boldsymbol{l}_1$ 是 Gauss 向量，即 $(0,l_{21},\cdots,l_{n1})^{\mathrm{T}}$. 则

$$\boldsymbol{A}^{(2)}=\boldsymbol{L}_1\boldsymbol{A}^{(1)}=\begin{pmatrix} a_{11}^{(1)} & \boldsymbol{r}_1^{\mathrm{T}} \\ \boldsymbol{0} & -\dfrac{\boldsymbol{c}_1\boldsymbol{r}_1^{\mathrm{T}}}{a_{11}^{(1)}}+\tilde{\boldsymbol{A}}_1 \end{pmatrix}\equiv\begin{pmatrix} a_{11}^{(1)} & a_{12}^{(1)} & \cdots \\ 0 & a_{22}^{(2)} & \boldsymbol{r}_2^{\mathrm{T}} \\ \boldsymbol{0} & \boldsymbol{c}_2 & \tilde{\boldsymbol{A}}_2 \end{pmatrix}.$$

接下来的一步消去第二列对角线以下元素. 定义乘子 $l_{i2}=\dfrac{a_{i2}^{(2)}}{a_{22}^{(2)}}\ (i=3,4,\cdots,n)$，并计算

$$a_{ij}^{(3)}=a_{ij}^{(2)}-l_{i2}a_{2j}^{(2)}\quad (i,j=3,4,\cdots,n);$$

变换后的矩阵为

$$A^{(3)} \equiv \begin{pmatrix} a_{11}^{(1)} & a_{12}^{(1)} & a_{13}^{(1)} & \cdots & a_{1n}^{(1)} \\ 0 & a_{22}^{(2)} & a_{23}^{(2)} & \cdots & a_{2n}^{(2)} \\ 0 & 0 & a_{33}^{(3)} & \cdots & a_{3n}^{(3)} \\ \vdots & \vdots & \vdots & & \vdots \\ 0 & 0 & a_{n3}^{(3)} & \cdots & a_{nn}^{(3)} \end{pmatrix}.$$

将第二步消去过程用矩阵表达. 定义 Gauss 变换矩阵

$$\boldsymbol{L}_2 = \begin{pmatrix} 1 & & \\ & 1 & \\ & -\dfrac{\boldsymbol{c}_2}{a_{22}^{(2)}} & \boldsymbol{I}_{n-2} \end{pmatrix} \equiv \boldsymbol{I} - \boldsymbol{l}_2 \boldsymbol{e}_2^{\mathrm{T}}, \quad \boldsymbol{l}_2 = \begin{pmatrix} 0 \\ 0 \\ \dfrac{\boldsymbol{c}_2}{a_{22}^{(2)}} \end{pmatrix},$$

其中 $\boldsymbol{l}_2$ 即为 $(0,0,l_{32},\cdots,l_{n2})^{\mathrm{T}}$，则

$$\boldsymbol{A}^{(3)} = \boldsymbol{L}_2 \boldsymbol{A}^{(2)} \equiv \begin{pmatrix} a_{11}^{(1)} & a_{12}^{(1)} & * \\ 0 & a_{22}^{(2)} & \boldsymbol{r}_2^{\mathrm{T}} \\ \boldsymbol{0} & \boldsymbol{0} & -\dfrac{\boldsymbol{c}_2 \boldsymbol{r}_2^{\mathrm{T}}}{a_{22}^{(2)}} + \tilde{\boldsymbol{A}}_2 \end{pmatrix}.$$

一般地，设前 $k-1$ 次消元后得到的系数矩阵为

$$\boldsymbol{A}^{(k)} \equiv \begin{pmatrix} a_{11}^{(1)} & \cdots & a_{1,k-1}^{(1)} & a_{1k}^{(1)} & a_{1,k+1}^{(1)} & \cdots & a_{1n}^{(1)} \\ & \ddots & \vdots & \vdots & \vdots & & \vdots \\ & & a_{k-1,k-1}^{(k-1)} & a_{k-1,k}^{(k-1)} & a_{k-1,k+1}^{(k-1)} & \cdots & a_{k-1,n}^{(k-1)} \\ 0 & \cdots & 0 & a_{kk}^{(k)} & a_{k,k+1}^{(k)} & \cdots & a_{kn}^{(k)} \\ 0 & \cdots & 0 & a_{k+1,k}^{(k)} & a_{k+1,k+1}^{(k)} & \cdots & a_{k+1,n}^{(k)} \\ \vdots & & \vdots & \vdots & \vdots & & \vdots \\ 0 & \cdots & 0 & a_{nk}^{(k)} & a_{n,k+1}^{(k)} & \cdots & a_{nn}^{(k)} \end{pmatrix},$$

这时前 $k-1$ 列的对角线以下均消为 0. 下一步需消去第 k 列对角线以下元素. 为此定义乘子 $l_{ik} = \dfrac{a_{ik}^{(k)}}{a_{kk}^{(k)}}$ $(i = k+1,\cdots,n)$，并计算

$$a_{ij}^{(k+1)} = a_{ij}^{(k+1)} - l_{ik} a_{kj}^{(k)} \quad (i,j = k+1,\cdots,n;\ k = 1,\cdots,n-1).$$

这是按分量形式给出的消去过程. 这样 k 步消去后所得矩阵为

$$\boldsymbol{A}^{(k+1)} \equiv \begin{pmatrix} a_{11}^{(1)} & \cdots & a_{1,k-1}^{(1)} & a_{1k}^{(1)} & a_{1,k+1}^{(1)} & \cdots & a_{1n}^{(1)} \\ & \ddots & \vdots & \vdots & \vdots & & \vdots \\ & & a_{k-1,k-1}^{(k-1)} & a_{k-1,k}^{(k-1)} & a_{k-1,k+1}^{(k-1)} & \cdots & a_{k-1,n}^{(k-1)} \\ 0 & \cdots & 0 & a_{kk}^{(k)} & a_{k,k+1}^{(k)} & \cdots & a_{kn}^{(k)} \\ 0 & \cdots & 0 & 0 & a_{k+1,k+1}^{(k+1)} & \cdots & a_{k+1,n}^{(k+1)} \\ \vdots & & \vdots & \vdots & \vdots & & \vdots \\ 0 & \cdots & 0 & 0 & a_{n,k+1}^{(k+1)} & \cdots & a_{nn}^{(k+1)} \end{pmatrix}.$$

将第 k 步消去过程用矩阵变换简洁地表达. 由乘子定义 Gauss 向量 $\boldsymbol{l}_k = (0,\cdots,0,l_{k+1,k},\cdots,l_{nk})^{\mathrm{T}}$，其前 k 个元素为0；并定义 Gauss 变换矩阵 $\boldsymbol{L}_k = \boldsymbol{I} - \boldsymbol{l}_k \boldsymbol{e}_k^{\mathrm{T}}$，其中 $\boldsymbol{e}_k$ 是仅有第 k 个分量为 1 而其余分

量全为 0 的列向量，则

$$A^{(k+1)} = L_k A^{(k)}.$$

经过 $n-1$ 步消元后系数矩阵变为上三角矩阵，右端项 $\boldsymbol{b}$ 也做相应的变换，最后原方程化为如下形式：

$$\begin{pmatrix} a_{11}^{(1)} & a_{12}^{(1)} & a_{13}^{(1)} & \cdots & a_{1n}^{(1)} \\ & a_{22}^{(2)} & a_{23}^{(2)} & \cdots & a_{2n}^{(2)} \\ & & a_{33}^{(3)} & \cdots & a_{3n}^{(3)} \\ & & & \ddots & \vdots \\ & & & & a_{nn}^{(n)} \end{pmatrix} \begin{pmatrix} x_1 \\ x_2 \\ x_3 \\ \vdots \\ x_n \end{pmatrix} = \begin{pmatrix} b_1^{(1)} \\ b_2^{(2)} \\ b_3^{(3)} \\ \vdots \\ b_n^{(n)} \end{pmatrix},$$

其中系数矩阵记为 $A^{(n)} \equiv U$，为上三角矩阵.

Gauss 消去过程可表示为

$$A^{(n)} = L_{n-1} \cdots L_2 L_1 A^{(1)} = U,$$

亦即

$$A = L_1^{-1} L_2^{-1} \cdots L_{n-1}^{-1} U \equiv LU,$$

其中 L 为单位下三角矩阵，

$$\begin{aligned} L &= L_1^{-1} L_2^{-1} \cdots L_{n-1}^{-1} = \left(I + l_1 e_1^{\mathrm{T}}\right)\left(I + l_2 e_2^{\mathrm{T}}\right) \cdots \left(I + l_{n-1} e_{n-1}^{\mathrm{T}}\right) \\ &= I + l_1 e_1^{\mathrm{T}} + l_2 e_2^{\mathrm{T}} + \cdots + l_{n-1} e_{n-1}^{\mathrm{T}}, \end{aligned}$$

则 L 的具体形式为

$$L = \begin{pmatrix} 1 & & & & \\ \dfrac{a_{21}^{(1)}}{a_{11}^{(1)}} & 1 & & & \\ \dfrac{a_{31}^{(1)}}{a_{11}^{(1)}} & \dfrac{a_{32}^{(2)}}{a_{22}^{(2)}} & 1 & & \\ \vdots & \vdots & \vdots & \ddots & \\ \dfrac{a_{n1}^{(1)}}{a_{11}^{(1)}} & \dfrac{a_{n2}^{(2)}}{a_{22}^{(2)}} & \dfrac{a_{n3}^{(3)}}{a_{33}^{(3)}} & \cdots & 1 \end{pmatrix}.$$

这一过程称为顺序 Gauss 消去法. 顺序消去法能够实现的前提是主元 $a_{kk}^{(k)}$ 不为 0，否则无法定义乘子. 消去过程不中断，即主元 $a_{kk}^{(k)}(k=1,2,\cdots,n-1)$ 不为零的充要条件是 A 的 k 阶顺序主子矩阵非奇异或 k 阶主子（行列）式非零.

定理 2.1

顺序消去法前 $n-1$ 个主元 $a_{kk}^{(k)}(k=1,2,\cdots,n-1)$ 不为零的充要条件是系数矩阵 A 的 k 阶顺序主子式不为零.

证明 显然 $k=1$ 时，命题为真. 设命题对前 $k-1$ 步成立. 经 $k-1$ 步消去之后，所得矩阵 $A^{(k)}$ 的前 $k-1$ 列对角线以下元素为 0，$A^{(k)}$ 的 k 阶顺序主子式为

$$\begin{vmatrix} a_{11}^{(1)} & a_{12}^{(1)} & \cdots & a_{1k}^{(1)} \\ & a_{22}^{(2)} & \cdots & a_{2k}^{(2)} \\ & & \ddots & \vdots \\ & & & a_{kk}^{(k)} \end{vmatrix} = a_{11}^{(1)} a_{22}^{(2)} \cdots a_{kk}^{(k)}.$$

由假设知 $a_{11}^{(1)} a_{22}^{(2)} \cdots a_{k-1,k-1}^{(k-1)} \neq 0$. 该顺序主子式是否为 0 取决于 $a_{kk}^{(k)}$. 另外, 此顺序主子式由 $\boldsymbol{A}$ 的 k 阶顺序主子式(记为 D_k)

$$D_k = \begin{vmatrix} a_{11}^{(1)} & a_{12}^{(1)} & \cdots & a_{1k}^{(1)} \\ a_{21}^{(1)} & a_{22}^{(1)} & \cdots & a_{2k}^{(1)} \\ \vdots & \vdots & \ddots & \vdots \\ a_{k1}^{(1)} & a_{k2}^{(1)} & \cdots & a_{kk}^{(1)} \end{vmatrix}$$

经初等变换而来, 故其值等于 $\boldsymbol{A}$ 的 k 阶顺序主子式, 即 $a_{11}^{(1)} a_{22}^{(2)} \cdots a_{kk}^{(k)} = D_k$, 故 $a_{kk}^{(k)}$ 不为 0 等价于 D_k 不为 0, 命题得证. □

2.1.3　三角方程求解

Gauss 消去过程实际上给出了系数矩阵 $\boldsymbol{A}$ 的如下分解:

$$\boldsymbol{A} = \boldsymbol{LU},$$

其中 $\boldsymbol{L} = (l_{ij})$ 为单位下三角矩阵, $\boldsymbol{U} = (u_{ij})$ 为上三角矩阵, 称为矩阵 $\boldsymbol{A}$ 的 LU 分解或三角分解.

原来的线性代数方程组可写为 $\boldsymbol{LUx} = \boldsymbol{b}$. 可先用前代求解:

$$\boldsymbol{Ly} = \boldsymbol{b},$$

这里 $y = (y_1, y_2, \cdots, y_n)^{\mathrm{T}}$,

$$y_1 = b_1, \quad y_k = b_k - \sum_{j=k+1}^{n} l_{kj} y_j \quad (k = 2, \cdots, n).$$

再用回代过程求解:

$$\boldsymbol{Ux} = \boldsymbol{y},$$

给出方程组的解

$$x_n = \frac{y_n}{u_{nn}}, \quad x_k = \frac{1}{u_{kk}} \left(y_k - \sum_{j=k+1}^{n} u_{kj} x_j \right) \quad (k = n-1, \cdots, 2, 1),$$

亦即

$$x_n = \frac{b_n^{(n)}}{a_{nn}^{(n)}}, \quad x_k = \frac{1}{a_{kk}^{(k)}} \left(b_k^{(k)} - \sum_{j=k+1}^{n} a_{kj}^{(k)} x_j \right) \quad (k = n-1, \cdots, 2, 1),$$

其中 $b_k^{(k)}$ 在前述消去过程中已有定义.

下面估计 LU 分解的运算量. 在第 k 步消去法中, 我们把第 k 行分别乘以一个适当的倍数后加到以下各行, 使第 k 列对角线以下元素为 0, 处理第 k 行以下其中任意一行需 $n-k$ 次乘除法、$n-k$ 次加减法; 共需处理这样的 $n-k$ 行. 现代计算机中, 乘除与加减的运算时间差别不大,

第 k 步乘除和加减总运算量为 $2(n-k)^2$，故整个LU分解的运算量为

$$\sum_{k=1}^{n-1}2(n-k)^2\approx\frac{2}{3}n^3.$$

容易验证，用前代求解 $\boldsymbol{Ly}=\boldsymbol{b}$ 和回代求 $\boldsymbol{Ux}=\boldsymbol{y}$ 分别约需 $O(n^2)$ 次运算. 在 $\boldsymbol{A}$ 的三角分解中，若 $\boldsymbol{L}$ 为单位下三角阵，$\boldsymbol{U}$ 为上三角阵时，又称为 Doolittle（杜利特尔）分解；而 $\boldsymbol{L}$ 为下三角阵，$\boldsymbol{U}$ 为单位上三角阵时，又称为 Crout（克劳特）分解.

2.1.4 三对角方程组的追赶法

对矩阵为三对角的特殊情形，我们介绍下面的追赶法. 设所求线性方程组 $\boldsymbol{Ax}=\boldsymbol{b}$ 的系数矩阵为如下三对角矩阵，

$$\boldsymbol{A}=\begin{pmatrix} b_1 & c_1 & & & \\ a_2 & b_2 & c_2 & & \\ & \ddots & \ddots & \ddots & \\ & & a_{n-1} & b_{n-1} & c_{n-1} \\ & & & a_n & b_n \end{pmatrix}.$$

定理 2.2

设上述三对角矩阵 $\boldsymbol{A}$ 的元素满足条件:

(1) $c_i\neq 0$，$i=1,2,\cdots,n-1$；

(2) $|b_1|\geqslant|c_1|$，$|b_n|>|a_n|$，$|b_i|\geqslant|a_i|+|c_i|$，$i=2,3,\cdots,n-1$.

则 $\boldsymbol{A}$ 的各阶主子式不等于零.

证明 用数学归纳法. 设 $\boldsymbol{A}_k$ 是矩阵 $\boldsymbol{A}$ 的 k 阶主子矩阵.

当 $n=2$ 时结论成立，因为

$$|\det(\boldsymbol{A}_2)|=|b_1b_2-c_1a_2|\geqslant|b_1||b_2|-|c_1||a_2|\geqslant|c_1|(|b_2|-|a_2|)>0.$$

设结论对 k 阶矩阵 $\boldsymbol{A}_k$ 成立，下面考查 $k+1$ 阶矩阵 $\boldsymbol{A}_{k+1}$. 由于 $b_{k+1}\neq 0$，将矩阵的最后一列乘以 $(-a_{k+1}/b_{k+1})$ 后，加至第 k 列，则有

$$\begin{pmatrix} b_1 & c_1 & & & \\ a_2 & b_2 & c_2 & & \\ & \ddots & \ddots & \ddots & \\ & & a_k & b_k-\dfrac{a_{k+1}}{b_{k+1}}c_k & c_k \\ & & & 0 & b_{k+1} \end{pmatrix}.$$

注意到 $\left|b_k-\dfrac{a_{k+1}}{b_{k+1}}c_k\right|\geqslant|b_k|-\left|\dfrac{a_{k+1}}{b_{k+1}}\right||c_k|>|b_k|-|c_k|\geqslant|a_k|$，由归纳法假设知上述矩阵的 k 阶主子式非零，进而 $\det(\boldsymbol{A}_{k+1})\neq 0$. □

因 $\boldsymbol{A}$ 的各阶主子式不等于零，故顺序 Gauss 消去过程可顺利进行. 设有如下的 Crout 分解，

$$A=\begin{pmatrix}\beta_1 & & & & \\ \alpha_2 & \beta_2 & & & \\ & \ddots & \ddots & & \\ & & \alpha_{n-1} & \beta_{n-1} & \\ & & & \alpha_n & \beta_n\end{pmatrix}\begin{pmatrix}1 & \nu_1 & & & \\ & 1 & \nu_2 & & \\ & & \ddots & \ddots & \\ & & & 1 & \nu_{n-1} \\ & & & & 1\end{pmatrix}.$$

容易计算,

$$A=\begin{pmatrix}\beta_1 & \beta_1\nu_1 & & & \\ \alpha_2 & \eta_2 & \beta_2\nu_2 & & \\ \ddots & \ddots & \ddots & & \\ & \alpha_{n-1} & \eta_{n-1} & \beta_{n-1}\nu_{n-1} \\ & & \alpha_n & \eta_n\end{pmatrix},\quad \eta_i=\alpha_i\nu_{i-1}+\beta_i(i=2,\cdots,n).$$

将此计算结果与原矩阵元素对应, 可以确定 Crout 分解中各元素:

$$\beta_1=b_1,\quad \nu_1=c_1/\beta_1,$$
$$\alpha_i=a_i,\quad \beta_i=b_i-a_i\nu_{i-1},\quad \nu_i=c_i/\beta_i\ (i=2,3,\cdots,n).$$

下面利用此分解求解三对角线性方程组 $\boldsymbol{Ax}=\boldsymbol{b}$, 其中右端项 $\boldsymbol{b}=(f_1,f_2,\cdots,f_n)^{\mathrm{T}}$. 步骤如下:

(1) $\beta_1=b_1$, $\nu_1=c_1/\beta_1$; $y_1=f_1/\beta_1$.

(2) 对 $i=2,3,\cdots,n$, 计算

$$\alpha_i=a_i,\quad \beta_i=b_i-a_i\nu_{i-1},\quad \nu_i=c_i/\beta_i;\quad y_i=(f_i-\alpha_i y_{i-1})/\beta_i.$$

(3) $x_n=y_n$.

(4) 对 $i=n-1,\cdots,2,1$, 计算 $x_i=y_i-\nu_i x_{i+1}$.

求 y_i 和 ν_i 为“追”的过程, 求 x_i 为“赶”的过程. 求解三对角方程组的该方法称为追赶法. 追赶法具有运算量小和存储小的优势. 如果仅解方程不显示形成 LU 分解, 则需内存开销保存 $\boldsymbol{y}=(y_1,y_2,\cdots,y_n)^{\mathrm{T}}$ 和 $\boldsymbol{\nu}=(\nu_1,\nu_2,\cdots,\nu_{n-1})^{\mathrm{T}}$.

2.2 列选主元

顺序 Gauss 消去法并不能保证总能顺利进行, 比如对下面极简单的系数矩阵

$$A=\begin{pmatrix}0 & 1\\ 1 & 1\end{pmatrix}.$$

其一阶顺序主子式为 0, 顺序 Gauss 消去法的第一步就不能进行, 即使 (1,1) 元素不为 0, 顺序 Gauss 消去也可能会遇到困难, 比如考虑:

$$A=\begin{pmatrix}\varepsilon & 1\\ 1 & 1\end{pmatrix}.$$

精确 LU 分解所得的 $\boldsymbol{L}$ 矩阵和 $\boldsymbol{U}$ 矩阵分别为

$$L^*=\begin{pmatrix}1 & 0\\ \dfrac{1}{\varepsilon} & 1\end{pmatrix},\quad U^*=\begin{pmatrix}\varepsilon & 1\\ 0 & 1-\dfrac{1}{\varepsilon}\end{pmatrix}.$$

当 ε 很小时，因为大数吃小数，在浮点运算中，$1-\frac{1}{\varepsilon}\approx-\frac{1}{\varepsilon}$，计算所得 $\boldsymbol{L}$ 矩阵和 $\boldsymbol{U}$ 矩阵分别为

$$\boldsymbol{L}=\boldsymbol{L}^*,\quad \boldsymbol{U}=\begin{pmatrix}\varepsilon & 1\\ 0 & -\frac{1}{\varepsilon}\end{pmatrix}.$$

易验证，

$$\boldsymbol{LU}=\begin{pmatrix}1 & 0\\ \frac{1}{\varepsilon} & 1\end{pmatrix}\begin{pmatrix}\varepsilon & 1\\ 0 & -\frac{1}{\varepsilon}\end{pmatrix}=\begin{pmatrix}\varepsilon & 1\\ 1 & 0\end{pmatrix}\neq \boldsymbol{A}.$$

原因在于所用主元 ε 太小，导致数值稳定性变差. 这一困难可以通过选主元策略克服. 对上述例子，我们可以交换两行，

$$\boldsymbol{PA}=\begin{pmatrix}1 & 1\\ \varepsilon & 1\end{pmatrix},\quad \boldsymbol{P}=\begin{pmatrix}0 & 1\\ 1 & 0\end{pmatrix},$$

这里 $\boldsymbol{P}$ 是置换矩阵. 这样第一步消去时的主元为 1，而不是先前的 ε，避免了小主元.

选主元之后，精确计算所得 $\boldsymbol{L}$ 矩阵和 $\boldsymbol{U}$ 矩阵分别为

$$\boldsymbol{L}_*=\begin{pmatrix}1 & 0\\ \varepsilon & 1\end{pmatrix},\quad \boldsymbol{U}_*=\begin{pmatrix}1 & 1\\ 0 & 1-\varepsilon\end{pmatrix}.$$

考虑到舍入误差，实际计算所得的 $\boldsymbol{L}$ 矩阵和 $\boldsymbol{U}$ 矩阵分别为

$$\boldsymbol{L}=\boldsymbol{L}_*,\quad \boldsymbol{U}=\begin{pmatrix}1 & 1\\ 0 & 1\end{pmatrix}.$$

容易验证，

$$\boldsymbol{LU}=\begin{pmatrix}1 & 0\\ \varepsilon & 1\end{pmatrix}\begin{pmatrix}1 & 1\\ 0 & 1\end{pmatrix}=\begin{pmatrix}1 & 1\\ \varepsilon & 1+\varepsilon\end{pmatrix}\approx\begin{pmatrix}1 & 1\\ \varepsilon & 1\end{pmatrix}=\boldsymbol{PA}.$$

设在 Gauss 消去过程中已进行 $k-1$ 步消元. 在第 k 步的消元之前，先找 $a_{ik}^{(k)}(i=k+1,\cdots,n)$ 中绝对值最大的元素，然后将其所在的行与第 k 行交换，再进行消元将第 k 列对角线以下元素化为 0，这一过程为列选主元 Gauss 消去，得如下形式的 LU 分解:

$$\boldsymbol{PA}=\boldsymbol{LU},$$

其中置换矩阵 $\boldsymbol{P}$ 记录消去过程中所有行置换的累积，这是列选主元的基本思想(细节将在后文详述). 置换矩阵 $\boldsymbol{P}$ 是除了每一行每一列只有一个元素为 1 外，其余全为 0 的方阵. 一个 $n\times n$ 的置换矩阵可由单位矩阵施以任意行(或列)交换而生成. 比如，下面的置换矩阵 $\boldsymbol{P}$，由单位矩阵交换 2, 3 行而得；$\boldsymbol{PA}$ 是将形成 $\boldsymbol{P}$ 的那些行交换作用于 $\boldsymbol{A}$ 而得到的矩阵:

$$\boldsymbol{P}=\begin{pmatrix}1 & 0 & 0\\ 0 & 0 & 1\\ 0 & 1 & 0\end{pmatrix},\quad \boldsymbol{PA}=\begin{pmatrix}1 & 0 & 0\\ 0 & 0 & 1\\ 0 & 1 & 0\end{pmatrix}\begin{pmatrix}a_{11} & a_{12} & a_{13}\\ a_{21} & a_{22} & a_{23}\\ a_{31} & a_{32} & a_{33}\end{pmatrix}=\begin{pmatrix}a_{11} & a_{12} & a_{13}\\ a_{31} & a_{32} & a_{33}\\ a_{21} & a_{22} & a_{23}\end{pmatrix}.$$

考查下面的 3×3 例子:

$$\boldsymbol{A}=\begin{pmatrix}2 & 1 & 5\\ 4 & 4 & -4\\ 1 & 3 & 1\end{pmatrix}.$$

第 1 列绝对值最大元素为 4；第一步消去时，交换第 1, 2 两行，结果为

$$\begin{pmatrix} 4 & 4 & -4 \\ 2 & 1 & 5 \\ 1 & 3 & 1 \end{pmatrix}.$$

第 1 行乘以 $\left(-\dfrac{1}{2}\right)$ 加至第 2 行，第 1 行乘以 $\left(-\dfrac{1}{4}\right)$ 加至第 3 行，第 1 列对角线以下元素消为零，为了避免浪费存储空间，我们用来存储乘子 $\dfrac{1}{2}$ 和 $\dfrac{1}{4}$ (用圈框出，注意乘子的符号).

$$\begin{pmatrix} 4 & 4 & -4 \\ \boxed{\frac{1}{2}} & -1 & 7 \\ \boxed{\frac{1}{4}} & 2 & 2 \end{pmatrix}.$$

在消去第 2 列对角线以下元素时，先找出主元，此时绝对值最大元素为 2，需变换第 2, 3 行.

$$\begin{pmatrix} 4 & 4 & -4 \\ \boxed{\frac{1}{4}} & 2 & 2 \\ \boxed{\frac{1}{2}} & -1 & 7 \end{pmatrix}.$$

注意前面的乘子随行变换而移动，即行交换时，连同存储的乘子整行交换. 第 2 行(不含乘子)乘以 $\dfrac{1}{2}$ 加至第 3 行，并记录乘子 $\left(-\dfrac{1}{2}\right)$.

$$\begin{pmatrix} 4 & 4 & -4 \\ \boxed{\frac{1}{4}} & 2 & 2 \\ \boxed{\frac{1}{2}} & \boxed{-\frac{1}{2}} & 8 \end{pmatrix}. \tag{2.3}$$

上面这一结果可以给出 $\boldsymbol{L}$ 矩阵和 $\boldsymbol{U}$ 矩阵. 具体地说，$\boldsymbol{L}$ 矩阵为单位下三角矩阵，对角线元素为 1，对角线以下部分存储在上式的下三角部分中；上三角部分给出矩阵 $\boldsymbol{U}$. 对本例，$\boldsymbol{L}$ 和 $\boldsymbol{U}$ 由式(2.3)的结果直接给出，具体形式如下

$$\boldsymbol{L} = \begin{pmatrix} 1 & 0 & 0 \\ \frac{1}{4} & 1 & 0 \\ \frac{1}{2} & -\frac{1}{2} & 1 \end{pmatrix}, \quad \boldsymbol{U} = \begin{pmatrix} 4 & 4 & -4 \\ 0 & 2 & 2 \\ 0 & 0 & 8 \end{pmatrix}.$$

令两次行置换的矩阵分别为 $\boldsymbol{P}_1$ 和 $\boldsymbol{P}_2$，并用 $\boldsymbol{P}$ 记录最终累积的置换矩阵，则

$$\boldsymbol{P}_1 = \begin{pmatrix} 0 & 1 & 0 \\ 1 & 0 & 0 \\ 0 & 0 & 1 \end{pmatrix}, \quad \boldsymbol{P}_2 = \begin{pmatrix} 1 & 0 & 0 \\ 0 & 0 & 1 \\ 0 & 1 & 0 \end{pmatrix}, \quad \boldsymbol{P} = \boldsymbol{P}_2\boldsymbol{P}_1 = \begin{pmatrix} 0 & 1 & 0 \\ 0 & 0 & 1 \\ 1 & 0 & 0 \end{pmatrix}.$$

易验证 $\boldsymbol{PA} = \boldsymbol{LU}$. 实际计算中，置换操作可用一个向量来记录.

下面讨论一般情形. 为了保证数值稳定性，需要列选主元策略. 定义置换矩阵 $\boldsymbol{P}_i$，左乘 $\boldsymbol{P}_i$

表示交换第 i 与第 k ($k \geqslant i$) 行. 列选主元的 Gauss 消去可以表示为

$$\boldsymbol{L}_{n-1}\boldsymbol{P}_{n-1}\boldsymbol{L}_{n-2}\boldsymbol{P}_{n-2}\cdots\boldsymbol{L}_2\boldsymbol{P}_2\boldsymbol{L}_1\boldsymbol{P}_1\boldsymbol{A}=\boldsymbol{U}.$$

利用置换矩阵的性质可得

$$\boldsymbol{L}_{n-1}\left(\boldsymbol{P}_{n-1}\boldsymbol{L}_{n-2}\boldsymbol{P}_{n-1}^{\mathrm{T}}\right)\left(\boldsymbol{P}_{n-1}\boldsymbol{P}_{n-2}\boldsymbol{L}_{n-3}\boldsymbol{P}_{n-2}^{\mathrm{T}}\boldsymbol{P}_{n-1}^{\mathrm{T}}\right)\boldsymbol{P}_{n-1}\boldsymbol{P}_{n-2}\cdots\left(\boldsymbol{P}_{n-1}\boldsymbol{P}_{n-2}\cdots\boldsymbol{P}_3\boldsymbol{L}_2\boldsymbol{P}_3^{\mathrm{T}}\cdots\boldsymbol{P}_{n-2}^{\mathrm{T}}\boldsymbol{P}_{n-1}^{\mathrm{T}}\right)$$
$$\cdot\left(\boldsymbol{P}_{n-1}\boldsymbol{P}_{n-2}\cdots\boldsymbol{P}_2\boldsymbol{L}_1\boldsymbol{P}_2^{\mathrm{T}}\cdots\boldsymbol{P}_{n-2}^{\mathrm{T}}\boldsymbol{P}_{n-1}^{\mathrm{T}}\right)\left(\boldsymbol{P}_{n-1}\boldsymbol{P}_{n-2}\cdots\boldsymbol{P}_2\boldsymbol{P}_1\right)\boldsymbol{A}=\boldsymbol{U}.$$

令 $\boldsymbol{P}_{n-1}\boldsymbol{P}_{n-2}\cdots\boldsymbol{P}_{i+1}\boldsymbol{L}_i\boldsymbol{P}_{i+1}^{\mathrm{T}}\cdots\boldsymbol{P}_{n-2}^{\mathrm{T}}\boldsymbol{P}_{n-1}^{\mathrm{T}}=\tilde{\boldsymbol{L}}_i$, $\boldsymbol{P}=\boldsymbol{P}_{n-1}\boldsymbol{P}_{n-2}\cdots\boldsymbol{P}_2\boldsymbol{P}_1$, 上式即为

$$\boldsymbol{L}_{n-1}\tilde{\boldsymbol{L}}_{n-2}\cdots\tilde{\boldsymbol{L}}_2\tilde{\boldsymbol{L}}_1\boldsymbol{P}\boldsymbol{A}=\boldsymbol{U},$$

注意这里 $\tilde{\boldsymbol{L}}_k$ 与 $\boldsymbol{L}_k$ 有相同结构, $\tilde{\boldsymbol{L}}_k$ 的第 k 列元素只是 $\boldsymbol{L}_k$ 的第 k 列元素的重排. 由上式, $\boldsymbol{P}\boldsymbol{A}=\tilde{\boldsymbol{L}}_1^{-1}\tilde{\boldsymbol{L}}_2^{-1}\cdots\tilde{\boldsymbol{L}}_{n-2}^{-1}\boldsymbol{L}_{n-1}^{-1}\boldsymbol{U}$, 简记为

$$\boldsymbol{P}\boldsymbol{A}=\boldsymbol{L}\boldsymbol{U}.$$

利用这一分解求解线性代数方程组 $\boldsymbol{A}\boldsymbol{x}=\boldsymbol{b}$, 只需对先前的顺序 Gauss 消去过程 $\boldsymbol{A}=\boldsymbol{L}\boldsymbol{U}$ 稍作修改. 对方程 $\boldsymbol{A}\boldsymbol{x}=\boldsymbol{b}$ 左乘 $\boldsymbol{P}$, 然后如前进行:

$$\boldsymbol{P}\boldsymbol{A}\boldsymbol{x}=\boldsymbol{P}\boldsymbol{b},$$
$$\boldsymbol{L}\boldsymbol{U}\boldsymbol{x}=\boldsymbol{P}\boldsymbol{b}.$$

先用前代法解 $\boldsymbol{L}\boldsymbol{y}=\boldsymbol{P}\boldsymbol{b}$ 得 $\boldsymbol{y}$; 再用回代解 $\boldsymbol{U}\boldsymbol{x}=\boldsymbol{y}$, 得到结果 $\boldsymbol{x}$. 注意在前代过程之前, 对右端项 $\boldsymbol{b}$ 按同样方式进行行置换, 这不需要任何浮点运算.

另外还有其他的选主元策略, 比如全选主元(complete pivoting)、阈值选主元(threshold pivoting), 以及近年来出现的一种适于并行计算的竞选主元(tournament pivoting)等.

2.3 竞选主元

为减少运算中通信开销，我们介绍竞选主元，这里只阐述其基本思想. 设矩阵 $\boldsymbol{W}$ 有如下的分块

$$\boldsymbol{W}=\begin{pmatrix}\boldsymbol{W}_0\\ \boldsymbol{W}_1\\ \boldsymbol{W}_2\\ \boldsymbol{W}_3\end{pmatrix}\in\mathbb{R}^{n\times b},$$

这里有 $p=4$ 个分块，且 $n\geqslant pb$. 我们需要计算 $\boldsymbol{P}\boldsymbol{W}=\boldsymbol{L}\boldsymbol{U}$.

先对四个分块分别执行局部的列选主元 LU 分解:

$$\boldsymbol{P}_0\boldsymbol{W}_0=\boldsymbol{L}_0\boldsymbol{U}_0,\quad \boldsymbol{P}_1\boldsymbol{W}_1=\boldsymbol{L}_1\boldsymbol{U}_1,\quad \boldsymbol{P}_2\boldsymbol{W}_2=\boldsymbol{L}_2\boldsymbol{U}_2,\quad \boldsymbol{P}_3\boldsymbol{W}_3=\boldsymbol{L}_3\boldsymbol{U}_3.$$

将 $\boldsymbol{P}_i\boldsymbol{W}_i$ 的前 r 行分别记为 $\boldsymbol{W}_i'$ $(i=0,1,2,3)$.

接着将备选的 $\boldsymbol{W}_i'$ 分成两组,

$$\boldsymbol{W}_{01}'=\begin{pmatrix}\boldsymbol{W}_0'\\ \boldsymbol{W}_1'\end{pmatrix},\quad \boldsymbol{W}_{23}'=\begin{pmatrix}\boldsymbol{W}_2'\\ \boldsymbol{W}_3'\end{pmatrix}.$$

进行如下两个列选主元 LU 分解:

$$\boldsymbol{P}_{01}\boldsymbol{W}_{01}'=\boldsymbol{L}_{01}\boldsymbol{U}_{01},\quad \boldsymbol{P}_{23}\boldsymbol{W}_{23}'=\boldsymbol{L}_{23}\boldsymbol{U}_{23}.$$

然后将 $\boldsymbol{P}_{12}\boldsymbol{W}_{01}'$ 和 $\boldsymbol{P}_{23}\boldsymbol{W}_{23}'$ 的前 r 行组装为 $2r\times r$ 的矩阵 $\boldsymbol{W}_{0123}$, 并对其作列选主元 LU 分解:

$$P_{0123}W_{0123} = L_{0123}U_{0123}.$$

最后将 $P_{0123}W_{0123}$ 的前 r 行作为最终的选主元结果，并完成后续消去过程. 细节请参考(Golub and Van Loan, 2013)和相关文献.

2.4 迭代改善

利用三角分解求得 $Ax = b$ 的近似解 $\hat{x}$ 后，可进行下面的步骤改进其精度:

(1) 计算 $r = b - A\hat{x}$；

(2) 利用三角分解求解 $Az = r$；

(3) 计算 $x = \hat{x} + z$.

令 $\hat{x} \leftarrow x$，重复以上三个步骤. 这就是所谓的迭代改善. 当 A 不是特别病态时，一般两三次迭代就可使计算结果达到机器精度. 具体实施时，一般用混合精度：第一、三步用高精度，第二步则用低精度，比如单精度和双精度配合使用.

2.5 Gauss 消去法的误差分析

设已进行 $k-1$ 步消元，得 $A^{(k)}$，其前 $k-1$ 列对角线以下元素已消为零，记其 $A^{(k)}$ 右下方 $(n-k+1)\times(n-k+1)$ 子矩阵，即矩阵 $A^{(k)}(k:n,k:n)$ 的元素为 $a_{ij}^{(k)}$，第 k 步消去使第 k 列对角线以下元素化为 0，得到 $A^{(k+1)}(k:n,k:n)$ 的元素为

$$a_{ij}^{(k+1)} = \begin{cases} a_{ij}^{(k)}, & i=k, j\geqslant k, \\ 0, & i\geqslant k+1, j=k, \\ \mathrm{fl}(a_{ij}^{(k)} - l_{ik}a_{kj}^{(k)}), & i,j\geqslant k+1, \end{cases}$$

其中乘子 $l_{ik} = \mathrm{fl}\left(\dfrac{a_{ik}^{(k)}}{a_{kk}^{(k)}}\right) = \dfrac{a_{ik}^{(k)}}{a_{kk}^{(k)}}(1-\delta_{ik})$，$|\delta_{ik}|\leqslant u$. 这里 u 为机器精度，$\mathrm{fl}(x)$ 为实数 x 在机器中对应的浮点数表示. 假定 $|l_{ik}|\leqslant 1$，这在列选主元中是显然的.

考虑 $A^{(k)}$ 右下方 $(n-k)\times(n-k)$ 子矩阵的更新,

$$a_{ij}^{(k+1)} = \frac{a_{ij}^{(k)} - l_{ik}a_{kj}^{(k)}(1+\delta_{ij})}{1+\delta_{ij}'},\quad |\delta_{ij}|\leqslant u,\quad |\delta_{ij}'|\leqslant u.$$

上式可改写为

$$a_{ij}^{(k+1)} = a_{ij}^{(k)} - l_{ik}a_{kj}^{(k)} - l_{ik}a_{kj}^{(k)}\delta_{ij} - a_{ij}^{(k+1)}\delta_{ij}' \quad (k+1\leqslant i,j\leqslant n).$$

考查第 k 列对角线以下元素 $a_{ik}^{(k+1)}$ $(k+1\leqslant i\leqslant n)$. 如果按公式 $a_{ik}^{(k)} - l_{ik}a_{kk}^{(k)}$ 做两次浮点运算，则结果一般不为 0；如果按精确计算，则

$$a_{ik}^{(k)} - l_{ik}a_{kk}^{(k)} = a_{ik}^{(k)} - \frac{a_{ik}^{(k)}}{a_{kk}^{(k)}}(1-\delta_{ik})a_{kk}^{(k)} = a_{ik}^{(k)}\delta_{ik} \neq 0.$$

但实际上对 $a_{ik}^{(k+1)}$ 直接赋零值而无浮点运算，相当于按下式精确计算:

$$a_{ik}^{(k)} - l_{ik}a_{kk}^{(k)} - a_{ik}^{(k)}\delta_{ik} = 0 \equiv a_{ik}^{(k+1)}.$$

定义矩阵 $\boldsymbol{E}^{(k)}=\left(\varepsilon_{ij}^{(k)}\right)$，其中

$$\varepsilon_{ij}^{(k)}=\begin{cases} l_{ik}a_{kj}^{(k)}\delta_{ij}+a_{ij}^{(k+1)}\delta'_{ij}, & i,j\geqslant k+1,\\ a_{ik}^{(k)}\delta_{ik}, & i\geqslant k+1, j=k,\\ 0, & \text{其他}, \end{cases}$$

$\boldsymbol{E}^{(k)}$ 的前 k 行和前 $k-1$ 列为 0.

考虑到舍入误差，第 k 步消去表示为

$$\boldsymbol{L}_k\boldsymbol{A}^{(k)}=\boldsymbol{A}^{(k+1)}+\boldsymbol{E}^{(k)}.$$

因为 $\boldsymbol{L}_k^{-1}\boldsymbol{E}^{(k)}=\left(\boldsymbol{I}+\boldsymbol{l}_k\boldsymbol{e}_k^{\mathrm{T}}\right)\boldsymbol{E}^{(k)}=\boldsymbol{E}^{(k)}+\boldsymbol{l}_k\boldsymbol{e}_k^{\mathrm{T}}\boldsymbol{E}^{(k)}=\boldsymbol{E}^{(k)}$，故

$$\boldsymbol{A}^{(k)}=\boldsymbol{L}_k^{-1}\boldsymbol{A}^{(k+1)}+\boldsymbol{E}^{(k)}.$$

注意到，当 $i\leqslant k$ 时，$\boldsymbol{L}_i^{-1}\boldsymbol{E}^{(k)}=\left(\boldsymbol{I}+\boldsymbol{l}_i\boldsymbol{e}_i^{\mathrm{T}}\right)\boldsymbol{E}^{(k)}=\boldsymbol{E}^{(k)}$.

按上式递推，

$$\begin{aligned}\boldsymbol{A}^{(1)}&=\boldsymbol{L}_1^{-1}\boldsymbol{A}^{(2)}+\boldsymbol{E}^{(1)}\\ &=\boldsymbol{L}_1^{-1}\boldsymbol{L}_2^{-1}\boldsymbol{A}^{(3)}+\boldsymbol{L}_1^{-1}\boldsymbol{E}^{(2)}+\boldsymbol{E}^{(1)}\\ &=\boldsymbol{L}_1^{-1}\boldsymbol{L}_2^{-1}\boldsymbol{A}^{(3)}+\boldsymbol{E}^{(2)}+\boldsymbol{E}^{(1)}\\ &=\cdots\\ &=\boldsymbol{L}_1^{-1}\boldsymbol{L}_2^{-1}\cdots\boldsymbol{L}_{n-1}^{-1}\boldsymbol{A}^{(n)}+\sum_{k=1}^{n-1}\boldsymbol{E}^{(k)},\end{aligned}$$

上式记为 $\boldsymbol{A}=\boldsymbol{L}\boldsymbol{U}+\boldsymbol{E}$，其中 $\boldsymbol{E}=\sum_{k=1}^{n-1}\boldsymbol{E}^{(k)}$.

定义增长因子 $\rho=\max\limits_{i,j,k}\left|a_{ij}^{(k)}\right|\Big/\|\boldsymbol{A}\|_\infty$，则 $\left|\varepsilon_{ij}^{(k)}\right|\leqslant 2\rho\|\boldsymbol{A}\|_\infty\cdot u\ (i\geqslant k+1, j\geqslant k)$.

$$|\boldsymbol{E}|\leqslant\begin{pmatrix}0&0&\cdots&0&0\\1&1&\cdots&1&1\\1&2&\cdots&2&2\\ \vdots&\vdots&\ddots&\vdots&\vdots\\1&2&\cdots&n-2&n-1\end{pmatrix}\cdot 2\rho\|\boldsymbol{A}\|_\infty u,$$

这里 $|\boldsymbol{E}|$ 表示将矩阵元素取绝对值所形成的矩阵，小于等于号是分量意义下的(反映两矩阵相同位置上元素的比较关系). 取 ∞-范数可得，

$$\|\boldsymbol{E}\|_\infty<n^2\rho\|\boldsymbol{A}\|_\infty\cdot u.$$

获得 LU 分解以后，我们要求解下三角和上三角线性方程组. 先分析 $\boldsymbol{L}\boldsymbol{y}=\boldsymbol{b}$ 的舍入误差.

$$y_1=\mathrm{fl}\left(\frac{b_1}{l_{11}}\right)=\frac{b_1}{l_{11}(1+\delta_{11})},$$

$$y_i=\mathrm{fl}\left(\frac{b_i-\sum_{j=1}^{i-1}l_{ij}y_j}{l_{ii}}\right)=\frac{b_i-\sum_{j=1}^{i-1}l_{ij}y_j(1+\delta_{ij})}{1+\delta_i}\cdot\frac{1}{l_{ii}(1+\delta_{ii})},\quad i=2,3,\cdots,n,$$

其中 $|\delta_i|$，$|\delta_{ii}|\leqslant u$，且由定理 1.5 的证明知，$|\delta_{i1}|<1.01(i-1)u$，$|\delta_{ij}|<1.01(i-j+1)u$（$j=2,3,\cdots,i-1$；$i=2,3,\cdots,n$）.

将上述关系式改写后，$\boldsymbol{y}$ 满足如下方程组，

$$l_{11}(1+\delta_{11})y_1 = b_1,$$

$$l_{i1}(1+\delta_{i1})y_1+\cdots+l_{i,i-1}(1+\delta_{i,i-1})y_{i-1}+l_{ii}(1+\delta_{ii})(1+\delta_i)y_i=b_i,\quad i=2,3,\cdots,n.$$

进一步写成矩阵形式 $(\boldsymbol{L}+\boldsymbol{\delta L})\boldsymbol{y}=\boldsymbol{b}$，其中 $\boldsymbol{\delta L}=(\delta l_{ij})$，

$$|\boldsymbol{\delta L}|=(|\delta l_{ij}|)\leqslant 1.01u\begin{pmatrix} |l_{11}| & & & & & \\ |l_{21}| & 2|l_{22}| & & & & \\ 2|l_{31}| & 2|l_{32}| & 2|l_{33}| & & & \\ 3|l_{41}| & 3|l_{42}| & 2|l_{43}| & 2|l_{44}| & & \\ \vdots & \vdots & \vdots & \vdots & \ddots & \\ (n-1)|l_{n1}| & (n-1)|l_{n2}| & (n-2)|l_{n3}| & (n-3)|l_{n4}| & \cdots & 2|l_{nn}| \end{pmatrix},$$

$$\|\boldsymbol{\delta L}\|_\infty \leqslant 1.01u\sum_{k=1}^{n}k\max_{i,j}|l_{ij}|=\frac{n(n+1)}{2}\cdot 1.01u.$$

类似地，我们可以分析 $\boldsymbol{U}\boldsymbol{x}=\boldsymbol{y}$ 的舍入误差. 计算解 $\boldsymbol{x}$ 满足 $(\boldsymbol{U}+\boldsymbol{\delta U})\boldsymbol{x}=\boldsymbol{y}$，其中

$$\|\boldsymbol{\delta U}\|_\infty \leqslant 1.01u\cdot\frac{n(n+1)}{2}\rho\|\boldsymbol{A}\|_\infty.$$

从而，计算解 $\boldsymbol{x}$ 满足 $(\boldsymbol{L}+\boldsymbol{\delta L})(\boldsymbol{U}+\boldsymbol{\delta U})\boldsymbol{x}=\boldsymbol{b}$，即 $\boldsymbol{x}$ 是下述扰动问题的精确解:

$$(\boldsymbol{A}+\boldsymbol{\delta A})\boldsymbol{x}=\boldsymbol{b},$$

其中 $\boldsymbol{\delta A}=\boldsymbol{E}+\boldsymbol{L}\boldsymbol{\delta U}+\boldsymbol{\delta L}\boldsymbol{U}+\boldsymbol{\delta L}\boldsymbol{\delta U}$，这里用到 $\boldsymbol{A}+\boldsymbol{E}=\boldsymbol{L}\boldsymbol{U}$.

$$\|\boldsymbol{\delta A}\|_\infty \leqslant \|\boldsymbol{E}\|_\infty+\|\boldsymbol{L}\|_\infty\|\boldsymbol{\delta U}\|_\infty+\|\boldsymbol{\delta L}\|_\infty\|\boldsymbol{U}\|_\infty+\|\boldsymbol{\delta L}\|_\infty\|\boldsymbol{\delta U}\|_\infty.$$

注意到 $\|\boldsymbol{L}\|_\infty\leqslant n$，$\|\boldsymbol{U}\|_\infty\leqslant n\rho\|\boldsymbol{A}\|_\infty$，则有

$$\|\boldsymbol{\delta A}\|_\infty\leqslant 1.01(n^3+3n^2)\rho\|\boldsymbol{A}\|_\infty u.$$

注意到 $\|\boldsymbol{\delta A}\|_\infty$ 是小量，计算解 $\boldsymbol{x}$ 满足一个与原问题接近的问题，我们认为选主元Gauss消去法解线性方程组是数值稳定的.

2.6 根平方法

对称正定矩阵 $\boldsymbol{A}$ 的各阶主子阵是正定的，各阶主子式均为正；可进行顺序 Gauss 消去，可得分解 $\boldsymbol{A}=\boldsymbol{LDU}$，其中 $\boldsymbol{D}$ 是对角矩阵，$\boldsymbol{L}$ 和 $\boldsymbol{U}$ 分别为下三角矩阵和上三角矩阵. 由对称性，$\boldsymbol{U}^{\mathrm{T}}\boldsymbol{D}\boldsymbol{L}^{\mathrm{T}}=\boldsymbol{LDU}$；由分解唯一性，$\boldsymbol{U}^{\mathrm{T}}=\boldsymbol{L}$，故 $\boldsymbol{A}=\boldsymbol{LDL}^{\mathrm{T}}$. 由 $\boldsymbol{A}$ 的正定性知，$\boldsymbol{D}$ 的对角元均为正，可定义 $\boldsymbol{D}^{1/2}$. 定义 $\boldsymbol{G}=\boldsymbol{LD}^{1/2}$，则 $\boldsymbol{A}=\boldsymbol{GG}^{\mathrm{T}}$，这里 $\boldsymbol{G}$ 称作 Cholesky(楚列斯基)因子. 总之，对任意对称正定矩阵 $\boldsymbol{A}$，存在唯一的对角元全为正的下三角矩阵 $\boldsymbol{G}$，使 $\boldsymbol{A}=\boldsymbol{GG}^{\mathrm{T}}$.

下面的公式(基于 Gaxpy)计算 $\boldsymbol{G}=(g_{ij})$ 第 k 列元素($k=1,2,\cdots,n$):

$$g_{kk}=\sqrt{a_{kk}-\sum_{j=1}^{k-1}g_{kj}^2},$$

$$g_{ik}=\left(a_{ik}-\sum_{j=1}^{k-1}g_{ij}g_{kj}\right)\Big/g_{kk}\quad (i=k+1,\cdots,n).$$

这一分解称为 Cholesky 分解，运算量约为 $n^3/3$，比顺序消去法运算量减少了一半.

为了避免开方运算，可用改进的根平方法，即 $A = LDL^{\mathrm{T}}$，其中 L 是单位下三角矩阵，D 是对角元为正的对角阵. 设 $L = (l_{ij})$，$D = \mathrm{diag}(d_i)$，对 $k = 1, 2, \cdots, n$，

$$d_k = a_{kk} - \sum_{j=1}^{k-1} l_{kj}^2 d_j,$$

$$l_{ik} = \left(a_{ik} - \sum_{j=1}^{k-1} l_{ij} l_{kj} d_j \right) \Bigg/ d_k \quad (i = k+1, \cdots, n).$$

知识拓展

von Neumann 和 Goldstine 在 1947 年对 Gauss 消去法进行了严格的误差分析，当时还没有意识到选主元，现在列选主元 Gauss 消去过程已做成直接法求解线性方程组的标准程序. 这里介绍的 L 因子形成方式跟 LAPACK 中的实现一致，有别于早期的 LINPACK. LAPACK 函数 sgetrf 实现 $PA = LU$，sgetrs 完成下/上三角线性方程组的求解；表 2.1 中其他函数的功能类似. 此外，slacon 用于估计条件数倒数，sgesvx 中计算分量型向后误差，调用 sgerfs 作迭代改善，调用 sgeeqn 作平衡处理. MATLAB 反斜杠(backslash)，如 $A \backslash b$，功能十分强大，会根据矩阵 A 是稠密的还是稀疏的、对称的还是非对称的、方阵还是长方阵，来采取不同的求解策略.

表 2.1

类型	一般矩阵	对称正定	对称不定	带状矩阵
函数	sgetrf/s	spotrf/s	ssytrf/s	sgbtrf/s

大规模稀疏矩阵只存储非零元，Gauss 消去过程中原来某些位置的零元会变成非零元，引起所谓的填充(fill-in)，导致内存需求的增加. 为了减少填充，需要使用稀疏矩阵相关的技术，包括矩阵重排、符号分解、数值分解、三角求解以及迭代改善等步骤. 超节点(supernode)和多波前(multifrontal)是稀疏矩阵求解中两种常见的方法，对应的软件包有 SuperLU 和 MUMPS 等. 一般方阵有选主元 Gauss 消去法，对称正定矩阵有 Cholesky 分解，对称不定矩阵有 Aasen(阿森)算法和 Bunch-Parlett(邦奇-帕雷特)算法等.

Gauss 消去过程中增长因子 ρ 的估计有待于进一步研究，尤其是对随机矩阵. 对于 n 阶矩阵，Gauss 消去法的计算复杂度为 $O(n^3)$，可以降至 $O(n^{\omega})$，$\omega < 3$；最小的 ω 仍未知.

习 题 2

1. 用顺序消去法、列主元消去法求解方程组：

$$\begin{pmatrix} 2 & 3 & 5 \\ 3 & 4 & 7 \\ 1 & 3 & 3 \end{pmatrix} \begin{pmatrix} x_1 \\ x_2 \\ x_3 \end{pmatrix} = \begin{pmatrix} 5 \\ 6 \\ 5 \end{pmatrix}.$$

2. 计算矩阵

$$A=\begin{pmatrix}2&-1&-1\\1&2&0\\1&0&3\end{pmatrix}$$

的 LU 和 LDU 分解.

3. 用列主元 Gauss 消去法解下列方程组:

$$\begin{pmatrix}3&2&1\\1&0&1\\12&-3&3\end{pmatrix}\begin{pmatrix}x_1\\x_2\\x_3\end{pmatrix}=\begin{pmatrix}4\\2\\15\end{pmatrix}.$$

4. 用 Cholesky 方法求解下列方程组:

$$\begin{pmatrix}4&-2&-4\\-2&17&10\\-4&10&9\end{pmatrix}\begin{pmatrix}x_1\\x_2\\x_3\end{pmatrix}=\begin{pmatrix}10\\3\\-5\end{pmatrix}.$$

5. 用追赶法求解三对角矩阵方程组:

$$\begin{pmatrix}2&1&&\\1&3&1&\\&1&1&1\\&&2&1\end{pmatrix}\begin{pmatrix}x_1\\x_2\\x_3\\x_4\end{pmatrix}=\begin{pmatrix}2\\6\\5\\3\end{pmatrix}.$$

6. 考虑 4 个弹簧的串联, 平衡时力平衡方程给出了弹簧间位移关系:

$$\begin{aligned}&k_2(x_2-x_1)=k_1x_1,\\&k_3(x_3-x_2)=k_2(x_2-x_1),\\&k_4(x_4-x_3)=k_3(x_3-x_2),\\&F=k_4(x_4-x_3),\end{aligned}$$

其中, 带下标的 x 表示位移, 带下标的 k 为弹簧系数, k_1, k_2, k_3 和 k_4 分别为 50 N/m, 50 N/m, 75 N/m 和 225 N/m, 试求各个弹簧的位移.

7. 证明: 如果 $\boldsymbol{L}_k=\boldsymbol{I}-\boldsymbol{l}_k\boldsymbol{e}_k^{\mathrm{T}}$ 是一个 Gauss 变换, 则 $\boldsymbol{L}_k^{-1}=\boldsymbol{I}+\boldsymbol{l}_k\boldsymbol{e}_k^{\mathrm{T}}$ 也是一个 Gauss 变换.

8. 设 $\boldsymbol{A}$ 是 n 阶矩阵, 且经过 Gauss 消去法一步消去后变为 $\begin{pmatrix}a_{11}&\boldsymbol{r}_1^{\mathrm{T}}\\\boldsymbol{0}&\boldsymbol{S}\end{pmatrix}$, 证明:

(1) 如果 $\boldsymbol{A}$ 是实对称矩阵, 那么 $\boldsymbol{S}$ 也是实对称矩阵;

(2) 如果 $\boldsymbol{A}$ 为(按行)严格对角占优矩阵, 那么 $\boldsymbol{S}$ 也是严格对角占优矩阵;

(3) 如果 $\boldsymbol{A}$ 是正定矩阵, 那么 $\boldsymbol{S}$ 仍是正定矩阵;

(4) 由(1), (2)推断, 对于对称的严格对角占优矩阵来说, 用 Gauss 消去法和列主元 Gauss 消去法可得到同样的结果.

9. 设 $\boldsymbol{A}=(a_{ij})\in\mathbb{R}^{n\times n}$ 的定义如下:

$$a_{ij}=\begin{cases}1, & i=j \text{ 或 } j=n,\\-1, & i>j,\\0, & \text{其他}.\end{cases}$$

证明 $\boldsymbol{A}$ 有满足 $|l_{ij}|\leqslant 1$ 和 $u_{nn}=2^{n-1}$ 的三角分解.

10. 设

$$A=\begin{pmatrix} A_{11} & A_{12} \\ A_{21} & A_{22} \end{pmatrix}\begin{matrix} k \\ n-k \end{matrix}$$
$$\begin{matrix} k & \quad n-k \end{matrix}$$

且 A_{11} 是非奇异的, 矩阵 $S=A_{22}-A_{21}A_{11}^{-1}A_{12}$ 称为 A_{11} 在 A 中的 Schur 补. 证明: 如果 A_{11} 有三角分解, 那么经过 k 步顺序 Gauss 消去以后, 所得矩阵的右下角 $n-k$ 阶子矩阵等于 S.

11. 设 A 是 $n\times n$ 的实对称阵, 其前 $n-1$ 个顺序主子阵均非奇异, 证明 A 有唯一的分解式 $A=LDL^{\mathrm{T}}$, 其中 L 是单位下三角阵, D 是对角阵.

12. 设 $A=LL^{\mathrm{T}}$ 是 A 的 Cholesky 分解, L 的 i 阶顺序主子阵为 L_i, A 的 i 阶顺序主子阵为 A_i. 试证: L_i 是 A_i 的 Cholesky 因子.

13. 证明: 如果 A 是一个对称正定带状矩阵, 则其 Cholesky 因子 L 也是带状矩阵.

14. 设 $A=LU$ 是 $A\in\mathbb{R}^{n\times n}$ 的 LU 分解, 这里 $|l_{ij}|\leqslant 1$, 设 a_i^{T} 和 u_i^{T} 分别表示 A 和 U 的第 i 行, 验证等式

$$u_i^{\mathrm{T}}=a_i^{\mathrm{T}}-\sum_{j=1}^{i-1}l_{ij}u_j^{\mathrm{T}},$$

并据此证明 $\|U\|_\infty\leqslant 2^{n-1}\|A\|_\infty$ (提示: 用归纳法证明 $\|u_j\|_1\leqslant 2^{j-1}\|A\|_\infty$).

15. 估计连乘 $\mathrm{fl}(x_1\cdots x_n)=x_1\cdots x_n(1+\varepsilon)$ 中 ε 的上界.

16. 证明: 若 $nu\leqslant 0.01$, 则

$$\mathrm{fl}\left(\sum_{i=1}^n x_i\right)=\sum_{i=1}^n x_i(1+\eta_i),$$

其中 $|\eta_1|\leqslant 1.01(n-1)u$, $|\eta_i|\leqslant 1.01(n-i+1)u\ (i\geqslant 2)$.

17. 证明: 若 x 是 n 维向量, 则 $\mathrm{fl}(x^{\mathrm{T}}x)=x^{\mathrm{T}}x(1+\delta)$, 其中 $|\delta|\leqslant nu+O(u^2)$.

18. 证明: 若 A 是三对角阵, 则列主元 Gauss 消去法的增长因子 ρ 以 2 为界.

19. 证明: 若 A^{T} 是对角占优阵, 则列主元 Gauss 消去法的增长因子 ρ 以 2 为界.

20. 设 A 为带状矩阵, 带宽为 $2m+1$, 其中 $m=3$. 若列主元 Gauss 消去法计算所得到的 $\tilde{L}$ 和 $\tilde{U}$ 满足 $\tilde{L}\tilde{U}=P(A+E)$, 其中 P 是置换阵, 试估计 $\|E\|_\infty$ 的上界.

21. 设 $nu\leqslant 0.01$, 而且 $\mathrm{fl}(\sqrt{x})=\sqrt{x}(1+\delta)$, 其中 $|\delta|\leqslant u$. 对给定的对称正定矩阵 A 进行 Cholesky 分解得到的下三角矩阵 $\tilde{L}$ 满足: $\tilde{L}\tilde{L}^{\mathrm{T}}=A+E$, 试估计 E 的元素的上界.

22. 设 A 为 $n\times n$ 矩阵, x 为 n 维向量, 且 $nu\leqslant 0.01$. 证明: $\mathrm{fl}(Ax)=(A+E)x$, 其中 $E=(e_{ij})$ 的元素满足

$$|e_{i1}|\leqslant 1.01|a_{i1}|nu\quad (i=1,\cdots,n),$$
$$|e_{ij}|\leqslant 1.01|a_{ij}|(n-j+2)u\quad (i=1,\cdots,n;\ j=2,\cdots,n).$$

23. 设 U 是非奇异上三角矩阵, $nu\leqslant 0.01$, 试分析求解 $Ux=y$ 的舍入误差. 证明: 计算解 x 满足 $(U+\delta U)x=y$, 其中

$$\|\delta U\|_\infty\leqslant 1.01u\cdot\frac{n(n+1)}{2}\rho\|A\|_\infty,\quad \rho=\max_{i,j,k}\left|a_{ij}^{(k)}\right|\Big/\|A\|_\infty.$$

第 3 章

线性方程组的经典迭代法

第 3 章知识导图

实际科学和工程计算中经常遇到大规模线性代数方程组，其系数矩阵上亿阶，且往往大部分矩阵元素为零. 比如有限元求解椭圆边值问题所产生的线性代数方程组，考虑一个中等规模的例子，$n=10^6$. 如果系数矩阵是稠密的，意味着要存储10^{12}个矩阵元素，每个元素作为双精度浮点数存储需8字节，这样就需要8T字节内存. 一般计算机配置显然无法满足这样的内存需求，而且直接法需要的运算次数约为$O(10^{18})$. 使用稀疏矩阵技术，此等规模的问题也可在个人计算机上由直接法求解，但这超过本课程讨论范围. 对大规模稀疏问题，直接法由于非零元的填充导致内存需求过大，而且计算量也很大；我们可以尝试迭代法求解，这一章只介绍经典的单步线性定常迭代.

3.1 经典迭代格式

经典定常迭代法可通过矩阵分裂导出，设矩阵 $\boldsymbol{A}=\boldsymbol{M}-\boldsymbol{N}$，其中 $\boldsymbol{M}$ 非奇异. 原线性代数方程组 $\boldsymbol{Ax}=\boldsymbol{b}$，可表示为

$$(\boldsymbol{M}-\boldsymbol{N})\boldsymbol{x}=\boldsymbol{b};$$

即

$$\boldsymbol{x}=\boldsymbol{M}^{-1}\boldsymbol{Nx}+\boldsymbol{M}^{-1}\boldsymbol{b}.$$

据此构造如下迭代格式，

$$\boldsymbol{x}^{(k+1)}=\boldsymbol{M}^{-1}\boldsymbol{Nx}^{(k)}+\boldsymbol{M}^{-1}\boldsymbol{b},\quad k=0,1,2,\cdots,$$

这里上标(k)表示第k步迭代的近似解，$\boldsymbol{x}^{(0)}$为迭代初值.

一般地，将迭代格式记为

$$\boldsymbol{x}^{(k+1)}=\boldsymbol{Gx}^{(k)}+\boldsymbol{g},\tag{3.1}$$

其中 $\boldsymbol{G}=\boldsymbol{M}^{-1}\boldsymbol{N}$ 为迭代矩阵. 迭代过程中，迭代矩阵一直保持不变，故称为定常迭代. 对于迭代格式(3.1)，迭代矩阵为

$$\boldsymbol{G}=\boldsymbol{M}^{-1}\boldsymbol{N}=\boldsymbol{I}-\boldsymbol{M}^{-1}\boldsymbol{A}.$$

设精确解为$\boldsymbol{x}^*$，满足

$$\boldsymbol{x}^*=\boldsymbol{Gx}^*+\boldsymbol{g}.\tag{3.2}$$

定义迭代误差$\boldsymbol{e}^{(k)}=\boldsymbol{x}^{(k)}-\boldsymbol{x}^*$，将(3.1)和(3.2)两式相减，得

$$\boldsymbol{e}^{(k+1)}=\boldsymbol{Ge}^{(k)}.$$

据此递推关系可得

$$\boldsymbol{e}^{(k)}=\boldsymbol{G}^k\boldsymbol{e}^{(0)}.$$

迭代格式收敛等价于迭代误差$\boldsymbol{e}^{(k)}\to\boldsymbol{0}$，亦等价于

$$\lim_{k\to\infty}\boldsymbol{G}^k=\boldsymbol{0}.$$

由第1章定理1.3知，这等价于

$$\rho(\boldsymbol{G})<1.$$

即迭代格式(3.1)收敛的充分必要条件是迭代矩阵$\boldsymbol{G}$的谱半径小于1；谱半径不仅能判定迭代方法收敛性，还能估计收敛速度.

若某相容矩阵范数 $\|G\|<1$，则 $\rho(G)\leqslant\|G\|<1$，迭代格式收敛．由此得迭代格式收敛的充分条件，同时可给出如下的误差估计．

定理 3.1

若存在相容范数 $\|G\|<1$，则迭代格式收敛，且有误差估计：

$$\|x^*-x^{(k)}\|\leqslant\frac{\|G\|}{1-\|G\|}\|x^{(k)}-x^{(k-1)}\|, \tag{3.3}$$

$$\|x^*-x^{(k)}\|\leqslant\frac{\|G\|^k}{1-\|G\|}\|x^{(1)}-x^{(0)}\|. \tag{3.4}$$

证明　由式(3.1)和式(3.2)，

$$x^*-x^{(k+1)}=G(x^*-x^{(k)})=G(x^*-x^{(k+1)}+x^{(k+1)}-x^{(k)}).$$

取范数并用三角不等式，

$$\|x^*-x^{(k+1)}\|\leqslant\|G\|\left(\|x^*-x^{(k+1)}\|+\|x^{(k+1)}-x^{(k)}\|\right),$$

移项得

$$\|x^*-x^{(k+1)}\|\leqslant\frac{\|G\|}{1-\|G\|}\|x^{(k+1)}-x^{(k)}\|.$$

从而证明式(3.3)．

由迭代格式可得

$$x^{(k+1)}-x^{(k)}=G(x^{(k)}-x^{(k-1)})=\cdots=G^k(x^{(1)}-x^{(0)}).$$

取范数

$$\|x^{(k+1)}-x^{(k)}\|\leqslant\|G\|^k\|x^{(1)}-x^{(0)}\|.$$

结合式(3.3)结论，

$$\|x^*-x^{(k+1)}\|\leqslant\frac{\|G\|^{k+1}}{1-\|G\|}\|x^{(1)}-x^{(0)}\|.$$ □

当 $\|G\|<1$ 时，由式(3.4)显然可知 $\lim\limits_{k\to\infty}x^{(k)}=x^*$，迭代收敛．另外式(3.3)给出了迭代误差的后验估计．当相邻两次迭代的近似解差别很小时，意味着迭代收敛．

下面给出四种经典的定常迭代格式．

(1) Jacobi 迭代．

记系数矩阵 $A=(a_{ij})$，将 A 分成三部分：对角元部分、对角线以下部分(称为 A 的严格下三角矩阵)和对角线以上部分(称为 A 的严格上三角矩阵)，分别以 D，$-L$ 和 $-U$ 记之，即 $A=D-L-U$，其中

$$D=\mathrm{diag}(a_{11},a_{22},\cdots,a_{nn})=\begin{pmatrix} a_{11} & & & & \\ & a_{22} & & & \\ & & \ddots & & \\ & & & a_{n-1,n-1} & \\ & & & & a_{nn} \end{pmatrix},$$

$$L=\begin{pmatrix} 0 & & & & \\ -a_{21} & 0 & & & \\ -a_{31} & -a_{32} & 0 & & \\ \vdots & \vdots & \vdots & \ddots & \\ -a_{n1} & -a_{n2} & -a_{n3} & \cdots & 0 \end{pmatrix},\quad U=\begin{pmatrix} 0 & -a_{12} & -a_{13} & \cdots & -a_{1,n-1} & -a_{1n} \\ & 0 & -a_{23} & \cdots & -a_{2,n-1} & -a_{2n} \\ & & & \ddots & \vdots & \vdots \\ & & & & 0 & -a_{n-1,n} \\ & & & & & 0 \end{pmatrix}.$$

将原方程 $\boldsymbol{Ax}=\boldsymbol{b}$，改写为 $\boldsymbol{Dx}=(\boldsymbol{L}+\boldsymbol{U})\boldsymbol{x}+\boldsymbol{b}$．设对角元非零，两边同乘以 $\boldsymbol{D}^{-1}$，构造如下格式，

$$\boldsymbol{x}^{(k+1)}=\boldsymbol{D}^{-1}(\boldsymbol{L}+\boldsymbol{U})\boldsymbol{x}^{(k)}+\boldsymbol{D}^{-1}\boldsymbol{b},\qquad k=0,1,2,\cdots.$$

此格式即为 Jacobi 迭代的矩阵形式，简记为

$$\boldsymbol{x}^{(k+1)}=\boldsymbol{G}_J\boldsymbol{x}^{(k)}+\boldsymbol{g},$$

其中 $\boldsymbol{g}=\boldsymbol{D}^{-1}\boldsymbol{b}$，迭代矩阵

$$\boldsymbol{G}_J=\boldsymbol{D}^{-1}(\boldsymbol{L}+\boldsymbol{U})=\boldsymbol{I}-\boldsymbol{D}^{-1}\boldsymbol{A}.$$

对应的分量形式，

$$\begin{aligned} x_i^{(k+1)} &= \frac{1}{a_{ii}}\left(-\sum_{j=1}^{i-1}a_{ij}x_j^{(k)}-\sum_{j=i+1}^{n}a_{ij}x_j^{(k)}+b_i\right) \\ &= \frac{1}{a_{ii}}\left(b_i-\sum_{j=1,j\neq i}^{n}a_{ij}x_j^{(k)}\right) \\ &= x_i^{(k)}+\frac{1}{a_{ii}}\left(b_i-\sum_{j=1}^{n}a_{ij}x_j^{(k)}\right),\quad i=1,2,\cdots,n, \end{aligned}\tag{3.5}$$

这里上标 (k) 表示第 k 步迭代，下标 i 表示第 i 个分量.

除了矩阵分裂的角度，我们还可以从残量校正的角度重新审视迭代法．第 k 步近似解 $\boldsymbol{x}^{(k)}$ 一般不能满足原方程，定义 $\boldsymbol{r}^{(k)}=\boldsymbol{b}-\boldsymbol{Ax}^{(k)}$ 为第 k 步迭代对应的残量．引入校正量 $\boldsymbol{\delta x}$，使得 $\boldsymbol{A}(\boldsymbol{x}^{(k)}+\boldsymbol{\delta x})=\boldsymbol{b}$，此即 $\boldsymbol{Ax}^{(k)}+\boldsymbol{D\delta x}-(\boldsymbol{L}+\boldsymbol{U})\boldsymbol{\delta x}=\boldsymbol{b}$．在很多实际问题中(比如对角占优)，$\boldsymbol{D}$ 相对于 $\boldsymbol{L}$ 和 $\boldsymbol{U}$ 更重要，抓大放小，有 $\boldsymbol{D\delta x}\approx\boldsymbol{b}-\boldsymbol{Ax}^{(k)}=\boldsymbol{r}^{(k)}$，即 $\boldsymbol{\delta x}\approx\boldsymbol{D}^{-1}\boldsymbol{r}^{(k)}$，从而导出 Jacobi 迭代格式

$$\boldsymbol{x}^{(k+1)}=\boldsymbol{x}^{(k)}+\boldsymbol{\delta x}=\boldsymbol{x}^{(k)}+\boldsymbol{D}^{-1}\boldsymbol{r}^{(k)}.$$

对应分量形式为

$$x_i^{(k+1)}=x_i^{(k)}+a_{ii}^{-1}r_i^{(k)}.$$

新的近似解由上一步近似解加上一个修正量得到，这一修正量用上一步的残量表达.

把所计算出来的近似解与上一步旧的近似解作加权平均，可得加权 Jacobi 方法

$$\boldsymbol{x}^{(k+1)}=(1-\omega)\boldsymbol{x}^{(k)}+\omega(\boldsymbol{G}_J\boldsymbol{x}^{(k)}+\boldsymbol{g}).$$

对应迭代矩阵为 $\boldsymbol{G}_\omega=(1-\omega)\boldsymbol{I}+\omega\boldsymbol{G}_J=\boldsymbol{I}-\omega\boldsymbol{D}^{-1}\boldsymbol{A}$．当 $\omega=1$ 时，即为前面定义的 Jacobi 迭代格式.

(2) Gauss-Seidel (GS) 迭代.

观察 Jacobi 迭代的分量形式(3.5)，在计算 $x_i^{(k+1)}$ 时，前面的 $x_1^{(k+1)},\cdots,x_{i-1}^{(k+1)}$ 都已经算出，一般是比 $x_1^{(k)},\cdots,x_{i-1}^{(k)}$ 更好的近似，为什么不用已算出的 $x_j^{(k+1)}(j=1,\cdots,i-1)$ 呢？这促使我们对式(3.5)稍加修改，得如下迭代格式:

$$x_i^{(k+1)}=\frac{1}{a_{ii}}\left(-\sum_{j=1}^{i-1}a_{ij}x_j^{(k+1)}-\sum_{j=i+1}^{n}a_{ij}x_j^{(k)}+b_i\right), \tag{3.6}$$

这就是 Gauss-Seidel 迭代的分量形式.

这一格式也可表达为第 k 步近似加上一个残量修正，改写式(3.6)得到

$$x_i^{(k+1)}=x_i^{(k)}+\frac{1}{a_{ii}}\left(b_i-\sum_{j=1}^{i-1}a_{ij}x_j^{(k+1)}-\sum_{j=i}^{n}a_{ij}x_j^{(k)}\right).$$

括号内的量就是利用当前步骤更新了的解的信息 $x_j^{(k+1)}(j=1,\cdots,i-1)$ 和上一步旧的解 $x_j^{(k)}(j=i,\cdots,n)$ 所计算出来的临时残量.

下面从矩阵分裂的角度导出相应的矩阵形式. 由矩阵分裂 $\boldsymbol{A}=(\boldsymbol{D}-\boldsymbol{L})-\boldsymbol{U}$，构造迭代格式,

$$(\boldsymbol{D}-\boldsymbol{L})\boldsymbol{x}^{(k+1)}=\boldsymbol{U}\boldsymbol{x}^{(k)}+\boldsymbol{b},$$

亦即

$$\boldsymbol{x}^{(k+1)}=\boldsymbol{D}^{-1}(\boldsymbol{L}\boldsymbol{x}^{(k+1)}+\boldsymbol{U}\boldsymbol{x}^{(k)}+\boldsymbol{b}).$$

上述迭代格式简记为

$$\boldsymbol{x}^{(k+1)}=\boldsymbol{G}_{\mathrm{GS}}\boldsymbol{x}^{(k)}+\boldsymbol{g},$$

其中 $\boldsymbol{g}=(\boldsymbol{D}-\boldsymbol{L})^{-1}\boldsymbol{b}$，迭代矩阵

$$\boldsymbol{G}_{\mathrm{GS}}=(\boldsymbol{D}-\boldsymbol{L})^{-1}\boldsymbol{U}=\boldsymbol{I}-(\boldsymbol{D}-\boldsymbol{L})^{-1}\boldsymbol{A}.$$

进一步将迭代格式改写为

$$(\boldsymbol{D}-\boldsymbol{L})\boldsymbol{x}^{(k+1)}=(\boldsymbol{D}-\boldsymbol{L}-\boldsymbol{A})\boldsymbol{x}^{(k)}+\boldsymbol{b}=(\boldsymbol{D}-\boldsymbol{L})\boldsymbol{x}^{(k)}+\boldsymbol{b}-\boldsymbol{A}\boldsymbol{x}^{(k)},$$

由此可导出矩阵形式的残量修正格式,

$$\boldsymbol{x}^{(k+1)}=\boldsymbol{x}^{(k)}+(\boldsymbol{D}-\boldsymbol{L})^{-1}\boldsymbol{r}^{(k)},$$

其中 $\boldsymbol{r}^{(k)}=\boldsymbol{b}-\boldsymbol{A}\boldsymbol{x}^{(k)}$.

(3) 逐次超松弛 (successive over-relaxation, SOR) 迭代.

把 Gauss-Seidel 迭代第 $k+1$ 步近似解

$$\overline{x}_i^{(k+1)}=\frac{1}{a_{ii}}\left(-\sum_{j=1}^{i-1}a_{ij}x_j^{(k+1)}-\sum_{j=i+1}^{n}a_{ij}x_j^{(k)}+b_i\right)$$

作为中间值，将其与上一步近似解 $\boldsymbol{x}^{(k)}$ 的加权平均作为第 $k+1$ 步近似解

$$x_i^{(k+1)}=(1-\omega)x_i^{(k)}+\omega\overline{x}_i^{(k+1)}.$$

代入 $\overline{\boldsymbol{x}}^{(k+1)}$ 于上式，得

$$x_i^{(k+1)}=x_i^{(k)}+\frac{\omega}{a_{ii}}\left(b_i-\sum_{j=1}^{i-1}a_{ij}x_j^{(k+1)}-\sum_{j=i}^{n}a_{ij}x_j^{(k)}\right).$$

括号内的量为与 Gauss-Seidel 迭代相同的临时残量. 分量形式的迭代格式改写为

$$\begin{aligned}\boldsymbol{e}_i^{\mathrm{T}}\boldsymbol{x}^{(k+1)}&=(1-\omega)\boldsymbol{e}_i^{\mathrm{T}}\boldsymbol{x}^{(k)}+\omega\boldsymbol{e}_i^{\mathrm{T}}\overline{\boldsymbol{x}}^{(k+1)}\\&=(1-\omega)\boldsymbol{e}_i^{\mathrm{T}}\boldsymbol{x}^{(k)}+\omega\boldsymbol{e}_i^{\mathrm{T}}\boldsymbol{D}^{-1}(\boldsymbol{L}\boldsymbol{x}^{(k+1)}+\boldsymbol{U}\boldsymbol{x}^{(k)}+\boldsymbol{b}).\end{aligned}$$

注意到 $\boldsymbol{e}_i^{\mathrm{T}}\boldsymbol{D}^{-1}=a_{ii}^{-1}\boldsymbol{e}_i^{\mathrm{T}}$，$a_{ii}\boldsymbol{e}_i^{\mathrm{T}}=\boldsymbol{e}_i^{\mathrm{T}}\boldsymbol{D}$，整理上式，得

$$\boldsymbol{e}_i^{\mathrm{T}}(\boldsymbol{D}-\omega\boldsymbol{L})\boldsymbol{x}^{(k+1)}=\boldsymbol{e}_i^{\mathrm{T}}[(1-\omega)\boldsymbol{D}+\omega\boldsymbol{U}]\boldsymbol{x}^{(k)}+\omega\boldsymbol{e}_i^{\mathrm{T}}\boldsymbol{b}.$$

这实际上对应于矩阵分裂的结果. SOR 对应的矩阵分裂为

$$\boldsymbol{A}=\frac{1}{\omega}\boldsymbol{D}+\left(1-\frac{1}{\omega}\right)\boldsymbol{D}-\boldsymbol{L}-\boldsymbol{U}=\left(\frac{1}{\omega}\boldsymbol{D}-\boldsymbol{L}\right)-\left(\frac{1}{\omega}(1-\omega)\boldsymbol{D}+\boldsymbol{U}\right).$$

由此得矩阵形式的迭代格式

$$(\boldsymbol{D}-\omega\boldsymbol{L})\boldsymbol{x}^{(k+1)}=[(1-\omega)\boldsymbol{D}+\omega\boldsymbol{U}]\boldsymbol{x}^{(k)}+\omega\boldsymbol{b},\tag{3.7}$$

即

$$\boldsymbol{x}^{(k+1)}=(\boldsymbol{D}-\omega\boldsymbol{L})^{-1}[(1-\omega)\boldsymbol{D}+\omega\boldsymbol{U}]\boldsymbol{x}^{(k)}+\omega(\boldsymbol{D}-\omega\boldsymbol{L})^{-1}\boldsymbol{b}.$$

简记为

$$\boldsymbol{x}^{(k+1)}=\boldsymbol{G}_{\mathrm{SOR}}\boldsymbol{x}^{(k)}+\boldsymbol{g},$$

其中 $\boldsymbol{g}=\omega(\boldsymbol{D}-\omega\boldsymbol{L})^{-1}\boldsymbol{b}$，迭代矩阵

$$\boldsymbol{G}_{\mathrm{SOR}}=(\boldsymbol{D}-\omega\boldsymbol{L})^{-1}[(1-\omega)\boldsymbol{D}+\omega\boldsymbol{U}].$$

下面将迭代格式表达为第 k 步近似解加上残量修正，由式(3.7)，

$$\begin{aligned}x^{(k+1)}&=(\boldsymbol{D}-\omega\boldsymbol{L})^{-1}[(1-\omega)\boldsymbol{D}+\omega(\boldsymbol{D}-\boldsymbol{L}-\boldsymbol{A})]\boldsymbol{x}^{(k)}+\omega(\boldsymbol{D}-\omega\boldsymbol{L})^{-1}\boldsymbol{b}\\&=(\boldsymbol{D}-\omega\boldsymbol{L})^{-1}(\boldsymbol{D}-\omega\boldsymbol{L}-\omega\boldsymbol{A})\boldsymbol{x}^{(k)}+\omega(\boldsymbol{D}-\omega\boldsymbol{L})^{-1}\boldsymbol{b}\\&=\boldsymbol{x}^{(k)}+\omega(\boldsymbol{D}-\omega\boldsymbol{L})^{-1}(\boldsymbol{b}-\boldsymbol{A}\boldsymbol{x}^{(k)})\\&=\boldsymbol{x}^{(k)}+\omega(\boldsymbol{D}-\omega\boldsymbol{L})^{-1}\boldsymbol{r}^{(k)}.\end{aligned}$$

当 $\omega=1$ 时，化为 Gauss-Seidel 迭代；当 $0<\omega<1$ 时，称为低松弛；当 $\omega>1$ 时，称为超松弛(over-relaxation). Young(杨)在 20 世纪 50 年代左右对松弛、超松弛也做了大量研究. 由于松弛因子, SOR 比 GS 有更大灵活性，对某些模型问题可导出最优松弛因子.

(4) 对称超松弛(SSOR)迭代.

在 SOR 迭代中，用刚计算出来的 $x_1^{(k+1)},\cdots,x_{i-1}^{(k+1)}$ 和上一步已有的 $x_{i+1}^{(k)},\cdots,x_n^{(k)}$ 来计算 $x_i^{(k+1)}$，这是自上而下的扫描更新；也可以相应地自下而上扫描更新，先计算出 $x_n^{(k+1)},\cdots,x_{i+1}^{(k+1)}$，再用它们和 $x_{i-1}^{(k)},\cdots,x_1^{(k)}$ 计算 $x_i^{(k+1)}$.

自上而下扫描更新的 SOR 前面已给出，记为

$$\boldsymbol{x}^{(k+1/2)}=\boldsymbol{G}_{\mathrm{fSOR}}\boldsymbol{x}^{(k)}+\boldsymbol{g}_{\mathrm{fSOR}},$$

这里 $\boldsymbol{G}_{\mathrm{fSOR}}=(\boldsymbol{D}-\omega\boldsymbol{L})^{-1}[(1-\omega)\boldsymbol{D}+\omega\boldsymbol{U}]$，$\boldsymbol{g}_{\mathrm{fSOR}}=\omega(\boldsymbol{D}-\omega\boldsymbol{L})^{-1}\boldsymbol{b}$.

类似地，不难导出自下而上扫描更新的 SOR 格式

$$\boldsymbol{x}^{(k+1)}=\boldsymbol{G}_{\mathrm{bSOR}}\boldsymbol{x}^{(k+1/2)}+\boldsymbol{g}_{\mathrm{bSOR}},$$

这里 $\boldsymbol{G}_{\mathrm{bSOR}}=(\boldsymbol{D}-\omega\boldsymbol{U})^{-1}[(1-\omega)\boldsymbol{D}+\omega\boldsymbol{L}]$，$\boldsymbol{g}_{\mathrm{bSOR}}=\omega\left(\boldsymbol{D}-\omega\boldsymbol{U}\right)^{-1}\boldsymbol{b}$.

两步结合起来，得 SSOR 对应的迭代矩阵

$$\begin{aligned}\boldsymbol{G}_{\mathrm{SSOR}}&=(\boldsymbol{D}-\omega\boldsymbol{U})^{-1}[(1-\omega)\boldsymbol{D}+\omega\boldsymbol{L}](\boldsymbol{D}-\omega\boldsymbol{L})^{-1}[(1-\omega)\boldsymbol{D}+\omega\boldsymbol{U}]\\&=\boldsymbol{I}-\omega(2-\omega)\left(\boldsymbol{D}-\omega\boldsymbol{U}\right)^{-1}\boldsymbol{D}\left(\boldsymbol{D}-\omega\boldsymbol{L}\right)^{-1}\boldsymbol{A}.\end{aligned}$$

详细推导请读者自行补出. SOR 对松弛因子 ω 较敏感, 而 SSOR 对松弛因子不似 SOR 敏感. 对某些问题, SOR 可能不收敛, 但仍可构造收敛的 SSOR.

3.2　经典迭代格式收敛性

迭代格式收敛的充分必要条件是迭代矩阵谱半径小于 1. 先看下面两个简单的例子.

例 3.1　讨论 Jacobi 迭代和 Gauss-Seidel 迭代, 求解下列线性方程组的敛散性.

$$\begin{pmatrix} 2 & -1 & 1 \\ 1 & 1 & 1 \\ 1 & 1 & -2 \end{pmatrix}\begin{pmatrix} x_1 \\ x_2 \\ x_3 \end{pmatrix}=\begin{pmatrix} 1 \\ 3 \\ 0 \end{pmatrix}.$$

解　Jacobi 迭代的矩阵

$$\boldsymbol{G}_J=\boldsymbol{D}^{-1}(\boldsymbol{L}+\boldsymbol{U})=\begin{pmatrix} 2 & & \\ & 1 & \\ & & -2 \end{pmatrix}^{-1}\begin{pmatrix} 0 & 1 & -1 \\ -1 & 0 & -1 \\ -1 & -1 & 0 \end{pmatrix}=\begin{pmatrix} 0 & \frac{1}{2} & -\frac{1}{2} \\ -1 & 0 & -1 \\ \frac{1}{2} & \frac{1}{2} & 0 \end{pmatrix}.$$

对应特征值 $\lambda(\boldsymbol{G}_J)=\left\{0, \frac{\sqrt{5}}{2}\mathrm{i}, -\frac{\sqrt{5}}{2}\mathrm{i}\right\}$, 谱半径 $\rho(\boldsymbol{G}_J)=\frac{\sqrt{5}}{2}>1$, 故 Jacobi 迭代不收敛.

Gauss-Seidel 的迭代矩阵

$$\boldsymbol{G}_{\mathrm{GS}}=(\boldsymbol{D}-\boldsymbol{L})^{-1}\boldsymbol{U}=\begin{pmatrix} 2 & & \\ 1 & 1 & \\ 1 & 1 & -2 \end{pmatrix}^{-1}\begin{pmatrix} 0 & 1 & -1 \\ & 0 & -1 \\ & & 0 \end{pmatrix}=\begin{pmatrix} 0 & \frac{1}{2} & -\frac{1}{2} \\ 0 & -\frac{1}{2} & -\frac{1}{2} \\ 0 & 0 & -\frac{1}{2} \end{pmatrix}.$$

对应的特征值 $\lambda(\boldsymbol{G}_{\mathrm{GS}})=\{0,-0.5,-0.5\}$, 谱半径 $\rho(\boldsymbol{G}_{\mathrm{GS}})=0.5<1$, 故 Gauss-Seidel 收敛.

例 3.2　讨论 Jacobi 迭代和 Gauss-Seidel 迭代, 求解下面线性方程组的敛散性.

$$\begin{pmatrix} 1 & 2 & -2 \\ 1 & 1 & 1 \\ 2 & 2 & 1 \end{pmatrix}\begin{pmatrix} x_1 \\ x_2 \\ x_3 \end{pmatrix}=\begin{pmatrix} 1 \\ 3 \\ 5 \end{pmatrix}.$$

解　Jacobi 迭代的迭代矩阵

$$\boldsymbol{G}_J=\begin{pmatrix} 0 & -2 & 2 \\ -1 & 0 & -1 \\ -2 & -2 & 0 \end{pmatrix},$$

对应特征值 $\lambda(\boldsymbol{G}_J)=\{0,0,0\}$, 谱半径 $\rho(\boldsymbol{G}_J)=0<1$, 故 Jacobi 迭代收敛.

Gauss-Seidel 迭代的迭代矩阵

$$G_{\mathrm{GS}}=\begin{pmatrix}0 & -2 & 2\\ 0 & 2 & -3\\ 0 & 0 & 2\end{pmatrix},$$

对应的特征值 $\lambda(G_{\mathrm{GS}})=\{0,2,2\}$，谱半径 $\rho(G_{\mathrm{GS}})=2>1$，故对这个算例 Gauss-Seidel 迭代不收敛.

虽然由迭代矩阵的谱半径可判定迭代格式的收敛性，但是谱半径很难估计，计算谱半径比求解线性方程组本身还困难. 很多实际问题给出的线性方程组的系数矩阵往往是对角占优阵或对称正定的，对这两类问题，我们可以给出一系列定理刻画迭代法的收敛性，而不用直接计算谱半径.

设 A 是 n 阶方阵，满足 $\sum\limits_{j=1,j\neq i}^{n}|a_{ij}|\leqslant|a_{ii}|\,(i=1,\ 2,\ \cdots,\ n)$，且至少有一个式子使严格不等式成立，则称 A 为(按行)对角占优；若对所有 $i=1,\cdots,n$ 都有严格不等式成立，则称 A 为按行严格对角占优. 类似地可定义按列对角占优和按列严格对角占优.

引理 3.2

若 A 按行严格对角占优，则 A 非奇异.

证明 假设 A 奇异，则 $Ax=0$ 有非零解 $x\neq 0$. 设 x 的第 s 个分量按模最大，不妨令 $|x_s|=\|x\|_\infty=1$. $Ax=0$ 的第 s 个等式为 $\sum\limits_{j=1}^{n}a_{sj}x_j=0$.

$$|a_{ss}|=|a_{ss}x_s|=\left|\sum_{j=1,\ j\neq s}^{n}a_{sj}x_j\right|\leqslant\sum_{j=1,\ j\neq s}^{n}|a_{sj}|,$$

□

与 A 按行严格对角占优矛盾，故 A 非奇异.

(1) Jacobi 迭代.

对于严格对角占优矩阵，下面定理给出了 Jacobi 迭代的收敛性.

定理 3.3

系数矩阵 A 按行严格对角占优，则 Jacobi 迭代收敛.

证明 Jacobi 迭代矩阵为 $G_J=D^{-1}(L+U)$，则 $\|G_J\|_\infty=\max\limits_i\sum\limits_{j=1,j\neq i}^{n}|a_{ij}/a_{ii}|$，故

$$\|G_J\|_\infty<1\Leftrightarrow\max_i\sum_{j=1,j\neq i}^{n}\left|\frac{a_{ij}}{a_{ii}}\right|<1\Leftrightarrow\sum_{j=1,j\neq i}^{n}|a_{ij}|<|a_{ii}|\quad(i=1,2,\cdots,n)$$

$$\Leftrightarrow A\text{按行严格对角占优}.$$

从而，按行严格对角占优可推出 $\rho(G_J)\leqslant\|G_J\|_\infty<1$，故 Jacobi 迭代收敛. □

该定理仅给出 Jacobi 方法收敛的一个充分条件，对许多线性方程组，严格对角占优条件不

成立，但迭代法仍收敛. 比如对称三对角矩阵:

$$A=\begin{pmatrix} 2 & -1 & 0 & \cdots & 0 \\ -1 & 2 & -1 & \ddots & \vdots \\ 0 & \ddots & \ddots & \ddots & 0 \\ \vdots & \ddots & -1 & 2 & -1 \\ 0 & \cdots & 0 & -1 & 2 \end{pmatrix}.$$

这类矩阵出现在偏微分方程的有限差分或有限元解中，它不满足严格对角占优，但 Jacobi 迭代法收敛.

对于对称正定矩阵，下面定理给出 Jacobi 迭代的收敛性.

定理 3.4

系数矩阵 $\boldsymbol{A}$ 是对角元为正的对称阵，$\boldsymbol{D}$ 是由对角元构成的对角阵，则 Jacobi 迭代收敛的充分必要条件是 $\boldsymbol{A}$ 和 $2\boldsymbol{D}-\boldsymbol{A}$ 同为正定矩阵.

证明　Jacobi 迭代的迭代矩阵 $\boldsymbol{G}_J$ 可写为

$$\boldsymbol{G}_J=\boldsymbol{I}-\boldsymbol{D}^{-1}\boldsymbol{A}=\boldsymbol{D}^{-\frac{1}{2}}\left(\boldsymbol{I}-\boldsymbol{D}^{-\frac{1}{2}}\boldsymbol{A}\boldsymbol{D}^{-\frac{1}{2}}\right)\boldsymbol{D}^{\frac{1}{2}},$$

其中 $\boldsymbol{D}^{-\frac{1}{2}}\boldsymbol{A}\boldsymbol{D}^{-\frac{1}{2}}$ 为对称阵，其特征值 λ 为实数(注意 λ 不是 $\boldsymbol{A}$ 的特征值). 显然，$\boldsymbol{A}$ 与 $\boldsymbol{D}^{-\frac{1}{2}}\boldsymbol{A}\boldsymbol{D}^{-\frac{1}{2}}$ 的正定性相同; 由于 $2\boldsymbol{D}-\boldsymbol{A}=\boldsymbol{D}^{\frac{1}{2}}\left(2\boldsymbol{I}-\boldsymbol{D}^{-\frac{1}{2}}\boldsymbol{A}\boldsymbol{D}^{-\frac{1}{2}}\right)\boldsymbol{D}^{\frac{1}{2}}$，故 $2\boldsymbol{D}-\boldsymbol{A}$ 与 $2\boldsymbol{I}-\boldsymbol{D}^{-\frac{1}{2}}\boldsymbol{A}\boldsymbol{D}^{-\frac{1}{2}}$ 的正定性相同.

先证必要性. 由 $\rho(\boldsymbol{G}_J)<1$ 知，$\rho\left(\boldsymbol{I}-\boldsymbol{D}^{-\frac{1}{2}}\boldsymbol{A}\boldsymbol{D}^{-\frac{1}{2}}\right)<1$，故 $|1-\lambda|<1$，又 λ 为实数，故特征值 λ 满足 $0<\lambda<2$. 这样，$\boldsymbol{D}^{-\frac{1}{2}}\boldsymbol{A}\boldsymbol{D}^{-\frac{1}{2}}$ 正定，从而 $\boldsymbol{A}$ 亦正定. 另外，$2\boldsymbol{I}-\boldsymbol{D}^{-\frac{1}{2}}\boldsymbol{A}\boldsymbol{D}^{-\frac{1}{2}}$ 的特征值为 $2-\lambda$. 其特征值满足: $0<2-\lambda<2$，故 $2\boldsymbol{I}-\boldsymbol{D}^{-\frac{1}{2}}\boldsymbol{A}\boldsymbol{D}^{-\frac{1}{2}}$ 正定. 从而 $2\boldsymbol{D}-\boldsymbol{A}$ 亦正定.

下证充分性. 若 $\boldsymbol{A}$ 正定，则 $\boldsymbol{D}^{-\frac{1}{2}}\boldsymbol{A}\boldsymbol{D}^{-\frac{1}{2}}$ 正定，从而 $\lambda>0$; 若 $2\boldsymbol{D}-\boldsymbol{A}$ 正定，则 $2\boldsymbol{I}-\boldsymbol{D}^{-\frac{1}{2}}\boldsymbol{A}\boldsymbol{D}^{-\frac{1}{2}}$ 正定，从而 $2-\lambda>0$. 故 $\boldsymbol{I}-\boldsymbol{D}^{-\frac{1}{2}}\boldsymbol{A}\boldsymbol{D}^{-\frac{1}{2}}$ 的特征值 $(1-\lambda)$ 满足: $-1<1-\lambda<1$. 从而 $\rho(\boldsymbol{G}_J)<1$，Jacobi 迭代收敛. □

(2) SOR 迭代.

Gauss-Seidel 可视为取松弛因子 $\omega=1$ 时 SOR 的特例. 下面先讨论 SOR 的收敛性，令 $\omega=1$ 就有相应的 Gauss-Seidel 收敛性.

引理 3.5

SOR 迭代矩阵对所有参数 ω 有 $\rho(\boldsymbol{G}_{\mathrm{SOR}})\geqslant|\omega-1|$. 当 ω 取实数时，SOR 收敛的必要条件是 $0<\omega<2$.

证明　因为 $\boldsymbol{L}$ 和 $\boldsymbol{U}$ 分别为严格下三角矩阵和严格上三角矩阵，故

$$\det((\boldsymbol{D}-\omega\boldsymbol{L})^{-1})=\det(\boldsymbol{D}^{-1}),\quad \det((1-\omega)\boldsymbol{D}+\omega\boldsymbol{U})=\det((1-\omega)\boldsymbol{D}).$$

迭代矩阵 $\boldsymbol{G}_{\mathrm{SOR}}=(\boldsymbol{D}-\omega\boldsymbol{L})^{-1}[(1-\omega)\boldsymbol{D}+\omega\boldsymbol{U}]$,

$$\begin{aligned}\det(G_{\mathrm{SOR}}) &= \det((D-\omega L)^{-1})\det((1-\omega)D+\omega U)\\ &= \det(D^{-1})\det((1-\omega)D)\\ &= \det(D^{-1})\det D\cdot(1-\omega)^n = (1-\omega)^n,\end{aligned}$$

设 G_{SOR} 的特征值为 $\lambda_1,\cdots,\lambda_n$，则

$$\det(G_{\mathrm{SOR}}) = \prod_{i=1}^{n}\lambda_i = (1-\omega)^n .$$

从而 $\max\limits_{1\leqslant i\leqslant n}|\lambda_i| \geqslant |1-\omega|$，即 $\rho(G_{\mathrm{SOR}}) \geqslant |\omega-1|$.

若 SOR 收敛，则 $\rho(G_{\mathrm{SOR}}) < 1$，故 $|\omega-1| < 1$，即 $0 < \omega < 2$. □

对严格对角占优矩阵，有下面的 SOR 收敛定理.

定理 3.6

若系数矩阵按行严格对角占优，且 $\omega\in(0,1]$，则 SOR 收敛.

证明 SOR 迭代矩阵 $G_{\mathrm{SOR}} = (D-\omega L)^{-1}[(1-\omega)D+\omega U]$. 收敛性取决于谱半径，所以须考查 G_{SOR} 的特征值. 下面计算

$$\begin{aligned}\det(\lambda I - G_{\mathrm{SOR}}) &= \det(\lambda(D-\omega L)^{-1}(D-\omega L) - (D-\omega L)^{-1}[(1-\omega)D+\omega U])\\ &= \det(D-\omega L)^{-1}\det(\lambda(D-\omega L) - [(1-\omega)D+\omega U])\\ &= \det(D^{-1})\det((\lambda+\omega-1)D - \lambda\omega L - \omega U).\end{aligned}$$

设某个特征值 $|\lambda|\geqslant 1$，又 $0<\omega\leqslant 1$，则 $\lambda+\omega-1\neq 0$. 则

$$\det(\lambda I - G_{\mathrm{SOR}}) = \det(D^{-1})\cdot(\lambda+\omega-1)^n\cdot\det\left(D - \frac{\lambda\omega}{\lambda+\omega-1}L - \frac{\omega}{\lambda+\omega-1}U\right).$$

将其改写为

$$\det(\lambda I - G_{\mathrm{SOR}}) = \det(D^{-1})\cdot(\lambda+\omega-1)^n\cdot\det(C),$$

这里 $C = D - \dfrac{\lambda\omega}{\lambda+\omega-1}L - \dfrac{\omega}{\lambda+\omega-1}U$. 注意到

$$\left|\frac{\omega}{\omega+\lambda-1}\right| \leqslant \left|\frac{\lambda\omega}{\lambda+\omega-1}\right| \leqslant \frac{\omega|\lambda|}{|\lambda|-(1-\omega)} \leqslant \frac{\omega|\lambda|}{|\lambda|-(1-\omega)|\lambda|} = 1.$$

所以 C 仍然按行严格对角占优，从而 $\det(C)\neq 0$，这样，若 $|\lambda|\geqslant 1$，则

$$\det(\lambda I - G_{\mathrm{SOR}}) \neq 0 .$$

说明 $|\lambda|\geqslant 1$ 不是 G_{SOR} 的特征值，即 G_{SOR} 的特征值按模小于 1，亦即 $\rho(G_{\mathrm{SOR}})<1$，故 SOR 收敛. □

定理 3.7

若 A 对称正定，且 $0<\omega<2$，则 SOR 收敛.

证明 因 A 对称，可设 $A = D - L - L^{\mathrm{H}}$，这里上标 H 表示 Hermite(埃尔米特)转置，对实对称阵，此式就是 $A = D - L - L^{\mathrm{T}}$. SOR 迭代矩阵，

$$G_{\mathrm{SOR}} = (D-\omega L)^{-1}[(1-\omega)D+\omega L^{\mathrm{H}}].$$

设 (λ, x) 是 G_{SOR} 的特征对，即

$$(\boldsymbol{D}-\omega\boldsymbol{L})^{-1}[(1-\omega)\boldsymbol{D}+\omega\boldsymbol{L}^{\mathrm{H}}]\boldsymbol{x}=\lambda\boldsymbol{x},$$
$$[(1-\omega)\boldsymbol{D}+\omega\boldsymbol{L}^{\mathrm{H}}]\boldsymbol{x}=\lambda(\boldsymbol{D}-\omega\boldsymbol{L})\boldsymbol{x}.$$

上式与 $\boldsymbol{x}$ 作内积,

$$\boldsymbol{x}^{\mathrm{H}}[(1-\omega)\boldsymbol{D}+\omega\boldsymbol{L}^{\mathrm{H}}]\boldsymbol{x}=\lambda\boldsymbol{x}^{\mathrm{H}}(\boldsymbol{D}-\omega\boldsymbol{L})\boldsymbol{x}.$$

利用上式解出 λ,

$$\lambda=\frac{\boldsymbol{x}^{\mathrm{H}}[(1-\omega)\boldsymbol{D}+\omega\boldsymbol{L}^{\mathrm{H}}]\boldsymbol{x}}{\boldsymbol{x}^{\mathrm{H}}(\boldsymbol{D}-\omega\boldsymbol{L})\boldsymbol{x}}=\frac{(1-\omega)\boldsymbol{x}^{\mathrm{H}}\boldsymbol{D}\boldsymbol{x}+\omega\boldsymbol{x}^{\mathrm{H}}\boldsymbol{L}^{\mathrm{H}}\boldsymbol{x}}{\boldsymbol{x}^{\mathrm{H}}\boldsymbol{D}\boldsymbol{x}-\omega\boldsymbol{x}^{\mathrm{H}}\boldsymbol{L}\boldsymbol{x}}.$$

令 $\boldsymbol{x}^{\mathrm{H}}\boldsymbol{D}\boldsymbol{x}=\sigma$，$\boldsymbol{x}^{\mathrm{H}}\boldsymbol{L}\boldsymbol{x}=\alpha+\mathrm{i}\beta$，则

$$\lambda=\frac{(1-\omega)\sigma+\omega(\alpha-\mathrm{i}\beta)}{\sigma-\omega(\alpha+\mathrm{i}\beta)},$$
$$|\lambda|^2=\lambda\bar{\lambda}=\frac{(\sigma-\omega\sigma+\omega\alpha)^2+\omega^2\beta^2}{(\sigma-\omega\alpha)^2+\omega^2\beta^2}.$$
$$|\lambda|^2<1\Leftrightarrow(\sigma-\omega\sigma+\omega\alpha)^2<(\sigma-\omega\alpha)^2\Leftrightarrow\omega(2-\omega)(\sigma-2\alpha)\sigma>0.$$

因 $\boldsymbol{A}$ 对称正定，故 $\sigma>0$，且

$$\begin{aligned}\boldsymbol{x}^{\mathrm{H}}\boldsymbol{A}\boldsymbol{x}&=\boldsymbol{x}^{\mathrm{H}}(\boldsymbol{D}-\boldsymbol{L}-\boldsymbol{L}^{\mathrm{H}})\boldsymbol{x}=\boldsymbol{x}^{\mathrm{H}}\boldsymbol{D}\boldsymbol{x}-\boldsymbol{x}^{\mathrm{H}}\boldsymbol{L}\boldsymbol{x}-\boldsymbol{x}^{\mathrm{H}}\boldsymbol{L}^{\mathrm{H}}\boldsymbol{x}\\&=\sigma-(\alpha+\mathrm{i}\beta)-(\alpha-\mathrm{i}\beta)=\sigma-2\alpha>0,\end{aligned}$$

所以 $\omega(2-\omega)(\sigma-2\alpha)\sigma>0$ 显然成立，故 $\boldsymbol{G}_{\mathrm{SOR}}$ 的任意特征值 λ 满足 $|\lambda|<1$，即 $\rho(\boldsymbol{G}_{\mathrm{SOR}})<1$. SOR 迭代收敛. □

(3) Gauss-Seidel 迭代.

当松弛因子 $\omega=1$ 时，SOR 迭代就化为 Gauss-Seidel 迭代，容易得到如下关于 Gauss-Seidel 迭代收敛性的定理.

定理 3.8

若 $\boldsymbol{A}$ 按行严格对角占优，则 Gauss-Seidel 迭代收敛.

定理 3.9

若 $\boldsymbol{A}$ 对称正定，则 Gauss-Seidel 迭代收敛.

定常迭代误差向量满足 $\boldsymbol{e}^{(k)}=\boldsymbol{G}^k\boldsymbol{e}^{(0)}$，故 $\|\boldsymbol{e}^{(k)}\|\leqslant\|\boldsymbol{G}^k\|\|\boldsymbol{e}^{(0)}\|$. 由此定义 k 次迭代的平均收敛速度为 $R_k(\boldsymbol{G})=-\ln\|\boldsymbol{G}^k\|/k$，即 $\|\boldsymbol{G}^k\|^{1/k}=\mathrm{e}^{-R_k}$，表示平均每次迭代误差范数缩减的比例因子. 定义 $R_\infty(\boldsymbol{G})=\lim\limits_{k\to\infty}R_k(\boldsymbol{G})$ 为渐近收敛速度.

定理 3.10

对定常迭代(3.1)，有 $R_\infty(\boldsymbol{G})=-\ln\rho(\boldsymbol{G})$.

证明　$\forall\varepsilon>0$，令 $\boldsymbol{B}_\varepsilon=\dfrac{\boldsymbol{G}}{\rho(\boldsymbol{G})+\varepsilon}$，则 $\rho(\boldsymbol{B}_\varepsilon)<1$，$\lim\limits_{k\to\infty}\boldsymbol{B}_\varepsilon^k=0$. 故存在 N，当 $k\geqslant N$ 时，$\|\boldsymbol{B}_\varepsilon^k\|\leqslant1$，即 $\|\boldsymbol{G}^k\|\leqslant(\rho(\boldsymbol{G})+\varepsilon)^k$.

另外，$(\rho(\boldsymbol{G}))^k=\rho(\boldsymbol{G}^k)\leqslant\left\|\boldsymbol{G}^k\right\|$. 从而，$\forall\varepsilon>0$，$\exists N$，当 $k\geqslant N$ 时，

$$\rho(\boldsymbol{G})\leqslant\left\|\boldsymbol{G}^k\right\|^{1/k}\leqslant\rho(\boldsymbol{G})+\varepsilon,$$

即 $\lim\limits_{k\to\infty}\left\|\boldsymbol{G}^k\right\|^{1/k}=\rho(\boldsymbol{G})$. 从而，

$$R_\infty(\boldsymbol{G})=\lim_{k\to\infty}-\frac{1}{k}\ln\left\|\boldsymbol{G}^k\right\|=-\ln\lim_{k\to\infty}\left\|\boldsymbol{G}^k\right\|^{1/k}=-\ln\rho(\boldsymbol{G}).$$ □

3.3 模型问题

考虑方形区域上 Poisson（泊松）方程第一类边值问题，用差分格式离散后得到线性方程组. 为了方便叙述，引入矩阵 Kronecker（克罗内克）积.

设 $\boldsymbol{A}$ 是 $m\times n$ 矩阵，$\boldsymbol{B}$ 是 $p\times q$ 矩阵，则 $\boldsymbol{A}$ 与 $\boldsymbol{B}$ 的 Kronecker 积 $\boldsymbol{A}\otimes\boldsymbol{B}$ 是 $mp\times nq$ 矩阵

$$\begin{pmatrix} a_{11}\boldsymbol{B} & \cdots & a_{1n}\boldsymbol{B} \\ \vdots & \ddots & \vdots \\ a_{m1}\boldsymbol{B} & \cdots & a_{mn}\boldsymbol{B} \end{pmatrix}.$$

由定义易验证，$(\boldsymbol{A}\otimes\boldsymbol{B})^{\mathrm{T}}=\boldsymbol{A}^{\mathrm{T}}\otimes\boldsymbol{B}^{\mathrm{T}}$. 设 $\boldsymbol{C}$ 和 $\boldsymbol{D}$ 分别为 $n\times r$ 和 $q\times s$ 矩阵，按块形式，$\boldsymbol{C}\otimes\boldsymbol{D}=(c_{ij}\boldsymbol{D})$；同样地，$\boldsymbol{A}\otimes\boldsymbol{B}=(a_{ij}\boldsymbol{B})$，从而有 $(\boldsymbol{A}\otimes\boldsymbol{B})(\boldsymbol{C}\otimes\boldsymbol{D})$ 的分块形式，

$$\sum_{k=1}^{n}(a_{ik}\boldsymbol{B})(c_{kj}\boldsymbol{D})=\left(\sum_{k=1}^{n}a_{ik}c_{kj}\right)\boldsymbol{BD}=(\boldsymbol{AC})_{ij}\boldsymbol{BD},$$

故

$$(\boldsymbol{A}\otimes\boldsymbol{B})(\boldsymbol{C}\otimes\boldsymbol{D})=(\boldsymbol{AC})\otimes(\boldsymbol{BD}).$$

设 $\boldsymbol{X}$ 是 $n\times p$ 矩阵，定义 $\mathrm{vec}(\boldsymbol{X})$ 是把 $\boldsymbol{X}$ 按列拉直，即将 $\boldsymbol{X}$ 的列（从左至右）逐列接到前一列之下构成一个 $np\times 1$ 的列向量. 按定义容易验证，

$$\mathrm{vec}(\boldsymbol{AX})=(\boldsymbol{I}\otimes\boldsymbol{A})\mathrm{vec}(\boldsymbol{X}),$$
$$\mathrm{vec}(\boldsymbol{XB})=(\boldsymbol{B}^{\mathrm{T}}\otimes\boldsymbol{I})\mathrm{vec}(\boldsymbol{X}),$$

更一般地，

$$\mathrm{vec}(\boldsymbol{AXB})=(\boldsymbol{B}^{\mathrm{T}}\otimes\boldsymbol{A})\mathrm{vec}(\boldsymbol{X}),$$

证明如下.

$$\begin{aligned}(\boldsymbol{AXB})\boldsymbol{e}_j&=\boldsymbol{AX}(\boldsymbol{Be}_j)=\sum_{k=1}^{p}b_{kj}(\boldsymbol{AX})\boldsymbol{e}_k=\sum_{k=1}^{p}(b_{kj}\boldsymbol{A})\boldsymbol{Xe}_k\\&=[b_{1j}\boldsymbol{A},\cdots,b_{pj}\boldsymbol{A}]\mathrm{vec}(\boldsymbol{X})=(\boldsymbol{B}(:,j)^{\mathrm{T}}\otimes\boldsymbol{A})\mathrm{vec}(\boldsymbol{X}),\end{aligned}$$

$$\mathrm{vec}(\boldsymbol{AXB})=\begin{pmatrix}\boldsymbol{AXBe}_1\\ \vdots\\ \boldsymbol{AXBe}_q\end{pmatrix}=\begin{pmatrix}\boldsymbol{B}(:,1)^{\mathrm{T}}\otimes\boldsymbol{A}\\ \vdots\\ \boldsymbol{B}(:,q)^{\mathrm{T}}\otimes\boldsymbol{A}\end{pmatrix}\mathrm{vec}(\boldsymbol{X})=(\boldsymbol{B}^{\mathrm{T}}\otimes\boldsymbol{A})\mathrm{vec}(\boldsymbol{X}).$$

从一维 Poisson 方程开始：

$$-\frac{\mathrm{d}^2u}{\mathrm{d}x^2}=f(x),\quad 0<x<1,$$

满足边界条件 $u(0)=u(1)=0$.

令 $h=\dfrac{1}{N+1}$，$x_i=ih$，$0\leqslant i\leqslant N+1$．在求解区间上布置等距节点 x_i，左端点 $x_0=0$，右端点 $x_{N+1}=1$．简记 $u_i=u(x_i),f_i=f(x_i)$，用有限差分法近似微分方程，

$$-u_{i-1}+2u_i-u_{i+1}=h^2f_i+O(h^4),$$

其中 $1\leqslant i\leqslant N$，由边界条件知 $u_0=u_{N+1}=0$，故得 N 阶线性方程组

$$\boldsymbol{T}_N\boldsymbol{u}=\begin{pmatrix}2 & -1 & & \\ -1 & \ddots & \ddots & \\ & \ddots & \ddots & -1\\ & & -1 & 2\end{pmatrix}\begin{pmatrix}u_1\\ u_2\\ \vdots\\ u_N\end{pmatrix}=h^2\begin{pmatrix}f_1\\ f_2\\ \vdots\\ f_N\end{pmatrix}=h^2\boldsymbol{f}.$$

系数矩阵 $\boldsymbol{T}_N$ 是对称三对角矩阵，通常记为 $\boldsymbol{T}_N=\mathrm{tridiag}(-1,2,-1)$，其特征值 λ_j 和特征向量 $\boldsymbol{z}_j$ 分别为

$$\lambda_j=2\left(1-\cos\frac{j\pi}{N+1}\right),$$

$$\boldsymbol{z}_j=\sqrt{\frac{2}{N+1}}\left(\sin\frac{j\pi}{N+1},\sin\frac{2j\pi}{N+1},\cdots,\sin\frac{Nj\pi}{N+1}\right)^{\mathrm{T}}.$$

记 $\boldsymbol{Z}=[\boldsymbol{z}_1,\cdots,\boldsymbol{z}_N]$ 是以特征向量为列的正交阵，$\boldsymbol{\Lambda}=\mathrm{diag}(\lambda_1,\cdots,\lambda_N)$，则 $\boldsymbol{T}_N=\boldsymbol{Z\Lambda Z}^{\mathrm{T}}$.

考虑区域 $(0,1)\times(0,1)$ 上的 Poisson 方程

$$-\Delta u=-\frac{\partial^2u}{\partial x^2}-\frac{\partial^2u}{\partial y^2}=f(x,y),$$

及 Dirichlet（狄利克雷）边界条件 $u|_{\Gamma}=0$，这里 Γ 为正方形区域边界.

将正方形每边 $N+1$ 等分，令 $h=\dfrac{1}{N+1}$，$x_i=ih$，$y_j=jh$．简记 $u_{ij}=u(x_i,y_j)$，$f_{ij}=f(x_i,y_j)$．在点 (x_i,y_j) 用如下的二阶差分离散微分方程：

$$\left.\frac{\partial^2u}{\partial x^2}\right|_{(x_i,y_j)}=\frac{1}{h^2}(-u_{i-1,j}+2u_{i,j}-u_{i+1,j})+O(h^2),$$

$$\left.\frac{\partial^2u}{\partial y^2}\right|_{(x_i,y_j)}=\frac{1}{h^2}(-u_{i,j-1}+2u_{i,j}-u_{i,j+1})+O(h^2).$$

略去误差项，得 N^2 个线性方程：

$$4u_{i,j}-u_{i-1,j}-u_{i+1,j}-u_{i,j-1}-u_{i,j+1}=h^2f_{ij},$$

其中 $1\leqslant i,j\leqslant N$．边界条件为 $u_{0j}=u_{N+1,j}=u_{i0}=u_{i,N+1}=0$．网格剖分及内部未知量见图 3.1.

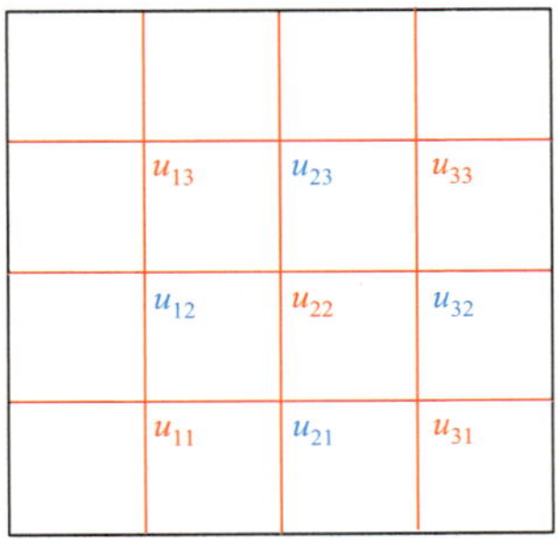

图 3.1　剖分网格与内部未知量 u_{ij}（$i,j=1,\cdots,N;N=3$）

定义 $N\times N$ 矩阵 $\boldsymbol{U}=(u_{ij})$，即 u_{ij} 作为 $\boldsymbol{U}$ 的 (i,j) 元素，类似地，$\boldsymbol{F}=(f_{ij})$．注意到

$$2u_{ij}-u_{i-1,j}-u_{i+1,j}=(\boldsymbol{T}_N\boldsymbol{U})_{ij},$$

$$2u_{ij}-u_{i,j-1}-u_{i,j+1}=(\boldsymbol{UT}_N)_{ij},$$

两式相加得

$$(\boldsymbol{T}_N\boldsymbol{U}+\boldsymbol{UT}_N)_{ij}=4u_{ij}-u_{i-1,j}-u_{i+1,j}-u_{i,j-1}-u_{i,j+1}=h^2f_{ij}=(h^2\boldsymbol{F})_{ij},$$

即

$$T_N U + U T_N = h^2 F.$$

令 $u = \mathrm{vec}(U)$，$f = h^2 \mathrm{vec}(F)$，将矩阵方程按列拉直:

$$(I \otimes T_N + T_N \otimes I)u = f.$$

该方程形如 $Au = f$，其中

$$A = \begin{pmatrix} T_N + 2I & -I & & \\ -I & \ddots & \ddots & \\ & \ddots & \ddots & -I \\ & & -I & T_N + 2I \end{pmatrix}$$

为 N^2 阶的块三对角矩阵，I 为 N 阶单位阵.

已知谱分解 $T_N = Z\Lambda Z^{\mathrm{T}}$，则

$$A = I \otimes Z\Lambda Z^{\mathrm{T}} + Z\Lambda Z^{\mathrm{T}} \otimes I = (Z \otimes Z)(I \otimes \Lambda + \Lambda \otimes I)(Z \otimes Z)^{\mathrm{T}},$$

注意到 $I \otimes \Lambda + \Lambda \otimes I$ 的对角元为 $\lambda_1 + \lambda_1, \cdots, \lambda_1 + \lambda_N, \cdots, \lambda_N + \lambda_1, \cdots, \lambda_N + \lambda_N$，矩阵 $Z \otimes Z$ 按列分块为

$$Z \otimes Z = (z_1 \otimes Z, \cdots, z_N \otimes Z) = (z_1 \otimes z_1, \cdots, z_1 \otimes z_N, \cdots, z_N \otimes z_1, \cdots, z_N \otimes z_N).$$

从而 A 的特征值为

$$\lambda_{ij} = \lambda_i + \lambda_j = 2\left(2 - \cos\frac{i\pi}{N+1} - \cos\frac{j\pi}{N+1}\right),$$

对应的特征向量为 $z_i \otimes z_j$，$1 \leqslant i, j \leqslant N$.

(1) 将 Jacobi 迭代应用于模型问题，迭代矩阵 $G_J = D^{-1}(D - A) = I - \frac{1}{4}A$. G_J 的特征值为

$$\mu_{ij} = 1 - \frac{1}{4}\lambda_{ij} = \frac{1}{2}\left(\cos\frac{i\pi}{N+1} + \cos\frac{j\pi}{N+1}\right), \qquad 1 \leqslant i, j \leqslant N,$$

对应的谱半径 $\rho(G_J) = \cos\frac{\pi}{N+1} = \cos \pi h$，渐近收敛速度

$$R_\infty(G_J) = -\ln \rho(G_J) = -\ln \cos \pi h \sim \frac{1}{2}\pi^2 h^2, \qquad h \to 0.$$

(2) 将 SOR 迭代应用于模型问题. 模型问题给出的系数矩阵具有所谓的性质 A，即存在置换矩阵 P，使得

$$PAP^{\mathrm{T}} = \begin{pmatrix} D_1 & T_{12} \\ T_{21} & D_2 \end{pmatrix},$$

其中 D_1 和 D_2 为对角阵，亦即矩阵对应的图是二部(bipartite)图. 比如 $N = 3$ 时，

$$
A=\begin{pmatrix} T_N & & \\ & T_N & \\ & & T_N \end{pmatrix}+\begin{pmatrix} 2I & -I & \\ -I & 2I & -I \\ & -I & 2I \end{pmatrix}=\begin{pmatrix}
4 & -1 & & -1 & & & & & \\
-1 & 4 & -1 & & -1 & & & & \\
 & -1 & 4 & & & -1 & & & \\
-1 & & & 4 & -1 & & -1 & & \\
 & -1 & & -1 & 4 & -1 & & -1 & \\
 & & -1 & & -1 & 4 & & & -1 \\
 & & & -1 & & & 4 & -1 & \\
 & & & & -1 & & -1 & 4 & -1 \\
 & & & & & -1 & & -1 & 4
\end{pmatrix},
$$

$$
P=\begin{pmatrix}
1 & & & & & & & & \\
 & & 1 & & & & & & \\
 & & & & 1 & & & & \\
 & & & & & & 1 & & \\
 & & & & & & & & 1 \\
 & 1 & & & & & & & \\
 & & & 1 & & & & & \\
 & & & & & 1 & & & \\
 & & & & & & & 1 &
\end{pmatrix},\quad
PAP^{\mathrm{T}}=\begin{pmatrix}
4 & & & & & -1 & -1 & & \\
 & 4 & & & & -1 & & -1 & \\
 & & 4 & & & -1 & -1 & -1 & -1 \\
 & & & 4 & & & -1 & & -1 \\
 & & & & 4 & & & -1 & -1 \\
-1 & -1 & -1 & & & 4 & & & \\
-1 & & -1 & -1 & & & 4 & & \\
 & -1 & -1 & & -1 & & & 4 & \\
 & & -1 & -1 & -1 & & & & 4
\end{pmatrix}.
$$

相当于把节点编号(从左至右，从下到上)的自然次序：$1,2,\cdots,9$，改为了所谓的红黑次序：1, 3, 5, 7, 9, 2, 4, 6, 8，见图 3.2.

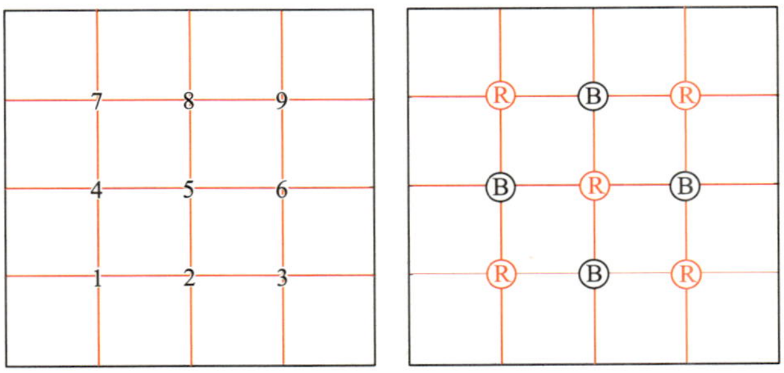

图 3.2　左：从左至右，从下到上对节点编号；右：红黑次序

下面假设系数矩阵具有性质 A. 在这种情况下，考虑 $A=D-L-U$，其中

$$
D=\begin{pmatrix} D_1 & \\ & D_2 \end{pmatrix},\quad L=\begin{pmatrix} 0 & 0 \\ -T_{21} & 0 \end{pmatrix},\quad U=\begin{pmatrix} 0 & -T_{12} \\ 0 & 0 \end{pmatrix}.
$$

对应的 Jacobi 迭代矩阵为

$$
G_J=D^{-1}(L+U)=-\begin{pmatrix} & D_1^{-1}T_{12} \\ D_2^{-1}T_{21} & \end{pmatrix}.
$$

令 $\alpha\neq 0$，定义

$$G_J(\alpha)=D^{-1}(\alpha L+\alpha^{-1}U)=-\begin{pmatrix} & \alpha^{-1}D_1^{-1}T_{12}\\ \alpha^{-1}D_2^{-1}T_{21} & \end{pmatrix}.$$

易验证，$G_J(\alpha)=\begin{pmatrix}I & \\ & \alpha I\end{pmatrix}G_J\begin{pmatrix}I & \\ & \alpha I\end{pmatrix}^{-1}$，故 $G_J(\alpha)$ 与 G_J 相似，二者有相同特征值，$G_J(\alpha)$ 的特征值与 α 无关，而且 $G_J(1)=G_J$ 与 $G_J(-1)=-G_J$ 有相同特征值，故 G_J 的特征值按 $\pm\mu$ 成对出现.

SOR 迭代矩阵 $G_{\mathrm{SOR}}=(D-\omega L)^{-1}((1-\omega)D+\omega U)$，前文已证明 G_{SOR} 的特征值之积等于 $(1-\omega)^N$，且

$$\begin{aligned}\det(\lambda I-G_{\mathrm{SOR}})&=\det(D^{-1})\det((\lambda+\omega-1)D-\omega\lambda L-\omega U)\\&=\det((\lambda+\omega-1)I-\omega\lambda D^{-1}L-\omega D^{-1}U).\end{aligned}$$

当 $\omega\neq1$ 时，无零特征值. 对 $\lambda\neq0$，

$$\begin{aligned}\det\left(\lambda I-G_{\mathrm{SOR}}\right)&=\det\left(\sqrt{\lambda}\omega\left(\frac{\lambda+\omega-1}{\sqrt{\lambda}\omega}I-\sqrt{\lambda}D^{-1}L-\frac{1}{\sqrt{\lambda}}D^{-1}U\right)\right)\\&=\left(\sqrt{\lambda}\omega\right)^n\det\left(\frac{\lambda+\omega-1}{\sqrt{\lambda}\omega}I-\sqrt{\lambda}D^{-1}L-\frac{1}{\sqrt{\lambda}}D^{-1}U\right)\\&=\left(\sqrt{\lambda}\omega\right)^n\det\left(\frac{\lambda+\omega-1}{\sqrt{\lambda}\omega}I-G_J\left(\sqrt{\lambda}\right)\right)\\&=\left(\sqrt{\lambda}\omega\right)^n\det\left(\frac{\lambda+\omega-1}{\sqrt{\lambda}\omega}I-G_J\right).\end{aligned}$$

若 μ 是 G_J 的一个特征值，且

$$\lambda+\omega-1=\omega\mu\lambda^{1/2},$$

则 λ 是 G_{SOR} 的一个特征值；注意到 G_J 的特征值 $\pm\mu$ 成对出现，上式等价于

$$\left(\lambda+\omega-1\right)^2=\omega^2\mu^2\lambda. \tag{3.8}$$

显然，若 $\lambda\neq0$ 是 G_{SOR} 的一个特征值，则满足上式的 μ 是 G_J 的一个特征值.

当 $\omega=1$ 时，由 $D^{-1}(L+U)$ 和 $(D-L)^{-1}U$ 的 2×2 分块形式可知，G_J 的特征值为 $\pm\mu_i$，G_{SOR} 的特征值 λ 为 0 或 μ_i^2，满足 $\lambda^2=\mu^2\lambda$，此即式(3.8)在 $\omega\to1$ 时的极限情形.

注意到模型问题的 G_J 是对称的，下面的讨论基于 G_J 的特征值 μ 均为实数. 在此情形下，SOR（$0<\omega<2$）收敛的充要条件是 $\rho(G_J)<1$. 为证明此结论，我们需要如下的引理.

引理 3.11

实系数二次方程 $x^2-bx+c=0$ 的两个根模小于 1 的充要条件是 $|c|<1$ 且 $|b|<1+c$.

证明　(必要性) 若 $|x_1|<1$，$|x_2|<1$，则 $|c|=|x_1x_2|<1$，$1+c-|b|=1+x_1x_2-|x_1+x_2|=(1-x_1)\times(1-x_2)$ 或 $(1+x_1)(1+x_2)>0$，故 $1+c-|b|>0$.

(充分性) 考虑 $x_1+x_2\geqslant0$，则 $(1-x_1)(1-x_2)=1+c-|b|>0$. 分三种情况讨论. ①两根为共轭复数：$|x_1|^2=|x_2|^2=c<1$，故 $|x_1|,|x_2|<1$. ②两根同时大于 1：与 $|x_1x_2|=|c|<1$ 矛盾. ③两根同时小于 1：若有一根小于等于 -1，则 $x_1+x_2<0$，矛盾，故 $-1<x_1,x_2<1$. $x_1+x_2<0$ 的情形类似，此处略. 总之，两根之模小于 1. □

设 $\boldsymbol{G}_J$ 的某个特征值 μ，使 λ 满足式(3.8)．将其视为 $\lambda^{1/2}$ 的二次方程，由引理 3.11，两根之模小于 1 的充要条件是 $|\omega-1|<1$，$|\omega\mu|<\omega$，即 $0<\omega<2$，$|\mu|<1$．

令 μ 为 $\boldsymbol{G}_J$ 的一个特征值，从式(3.8)解出两个根：

$$\lambda_{\pm}=\frac{1}{4}\left(\omega|\mu|\pm(\omega^2\mu^2-4(\omega-1))^{1/2}\right)^2.$$

当 $\omega^2\mu^2-4(\omega-1)\geqslant 0$ 时，有两个正实根，且 $\lambda_+\lambda_-=(\omega-1)^2$；当 $\omega^2\mu^2-4(\omega-1)<0$ 时，有一对共轭复根，且 $|\lambda_+|=|\lambda_-|=\omega-1$．对所有实的 μ 和 ω 都满足

$$|\lambda_+|\geqslant|\lambda_-|,\quad |\lambda_+|\geqslant|\omega-1|,\quad |\lambda_-|\leqslant|\omega-1|.$$

我们关注谱半径 $\rho(\boldsymbol{G}_{\mathrm{SOR}})$，需要对每个 ω 讨论两根中模较大者．给定 ω，$|\lambda_+|$ 是 $|\mu|$ 的单调上升函数，当 $|\mu|=\rho(\boldsymbol{G}_J)\equiv\nu$ 时达到最大值

$$\rho(\boldsymbol{G}_{\mathrm{SOR}})=\frac{1}{4}\left|\omega\nu+(\omega^2\nu^2-4(\omega-1))^{1/2}\right|^2.$$

关于 ω 的二次方程 $\nu^2\omega^2-4(\omega-1)=0$ 在区间 $(0,2)$ 内只有一个根

$$\omega_*=\frac{2}{1+\sqrt{1-\nu^2}}=1+\frac{1-\sqrt{1-\nu^2}}{1+\sqrt{1-\nu^2}}=1+\left(\frac{\nu}{1+\sqrt{1-\nu^2}}\right)^2.$$

于是

$$\rho(\boldsymbol{G}_{\mathrm{SOR}})=\begin{cases}\dfrac{1}{4}\left(\omega\nu+\sqrt{\omega^2\nu^2-4(\omega-1)}\right)^2, & 0<\omega\leqslant\omega_*,\\ \omega-1, & \omega_*<\omega<2.\end{cases}$$

当 $0<\omega\leqslant\omega_*$ 时，$\rho(\boldsymbol{G}_{\mathrm{SOR}})$ 是单调下降函数；当 $\omega_*<\omega<2$ 时，$\rho(\boldsymbol{G}_{\mathrm{SOR}})$ 是单调上升函数，参考图 3.3．因此，当 $\omega=\omega_*$ 时迭代矩阵谱半径达到极小，ω_* 就是 SOR 迭代的最优松弛因子，此时 $\rho(\boldsymbol{G}_{\mathrm{SOR}})=\omega_*-1$．渐近收敛速度

$$R_\infty(\boldsymbol{G}_{\mathrm{SOR}})=-\ln\rho(\boldsymbol{G}_{\mathrm{SOR}})=-\ln\frac{1-\sqrt{1-\nu^2}}{1+\sqrt{1-\nu^2}}=-\ln\frac{1-\sin\pi h}{1+\sin\pi h}\sim 2\pi h,\qquad h\to 0.$$

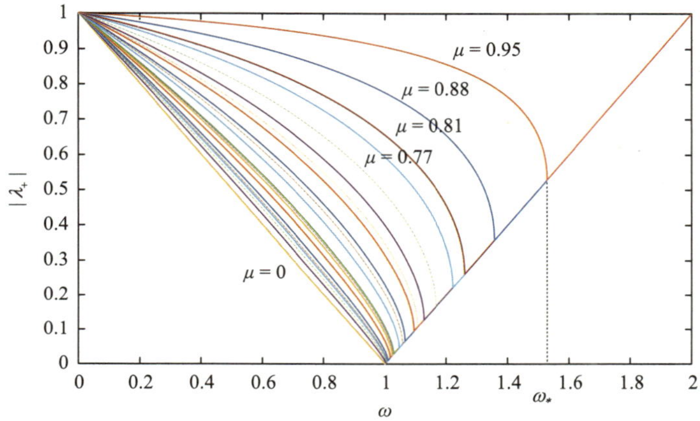

图 3.3　$N=9$ 时，$|\lambda_+|$ 随 μ 和 ω 的变化

知识拓展

矩阵 $\boldsymbol{D}$，$\boldsymbol{L}$ 和 $\boldsymbol{U}$ 可用 MATLAB 记号定义为

$$\boldsymbol{D}=\mathrm{diag}(\mathrm{diag}(\boldsymbol{A})),\quad \boldsymbol{L}=-\mathrm{tril}(\boldsymbol{A},-1),\quad \boldsymbol{U}=-\mathrm{triu}(\boldsymbol{A},1).$$

前文分别从矩阵分裂和残量校正的角度推导了经典迭代格式. Gauss 在 1823 年给学生 Gerling（格林）的一封信中提出了迭代算法，称为间接消去法（indirect elimination），并说可以在半醒半睡时使用该算法，或者可以在使用时思考其他事情；格林在 1843 年的书中发表了该算法. Jacobi 在 1845 年考虑了对角占优的对称线性方程组的迭代法，还使用 Jacobi 旋转使系数矩阵对角占优更显著；该迭代法形式简单，适合并行计算. Seidel 在 1874 年提出了一个迭代法，并对来源于最小二乘问题的法方程证明了方法的收敛性. Nekrasov（涅克拉索夫）在 1885 年首次将 Gauss-Seidel 迭代的收敛性与迭代矩阵的特征值关联，探讨了收敛率. Southwell（索斯韦尔）在 1935 年提出了松弛的概念，Fox（福克斯）1948 年的论文总结了索斯韦尔的松弛法并用于二维拉普拉斯方程和双调和方程的求解. Young 在 1950 年的博士论文中引入了 SOR 迭代，定义了性质 A，建立了 Jacobi 迭代与 SOR 迭代的迭代矩阵特征值的关系，导出了最佳松弛因子. Varga（瓦尔加）在 1960 年提出了正则分裂（regular splitting），其 1962 年的著作是经典迭代法的里程碑.

经典迭代法可作为 Krylov 子空间方法的预条件使用，或用作多重网格法的光滑子. 块形式的 Jacobi 迭代和 Gauss-Seidel 迭代，与区域分解算法中 Schwarz 迭代密切相关. 一些貌似毫不相干的迭代格式中往往有 Jacobi 迭代和 Gauss-Seidel 迭代的影子. 比如由 Gauss-Seidel 迭代可导出如下两种迭代格式.

Kaczmarz（卡茨马尔兹）迭代：$\boldsymbol{x}\leftarrow\boldsymbol{x}+\dfrac{b_i-\boldsymbol{\alpha}_i^{\mathrm{T}}\boldsymbol{x}}{\|\boldsymbol{\alpha}_i\|^2}\boldsymbol{\alpha}_i$，其中 $\boldsymbol{\alpha}_i^{\mathrm{T}}$ 是 $\boldsymbol{A}$ 的第 i 行；

坐标下降法：$\boldsymbol{x}^{(k+1)}=\boldsymbol{x}^{(k)}+\dfrac{\boldsymbol{A}_{:j}^{\mathrm{T}}(\boldsymbol{b}-\boldsymbol{A}\boldsymbol{x}^{(k)})}{\|\boldsymbol{A}_{:j}\|^2}\boldsymbol{e}_j$，其中 $\boldsymbol{A}_{:j}$ 是 $\boldsymbol{A}$ 的第 j 列.

如果存在置换阵 $\boldsymbol{P}$ 使得 $\boldsymbol{PAP}^{\mathrm{T}}$ 为块上三角阵，则称矩阵 $\boldsymbol{A}$ 可约；反之则称矩阵 $\boldsymbol{A}$ 不可约. 严格对角占优改为不可约对角占优时，引理 3.2、定理 3.3、定理 3.6 及定理 3.8 仍成立；按行严格对角占优改为按列严格对角占优时，定理亦成立.

习 题 3

1. 分别用 Jacobi 迭代法和 GS 迭代法求解下列方程组. 取初始向量 $\boldsymbol{x}^{(0)}=(0,0,0)^{\mathrm{T}}$，要求 $\|\boldsymbol{x}^{(m+1)}-\boldsymbol{x}^{(m)}\|_\infty\leqslant\dfrac{1}{2}\times10^{-3}$.

(1) $\begin{pmatrix}2&1\\1&-4\end{pmatrix}\begin{pmatrix}x_1\\x_2\end{pmatrix}=\begin{pmatrix}1\\5\end{pmatrix}$；

(2) $\begin{pmatrix}5&-2&1\\1&5&-3\\2&1&-5\end{pmatrix}\begin{pmatrix}x_1\\x_2\\x_3\end{pmatrix}=\begin{pmatrix}4\\2\\-11\end{pmatrix}$.

2. 用 SOR 方法求解方程组

$$\begin{pmatrix} 4 & 3 & 0 \\ 3 & 4 & -1 \\ 0 & -1 & 4 \end{pmatrix}\begin{pmatrix} x_1 \\ x_2 \\ x_3 \end{pmatrix} = \begin{pmatrix} 16 \\ 20 \\ -12 \end{pmatrix},$$

取松弛因子 $\omega = 1.5$，要求 $\left\| \boldsymbol{x}^{(m+1)} - \boldsymbol{x}^{(m)} \right\|_\infty \leqslant \dfrac{1}{2} \times 10^{-4}$.

3. 讨论分别用 Jacobi 迭代法和 GS 迭代法求解下列方程组的收敛性.

(1) $\begin{pmatrix} 10 & -1 & 0 \\ -1 & 10 & -2 \\ 0 & -2 & 5 \end{pmatrix}\begin{pmatrix} x_1 \\ x_2 \\ x_3 \end{pmatrix} = \begin{pmatrix} 9 \\ -5 \\ 12 \end{pmatrix}$;

(2) $\begin{pmatrix} 1 & 2 & -2 \\ 1 & 1 & 1 \\ 2 & 2 & 1 \end{pmatrix}\begin{pmatrix} x_1 \\ x_2 \\ x_3 \end{pmatrix} = \begin{pmatrix} 1 \\ -5 \\ 0 \end{pmatrix}$.

4. 写出 Jacobi 迭代法和 GS 迭代法求解下列方程组收敛的迭代格式.

(1) $\begin{pmatrix} 7 & 1 & 2 \\ 2 & 8 & 2 \\ 2 & 2 & 9 \end{pmatrix}\begin{pmatrix} x_1 \\ x_2 \\ x_3 \end{pmatrix} = \begin{pmatrix} 10 \\ 8 \\ 6 \end{pmatrix}$;

(2) $\begin{pmatrix} x_1 \\ x_2 \\ x_3 \end{pmatrix} = \begin{pmatrix} 0.1 & 0.02 & -0.04 \\ -0.2 & 0.06 & 0.1 \\ 0.05 & 0.1 & 0.03 \end{pmatrix}\begin{pmatrix} x_1 \\ x_2 \\ x_3 \end{pmatrix} + \begin{pmatrix} 1 \\ 0 \\ 0 \end{pmatrix}$.

5. 对下面的方程组，哪种迭代法收敛？若收敛，请写出迭代格式.

$$\begin{pmatrix} 10 & -2 & 0 \\ -2 & 10 & -3 \\ 0 & -3 & 4 \end{pmatrix}\begin{pmatrix} x_1 \\ x_2 \\ x_3 \end{pmatrix} = \begin{pmatrix} 9 \\ -6 \\ 8 \end{pmatrix}.$$

6. 设线性方程组 $\boldsymbol{Ax} = \boldsymbol{b}$ 的系数矩阵为

$$\boldsymbol{A} = \begin{pmatrix} a & 1 & 3 \\ 1 & a & 2 \\ -3 & 2 & a \end{pmatrix}.$$

试求 a 的取值范围，使 Jacobi 迭代格式收敛.

7. 考虑线性代数方程组 $\boldsymbol{Ax} = \boldsymbol{b}$，其中

$$\boldsymbol{A} = \begin{pmatrix} 1 & 0 & a \\ 0 & 1 & 0 \\ a & 0 & 1 \end{pmatrix}.$$

(1) a 为何值时，$\boldsymbol{A}$ 是正定的？

(2) a 为何值时，Jacobi 迭代收敛？

(3) a 为何值时，GS 迭代收敛？

8. 设 $\boldsymbol{A} = \begin{pmatrix} 1 & a & a \\ a & 1 & a \\ a & a & 1 \end{pmatrix}$，其中 $a \in \mathbb{R}$.

(1) 对 a 的哪些值, Jacobi 迭代法收敛?

(2) 对 a 的哪些值, GS 迭代法收敛? (注意用引理 3.11)

9. 设求解给定方程组的 Jacobi 迭代矩阵为

$$(1)\ \begin{pmatrix} 0 & -2 & 2 \\ -1 & 0 & -1 \\ -2 & -2 & 0 \end{pmatrix}; \quad (2)\ \frac{1}{2}\begin{pmatrix} 0 & 1 & -1 \\ -2 & 0 & -2 \\ 1 & 1 & 0 \end{pmatrix}.$$

证明: (1) 的 Jacobi 迭代收敛而 GS 迭代发散; (2) 的 Jacobi 迭代发散而 GS 迭代收敛.

10. 设方程组 $\boldsymbol{Ax}=\boldsymbol{b}$ 的系数矩阵为

$$\boldsymbol{A}_1=\begin{pmatrix} 2 & -1 & 1 \\ 1 & 1 & 1 \\ 1 & 1 & -2 \end{pmatrix}, \quad \boldsymbol{A}_2=\begin{pmatrix} 1 & 2 & -2 \\ 1 & 1 & 1 \\ 2 & 2 & 1 \end{pmatrix}.$$

证明: 对 $\boldsymbol{A}_1$ 来说, Jacobi 迭代不收敛, 而 GS 迭代收敛; 对 $\boldsymbol{A}_2$ 来说, Jacobi 迭代收敛, 而 GS 迭代不收敛.

11. 设方程组

$$\begin{pmatrix} a_{11} & a_{12} \\ a_{21} & a_{22} \end{pmatrix}\begin{pmatrix} x_1 \\ x_2 \end{pmatrix}=\begin{pmatrix} b_1 \\ b_2 \end{pmatrix},$$

其中 $a_{11}a_{22}\neq 0$, 分别写出其 Jacobi 迭代及 GS 迭代格式, 并证明这两种迭代格式同时收敛或同时发散.

12. 设 $\boldsymbol{B}\in\mathbb{R}^{n\times n}$ 满足 $\rho(\boldsymbol{B})=0$. 证明对任意的 $\boldsymbol{g}$, $\boldsymbol{x}_0\in\mathbb{R}^n$, 迭代格式

$$\boldsymbol{x}_{k+1}=\boldsymbol{B}\boldsymbol{x}_k+\boldsymbol{g}, \quad k=0,1,\cdots$$

最多迭代 n 次就可得到方程组 $\boldsymbol{x}=\boldsymbol{Bx}+\boldsymbol{g}$ 的精确解.

13. 证明: 若 $\boldsymbol{A}\in\mathbb{R}^{n\times n}$ 非奇异, 则必可找到一个排列方阵 $\boldsymbol{P}$ 使得 $\boldsymbol{PA}$ 的对角元素均不为零.

14. 设 $\boldsymbol{A}=(a_{ij})\in\mathbb{R}^{n\times n}$ 是严格对角占优的. 试证:

$$|\det(\boldsymbol{A})|\geqslant\prod_{i=1}^{n}\left(|a_{ii}|-\sum_{j\neq i}|a_{ij}|\right).$$

15. 设 $\boldsymbol{A}$ 是具有正对角元素的非奇异对称矩阵. 证明: 若求解 $\boldsymbol{Ax}=\boldsymbol{b}$ 的 GS 迭代方法对任意初始近似 $\boldsymbol{x}^{(0)}$ 皆收敛, 则 $\boldsymbol{A}$ 必是正定的.

16. 若存在对称正定矩阵 $\boldsymbol{P}$, 使 $\boldsymbol{B}=\boldsymbol{P}-\boldsymbol{H}^{\mathrm{T}}\boldsymbol{PH}$ 为对称正定阵, 试证迭代法

$$\boldsymbol{x}_{k+1}=\boldsymbol{H}\boldsymbol{x}_k+\boldsymbol{b}, \quad k=0,1,2,\cdots$$

收敛.

17. 给定方程组 $\boldsymbol{Ax}=\boldsymbol{b}$, 其中

$$\boldsymbol{A}=\begin{pmatrix} 3 & 2 \\ 1 & 2 \end{pmatrix}, \quad \boldsymbol{b}=\begin{pmatrix} -2 \\ 5 \end{pmatrix}.$$

建立迭代格式

$$\boldsymbol{x}^{(m+1)}=\boldsymbol{x}^{(m)}+\alpha(\boldsymbol{A}\boldsymbol{x}^{(m)}-\boldsymbol{b}), \quad m=0,1,\cdots,$$

问常数 α 在什么范围内取值时迭代格式收敛?

18. 设 $\boldsymbol{A}$ 为 n 阶对称正定矩阵, $0<\alpha\leqslant\lambda_i(\boldsymbol{A})\leqslant\beta$ $(i=1,2,\cdots,n)$. 方程组 $\boldsymbol{Ax}=\boldsymbol{b}$ 的迭代公

式为

$$x^{(k+1)} = x^{(k)} + \omega(b - Ax^{(k)}), \qquad k = 0,1,2,\cdots.$$

证明: 当$0 < \omega < 2/\beta$时, 上述迭代法收敛.

19. 对 Jacobi 方法引进迭代参数$\omega > 0$, 即

$$x_{k+1} = x_k - \omega D^{-1}(Ax_k - b)$$

或者

$$x_{k+1} = (I - \omega D^{-1}A)x_k + \omega D^{-1}b,$$

称为 Jacobi 松弛法(简称 JOR 方法). 证明: 当$Ax = b$的 Jacobi 方法收敛时, JOR 方法对$0 < \omega \leqslant 1$收敛.

20. 证明: 若A为具有正对角元的实对称阵, 则 JOR 方法收敛的充分必要条件是A及$2\omega^{-1}D - A$均为正定对称阵.

21. 考虑二维区域$\Omega = (0,1)\times(0,1)$上的 Dirichlet 问题

$$-\Delta u + cu = -\frac{\partial^2 u}{\partial x^2} - \frac{\partial^2 u}{\partial y^2} + cu = f(x,y),$$

边界条件$u|_{\partial\Omega} = 0$, $f(x,y) = \sin(\pi x)\sin(\pi y)$. 将正方形每边$N+1$等分均匀剖分求解区域. 取具体的$N$和$c$值, 用差分格式离散微分方程, 讨论所得线性代数方程组的求解, 并图示计算结果.

22. 考虑二维区域$\Omega = (0,1)\times(0,1)$上的 Dirichlet 问题

$$-\varepsilon\Delta u + \frac{\partial u}{\partial x} = f(x,y),$$

边界条件$u|_{\partial\Omega} = 0$, $f(x,y) = \pi(2\pi\varepsilon\sin\pi x + \cos\pi x)\sin\pi y$. 将正方形每边$N+1$等分均匀剖分求解区域. 取具体的$N$和$\varepsilon$值, 求解微分方程离散后所得线性代数方程组, 并图示计算结果.

第 4 章

共轭梯度法

第 4 章知识导图

当线性方程组的系数矩阵 $\boldsymbol{A}$ 对称正定(SPD)时，可以用前面介绍的 Cholesky 分解；对大规模稀疏问题多用下面介绍的共轭梯度(conjugate gradient, CG)法. 以共轭梯度法为代表的 Krylov 子空间方法是 20 世纪十大算法之一，可以有效求解大规模稀疏对称正定问题.

当 $\boldsymbol{A}$ 对称正定时，线性代数方程组 $\boldsymbol{Ax}=\boldsymbol{b}$ 的解与下面二次泛函 $\varphi(\boldsymbol{x})$ 的极小点有密切关系，

$$\varphi(\boldsymbol{x})=\frac{1}{2}\boldsymbol{x}^{\mathrm{T}}\boldsymbol{A}\boldsymbol{x}-\boldsymbol{b}^{\mathrm{T}}\boldsymbol{x}.$$

此式可写为

$$\varphi(\boldsymbol{x})=\frac{1}{2}\sum_{i,j=1}^{n}a_{ij}x_ix_j-\sum_{i=1}^{n}b_ix_i,$$

则

$$\frac{\partial\varphi}{\partial x_k}=\sum_{j=1}^{n}a_{kj}x_j-b_k,\quad k=1,2,\cdots,n.$$

二次泛函在点 $\boldsymbol{x}$ 处的梯度可表示为

$$\nabla\varphi(\boldsymbol{x})=-(\boldsymbol{b}-\boldsymbol{Ax}).$$

在泛函极小点 $\boldsymbol{x}_*$ 处满足梯度为 0，即 $\boldsymbol{Ax}_*=\boldsymbol{b}$. 从而，求解原线性方程组等价于寻找二次泛函 $\varphi(\boldsymbol{x})$ 的极小点

$$\boldsymbol{x}_*=\arg\min_{\boldsymbol{x}\in\mathbb{R}^n}\varphi(\boldsymbol{x}).$$

为后面的分析作准备，先计算

$$\varphi(\boldsymbol{x}+\alpha\boldsymbol{p})=\varphi(\boldsymbol{x})-\alpha\boldsymbol{p}^{\mathrm{T}}(\boldsymbol{b}-\boldsymbol{Ax})+\frac{\alpha^2}{2}\boldsymbol{p}^{\mathrm{T}}\boldsymbol{Ap},$$

其中 α 为实参数. 易验证

$$\arg\min_{\alpha}\varphi(\boldsymbol{x}+\alpha\boldsymbol{p})=\frac{\boldsymbol{p}^{\mathrm{T}}(\boldsymbol{b}-\boldsymbol{Ax})}{\boldsymbol{p}^{\mathrm{T}}\boldsymbol{Ap}}.\tag{4.1}$$

先给出下面的线搜索方法，然后逐步导出共轭梯度法. 线搜索算法如下.

设 $\boldsymbol{x}_0$ 为初值，$\boldsymbol{x}_j$ 为迭代近似解，$\boldsymbol{p}_j$ 为给定搜索方向 $(j=1,2,\cdots)$.

反复进行下面的两步迭代直至收敛.

(1) $\alpha_j=\arg\min_{\alpha}\varphi(\boldsymbol{x}_j+\alpha\boldsymbol{p}_j)$.

(2) $\boldsymbol{x}_{j+1}=\boldsymbol{x}_j+\alpha_j\boldsymbol{p}_j$.

这个算法十分简单，由式(4.1)知 $\alpha_j=\dfrac{\boldsymbol{p}_j^{\mathrm{T}}\boldsymbol{r}_j}{\boldsymbol{p}_j^{\mathrm{T}}\boldsymbol{Ap}_j}$，其中残量 $\boldsymbol{r}_j=\boldsymbol{b}-\boldsymbol{Ax}_j$. 线搜索算法中一个关键问题是如何给出搜索方向 $\{\boldsymbol{p}_j\}$.

4.1 最速下降法

如果取搜索方向 $\boldsymbol{p}_j=\boldsymbol{r}_j$，那么得到最速下降(SD)法:

给定 $\boldsymbol{x}_0$，$\boldsymbol{r}_0=\boldsymbol{b}-\boldsymbol{Ax}_0$，对 $k=0,1,2,\cdots$, 计算

$$\alpha_k = \frac{\langle \boldsymbol{r}_k, \boldsymbol{r}_k \rangle}{\langle \boldsymbol{A}\boldsymbol{r}_k, \boldsymbol{r}_k \rangle},$$
$$\boldsymbol{x}_{k+1} = \boldsymbol{x}_k + \alpha_k \boldsymbol{r}_k,$$
$$\boldsymbol{r}_{k+1} = \boldsymbol{r}_k - \alpha_k \boldsymbol{A}\boldsymbol{r}_k.$$

为证明最速下降算法的收敛性, 先介绍下面的 Kantorovich(康托罗维奇)不等式.

引理 4.1 (Kantorovich 不等式)

令 $\boldsymbol{A}$ 为实对称正定矩阵, λ_n 和 λ_1 分别为 $\boldsymbol{A}$ 的最大、最小特征值, $\|\boldsymbol{x}\|_2 = 1$, 则

$$\langle \boldsymbol{A}\boldsymbol{x}, \boldsymbol{x} \rangle \langle \boldsymbol{A}^{-1}\boldsymbol{x}, \boldsymbol{x} \rangle \leqslant \frac{(\lambda_1 + \lambda_n)^2}{4\lambda_1\lambda_n}.$$

证明 设 $\boldsymbol{A}$ 有谱分解 $\boldsymbol{A} = \boldsymbol{Q}^{\mathrm{T}}\boldsymbol{\Lambda}\boldsymbol{Q}$, 其中 $\boldsymbol{\Lambda} = \operatorname{diag}(\lambda_1, \cdots, \lambda_n)$, $\boldsymbol{Q}$ 为正交矩阵. 令 $\boldsymbol{y} = \boldsymbol{Q}\boldsymbol{x} = (y_1, \cdots, y_n)^{\mathrm{T}}$, 则

$$\langle \boldsymbol{A}\boldsymbol{x}, \boldsymbol{x} \rangle = \langle \boldsymbol{Q}^{\mathrm{T}}\boldsymbol{\Lambda}\boldsymbol{Q}\boldsymbol{x}, \boldsymbol{x} \rangle = \langle \boldsymbol{\Lambda}\boldsymbol{Q}\boldsymbol{x}, \boldsymbol{Q}\boldsymbol{x} \rangle = \langle \boldsymbol{\Lambda}\boldsymbol{y}, \boldsymbol{y} \rangle = \sum_{i=1}^{n} y_i^2 \lambda_i \equiv \lambda(\boldsymbol{y}),$$

$$\langle \boldsymbol{A}^{-1}\boldsymbol{x}, \boldsymbol{x} \rangle = \langle \boldsymbol{Q}^{\mathrm{T}}\boldsymbol{\Lambda}^{-1}\boldsymbol{Q}\boldsymbol{x}, \boldsymbol{x} \rangle = \langle \boldsymbol{\Lambda}^{-1}\boldsymbol{Q}\boldsymbol{x}, \boldsymbol{Q}\boldsymbol{x} \rangle = \langle \boldsymbol{\Lambda}^{-1}\boldsymbol{y}, \boldsymbol{y} \rangle = \sum_{j=1}^{n} y_j^2 \frac{1}{\lambda_j} \equiv \psi(\boldsymbol{y}).$$

设由 $(\lambda_1, \lambda_1^{-1})$ 和 $(\lambda_n, \lambda_n^{-1})$ 两点确定的直线为 $w(t)$,

$$w(t) = \frac{1}{\lambda_1} + \frac{1}{\lambda_n} - \frac{t}{\lambda_1\lambda_n}.$$

注意到 $f(t) = \frac{1}{t}(t > 0)$ 是凹的, 曲线 $f(t)$ 位于直线 $w(t)$ 下方, 即 $f(t) \leqslant w(t)$, $t \in [\lambda_1, \lambda_n]$. 点 (λ, ψ) 是曲线上点 $(\lambda_j, f(\lambda_j))$ 的凸组合, 位于曲线和直线所围的封闭区域内, 故

$$\psi = \sum y_j^2 f(\lambda_j) \leqslant w(\lambda),$$

从而

$$\langle \boldsymbol{A}\boldsymbol{x}, \boldsymbol{x} \rangle \langle \boldsymbol{A}^{-1}\boldsymbol{x}, \boldsymbol{x} \rangle = \lambda\psi \leqslant \lambda\left(\frac{1}{\lambda_1} + \frac{1}{\lambda_n} - \frac{\lambda}{\lambda_1\lambda_n}\right) \leqslant \frac{(\lambda_1 + \lambda_n)^2}{4\lambda_1\lambda_n},$$

当 $\lambda = \frac{1}{2}(\lambda_1 + \lambda_n)$ 时, 上界达到. □

定理 4.2

设 $\boldsymbol{x}_k$ 是最速下降法第 k 步近似解, $\boldsymbol{x}_* = \boldsymbol{A}^{-1}\boldsymbol{b}$, κ 是矩阵 $\boldsymbol{A}$ 的条件数, 则

$$\|\boldsymbol{x}_k - \boldsymbol{x}_*\|_A \leqslant \left(\frac{\kappa - 1}{\kappa + 1}\right)^k \|\boldsymbol{x}_0 - \boldsymbol{x}_*\|_A.$$

证明 由迭代格式 $\boldsymbol{x}_{k+1} = \boldsymbol{x}_k + \alpha \boldsymbol{r}_k$ 知 $\boldsymbol{e}_{k+1} = \boldsymbol{e}_k + \alpha_k \boldsymbol{r}_k$, 这里 $\boldsymbol{e}_k = \boldsymbol{x}_k - \boldsymbol{x}_*$.

$$\|\boldsymbol{e}_{k+1}\|_A^2 = \langle \boldsymbol{e}_{k+1}, \boldsymbol{e}_k + \alpha_k \boldsymbol{r}_k \rangle_A = \langle \boldsymbol{e}_{k+1}, \boldsymbol{e}_k \rangle_A + \alpha_k \langle \boldsymbol{e}_{k+1}, \boldsymbol{r}_k \rangle_A,$$

这里 $\langle \boldsymbol{e}_{k+1}, \boldsymbol{e}_k \rangle_A = \boldsymbol{e}_{k+1}^{\mathrm{T}} \boldsymbol{A} \boldsymbol{e}_k$. 注意到 $\boldsymbol{r}_{k+1} = \boldsymbol{r}_k - \alpha_k \boldsymbol{A}\boldsymbol{r}_k$, $\alpha_k = \dfrac{\langle \boldsymbol{r}_k, \boldsymbol{r}_k \rangle}{\langle \boldsymbol{A}\boldsymbol{r}_k, \boldsymbol{r}_k \rangle}$, 从而有残量正交性,

$$\langle \boldsymbol{r}_k, \boldsymbol{r}_{k+1} \rangle = \langle \boldsymbol{r}_k, \boldsymbol{r}_k \rangle - \alpha_k \langle \boldsymbol{r}_k, \boldsymbol{A}\boldsymbol{r}_k \rangle = 0,$$

故 $\langle \boldsymbol{e}_{k+1}, \boldsymbol{r}_k \rangle_{\boldsymbol{A}} = \langle \boldsymbol{A}\boldsymbol{e}_{k+1}, \boldsymbol{r}_k \rangle = \langle -\boldsymbol{r}_{k+1}, \boldsymbol{r}_k \rangle = 0$. 注意到 $\boldsymbol{r}_k = -\boldsymbol{A}\boldsymbol{e}_k$，即 $\boldsymbol{e}_k = -\boldsymbol{A}^{-1}\boldsymbol{r}_k$，以及 α_k 的定义，得

$$\begin{aligned}
\| \boldsymbol{e}_{k+1} \|_{\boldsymbol{A}}^2 &= \langle \boldsymbol{e}_{k+1}, \boldsymbol{e}_k \rangle_{\boldsymbol{A}} = \langle \boldsymbol{e}_{k+1}, -\boldsymbol{r}_k \rangle = \langle \boldsymbol{e}_k + \alpha_k \boldsymbol{r}_k, -\boldsymbol{r}_k \rangle \\
&= \langle \boldsymbol{A}^{-1}\boldsymbol{r}_k, \boldsymbol{r}_k \rangle - \alpha_k \langle \boldsymbol{r}_k, \boldsymbol{r}_k \rangle \\
&= \| \boldsymbol{e}_k \|_{\boldsymbol{A}}^2 \left(1 - \frac{\langle \boldsymbol{r}_k, \boldsymbol{r}_k \rangle}{\langle \boldsymbol{A}^{-1}\boldsymbol{r}_k, \boldsymbol{r}_k \rangle} \frac{\langle \boldsymbol{r}_k, \boldsymbol{r}_k \rangle}{\langle \boldsymbol{A}\boldsymbol{r}_k, \boldsymbol{r}_k \rangle} \right) \\
&\leqslant \| \boldsymbol{e}_k \|_{\boldsymbol{A}}^2 \left(1 - \frac{4\lambda_1\lambda_n}{(\lambda_1 + \lambda_n)^2} \right) \\
&= \left(\frac{\lambda_1 - \lambda_n}{\lambda_1 + \lambda_n} \right)^2 \| \boldsymbol{e}_k \|_{\boldsymbol{A}}^2,
\end{aligned}$$

这里 λ_n 和 λ_1 分别为 $\boldsymbol{A}$ 的最大、最小特征值. 由此递推关系可导出，

$$\| \boldsymbol{e}_k \|_{\boldsymbol{A}} \leqslant \left(\frac{\lambda_n - \lambda_1}{\lambda_n + \lambda_1} \right)^k \| \boldsymbol{e}_0 \|_{\boldsymbol{A}}.$$

注意到条件数 $\kappa = \lambda_n / \lambda_1$，从而命题得证. □

4.2 共 轭 方 向

最速下降法在 $\lambda_n \gg \lambda_1$ 时，收敛很慢. 下面考虑使用共轭方向.

如果 $\boldsymbol{p}_j^{\mathrm{T}} \boldsymbol{A} \boldsymbol{p}_i = 0$（$i, j = 0, 1, \cdots, k$ 且 $i \neq j$），则称 $\{\boldsymbol{p}_j\}_{j=0}^k$ 为共轭方向，$\boldsymbol{p}_i$ 与 $\boldsymbol{p}_j$ 为 $\boldsymbol{A}$-共轭.

下面的引理给出如何生成共轭方向.

引理 4.3

令 $p_0 = r_0$，对 $k = 1, 2, \cdots, n-1$，定义

$$\boldsymbol{p}_k = \boldsymbol{r}_k - \sum_{j=0}^{k-1} \frac{\boldsymbol{p}_j^{\mathrm{T}} \boldsymbol{A} \boldsymbol{r}_k}{\boldsymbol{p}_j^{\mathrm{T}} \boldsymbol{A} \boldsymbol{p}_j} \boldsymbol{p}_j, \tag{4.2}$$

则 $\boldsymbol{p}_j^{\mathrm{T}} \boldsymbol{A} \boldsymbol{p}_i = 0$，$0 \leqslant i < j \leqslant n-1$.

证明 用数学归纳法证明. 当 $k = 1$ 时，$\boldsymbol{p}_1 = \boldsymbol{r}_1 - \dfrac{\boldsymbol{p}_0^{\mathrm{T}} \boldsymbol{A} \boldsymbol{r}_1}{\boldsymbol{p}_0^{\mathrm{T}} \boldsymbol{A} \boldsymbol{p}_0} \boldsymbol{p}_0$，

$$\boldsymbol{p}_1^{\mathrm{T}} \boldsymbol{A} \boldsymbol{p}_0 = \boldsymbol{r}_1^{\mathrm{T}} \boldsymbol{A} \boldsymbol{p}_0 - \frac{\boldsymbol{p}_0^{\mathrm{T}} \boldsymbol{A} \boldsymbol{r}_1}{\boldsymbol{p}_0^{\mathrm{T}} \boldsymbol{A} \boldsymbol{p}_0} \boldsymbol{p}_0^{\mathrm{T}} \boldsymbol{A} \boldsymbol{p}_0 = 0.$$

命题成立.

设 $k = s$ 时，方向 $\{\boldsymbol{p}_j\}_{j=0}^s$ 是 $\boldsymbol{A}$-共轭的. 下面要证 $\boldsymbol{p}_{s+1}^{\mathrm{T}} \boldsymbol{A} \boldsymbol{p}_i = 0$，$\forall i \leqslant s$.

$$p_{s+1}^{\mathrm{T}}Ap_i = r_{s+1}^{\mathrm{T}}Ap_i - \sum_{j=0}^{s}\frac{p_j^{\mathrm{T}}Ar_{s+1}}{p_j^{\mathrm{T}}Ap_j}\left(p_j^{\mathrm{T}}Ap_i\right)$$

$$= r_{s+1}^{\mathrm{T}}Ap_i - \frac{p_i^{\mathrm{T}}Ar_{s+1}}{p_i^{\mathrm{T}}Ap_i}\left(p_i^{\mathrm{T}}Ap_i\right) = 0. \qquad \square$$

这实际上是关于 A-内积的 Gram-Schimidt 正交化，这里 A-内积定义为 $\langle p_i, p_j\rangle_A = p_i^{\mathrm{T}}Ap_j$.

下面的讨论要用到如下定义的 k 维子空间：

$$W_k = \mathrm{span}\{p_0, \cdots, p_{k-1}\},$$

$$U_k = x_0 + \mathrm{span}\{p_0, \cdots, p_{k-1}\} = \{z \in \mathbb{R}^n \mid z = x_0 + u_k, u_k \in W_k\}, \quad U_0 = \{x_0\}.$$

引理 4.4

设 $p_k^{\mathrm{T}}Ap_i = 0\ (0 \leqslant i < k)$，$\{x_i\}_{i=0}^{k}$ 由线搜索算法所得，则

$$p_k^{\mathrm{T}}r_k = -p_k^{\mathrm{T}}\nabla\varphi(z), \quad \forall\, z \in U_k.$$

证明 因为 $\{x_i\}_{i=0}^{k}$ 由线搜索获得，所以 $x_k \in U_k$，

$$x_k - z \in W_k = \mathrm{span}\{p_0, p_1, \cdots, p_{k-1}\}, \quad \forall z \in U_k.$$

由 $\{p_j\}_{j=0}^{k}$ 的 A-共轭性质，$p_k^{\mathrm{T}}A(x_k - z) = 0$，即

$$p_k^{\mathrm{T}}A(x_k - z) = p_k^{\mathrm{T}}(Ax_k - b + b - Az) = p_k^{\mathrm{T}}(-r_k - \nabla\varphi(z)) = 0. \qquad \square$$

注意到 $r_k = -(b - Ax_k) = -\nabla\phi(x_k)$，引理的结论亦可表示为

$$p_k^{\mathrm{T}}\nabla\varphi(x_k) = p_k^{\mathrm{T}}\nabla\varphi(z), \quad \forall\, z \in U_k.$$

下面的定理刻画每一步近似解的最优性质.

定理 4.5

设搜索方向共轭，$\{x_i\}_{i=0}^{k}$ 由线搜索算出，则

$$x_i = \arg\min_{x\in U_i}\varphi(x), \quad \forall\, 1 \leqslant i \leqslant k.$$

证明 用数学归纳法证明. 由 x_1 的定义知 $x_1 = x_0 + \alpha_0 p_0 = \arg\min_{x\in U_1}\varphi(x)$，故 $i=1$ 时，命题成立. 假设 $x_j = \arg\min_{x\in U_j}\varphi(x)$. 下面考查 $x_{j+1} = x_j + \alpha_j p_j$，是否有结论 $x_{j+1} = \arg\min_{x\in U_{j+1}}\varphi(x)$ 成立.

对任意 $x \in U_{j+1}$，设 $x = y + \alpha\, p_j$，其中 $y \in U_j$，$\alpha \in \mathbb{R}$.

$$\varphi(x) = \varphi(y + \alpha\, p_j)$$

$$= \varphi(y) + \alpha\, p_j^{\mathrm{T}}\nabla\varphi(y) + \frac{\alpha^2}{2}p_j^{\mathrm{T}}Ap_j$$

$$= \varphi(y) + \alpha\, p_j^{\mathrm{T}}\nabla\varphi(x_j) + \frac{\alpha^2}{2}p_j^{\mathrm{T}}Ap_j,$$

这里用到了引理 4.4，$p_j^{\mathrm{T}}\nabla\varphi(y) = p_j^{\mathrm{T}}\nabla\varphi(x_j)$，$\forall\, y \in U_j$.

上式右端第一项与 α 无关，其余两项与 y 无关.

$$\min_{x\in U_{j+1}}\varphi(x) = \min_{y\in U_j}\varphi(y) + \min_{\alpha\in\mathbb{R}}\left\{-\alpha\, p_j^{\mathrm{T}}r_j + \frac{\alpha^2}{2}p_j^{\mathrm{T}}Ap_j\right\}.$$

当 $\boldsymbol{y}=\boldsymbol{x}_j$，$\alpha=\dfrac{\boldsymbol{p}_j^{\mathrm{T}}\boldsymbol{r}_j}{\boldsymbol{p}_j^{\mathrm{T}}\boldsymbol{A}\boldsymbol{p}_j}=\alpha_j$ 时，取最小值．故

$$\boldsymbol{x}_{j+1}=\boldsymbol{x}_j+\alpha_j\boldsymbol{p}_j=\arg\min_{\boldsymbol{x}\in U_{j+1}}\varphi(\boldsymbol{x}).$$ □

上述定理表明 $\boldsymbol{x}_k$ 在空间 U_k 中极小化二次泛函 $\varphi(\boldsymbol{x})$．搜索空间 U_k 越大，解的近似程度越高，当搜索空间为 $\mathbb{R}^n$ 时，可以找到问题准确解．在精确计算下，n 步可得准确解，具有有限步终止性，所以最早它被当作直接法.

定理 4.6

设 $\{\boldsymbol{p}_j\}_{j=0}^k$ 由式(4.2)计算，则

(1) $W_k=\operatorname{span}\{\boldsymbol{p}_0,\cdots,\boldsymbol{p}_{k-1}\}=\operatorname{span}\{\boldsymbol{r}_0,\cdots,\boldsymbol{r}_{k-1}\}$；

(2) $\boldsymbol{r}_j^{\mathrm{T}}\boldsymbol{r}_i=0,\ 0\leqslant i<j\leqslant k$；

(3) $\boldsymbol{p}_k^{\mathrm{T}}\boldsymbol{r}_j=\boldsymbol{r}_k^{T}\boldsymbol{r}_k,\quad \forall 0\leqslant j\leqslant k$;

(4) $\boldsymbol{p}_k=\boldsymbol{r}_k+\beta_{k-1}\boldsymbol{p}_{k-1},\ \beta_{k-1}=\dfrac{\boldsymbol{r}_k^{\mathrm{T}}\boldsymbol{r}_k}{\boldsymbol{r}_{k-1}^{\mathrm{T}}\boldsymbol{r}_{k-1}}$.

证明 (1)注意到 $\boldsymbol{p}_0=\boldsymbol{r}_0$，用数学归纳法易证.

(2)对 $0\leqslant i<j\leqslant k$，$\boldsymbol{r}_i\in W_{i+1}\subseteq W_j$，故 $\boldsymbol{x}_j+\tau\boldsymbol{r}_i\in U_j$．由定理4.5，$\boldsymbol{x}_j$ 是 $\varphi(\boldsymbol{x})$ 在 U_j 上唯一极小点(对应于上式中 $\tau=0$)，故

$$0=\frac{\mathrm{d}}{\mathrm{d}\tau}\varphi(\boldsymbol{x}_j+\tau\boldsymbol{r}_i)\bigg|_{\tau=0}=\boldsymbol{r}_i^{\mathrm{T}}\nabla\varphi(\boldsymbol{x}_j)=-\boldsymbol{r}_j^{\mathrm{T}}\boldsymbol{r}_i.$$

(3)对 $j=k$，由(2)知 $\boldsymbol{r}_k\perp\operatorname{span}\{\boldsymbol{r}_0,\cdots,\boldsymbol{r}_{k-1}\}$．进而由(1)知，$\boldsymbol{r}_k\perp\operatorname{span}\{\boldsymbol{p}_0,\cdots,\boldsymbol{p}_{k-1}\}$．用 $\boldsymbol{r}_k$ 与式(4.2)作内积可得

$$\boldsymbol{p}_k^{\mathrm{T}}\boldsymbol{r}_k=\boldsymbol{r}_k^{\mathrm{T}}\boldsymbol{r}_k.$$

对 $j<k$，易证 $\boldsymbol{x}_k-\boldsymbol{x}_j\in\boldsymbol{W}_k$，故 $0=\boldsymbol{p}_k^{\mathrm{T}}\boldsymbol{A}(\boldsymbol{x}_k-\boldsymbol{x}_j)=\boldsymbol{p}_k^{\mathrm{T}}(-\boldsymbol{r}_k+\boldsymbol{r}_j)$，即

$$\boldsymbol{p}_k^{\mathrm{T}}\boldsymbol{r}_j=\boldsymbol{p}_k^{\mathrm{T}}\boldsymbol{r}_k=\boldsymbol{r}_k^{\mathrm{T}}\boldsymbol{r}_k.$$

(4)因 $\boldsymbol{p}_k\in W_{k+1}$，可用 $\{\boldsymbol{r}_j\}_{j=0}^k$ 作为正交基展开，再用(3)，得

$$\begin{aligned}\boldsymbol{p}_k&=\sum_{j=0}^{k}\frac{\boldsymbol{p}_k^{\mathrm{T}}\boldsymbol{r}_j}{\boldsymbol{r}_j^{\mathrm{T}}\boldsymbol{r}_j}\boldsymbol{r}_j=\sum_{j=0}^{k}\frac{\boldsymbol{r}_k^{\mathrm{T}}\boldsymbol{r}_k}{\boldsymbol{r}_j^{\mathrm{T}}\boldsymbol{r}_j}\boldsymbol{r}_j=\boldsymbol{r}_k+\sum_{j=0}^{k-1}\frac{\boldsymbol{r}_k^{\mathrm{T}}\boldsymbol{r}_k}{\boldsymbol{r}_j^{\mathrm{T}}\boldsymbol{r}_j}\boldsymbol{r}_j\\&=\boldsymbol{r}_k+\frac{\boldsymbol{r}_k^{\mathrm{T}}\boldsymbol{r}_k}{\boldsymbol{r}_{k-1}^{\mathrm{T}}\boldsymbol{r}_{k-1}}\sum_{j=0}^{k-1}\frac{\boldsymbol{r}_{k-1}^{\mathrm{T}}\boldsymbol{r}_{k-1}}{\boldsymbol{r}_j^{\mathrm{T}}\boldsymbol{r}_j}\boldsymbol{r}_j=\boldsymbol{r}_k+\frac{\boldsymbol{r}_k^{\mathrm{T}}\boldsymbol{r}_k}{\boldsymbol{r}_{k-1}^{\mathrm{T}}\boldsymbol{r}_{k-1}}\sum_{j=0}^{k-1}\frac{\boldsymbol{p}_{k-1}^{\mathrm{T}}\boldsymbol{r}_j}{\boldsymbol{r}_j^{\mathrm{T}}\boldsymbol{r}_j}\boldsymbol{r}_j\\&=\boldsymbol{r}_k+\frac{\boldsymbol{r}_k^{\mathrm{T}}\boldsymbol{r}_k}{\boldsymbol{r}_{k-1}^{\mathrm{T}}\boldsymbol{r}_{k-1}}\boldsymbol{p}_{k-1}.\end{aligned}$$ □

由式(4.2)计算搜索方向 $\{\boldsymbol{p}_j\}$ 显然不现实，(4)式给出了一个切实可行的搜索方向更新格式．可以验证 $W_k=\operatorname{span}\{\boldsymbol{r}_0,\boldsymbol{A}\boldsymbol{r}_0,\cdots,\boldsymbol{A}^{k-1}\boldsymbol{r}_0\}$，这又称为 k 维 Krylov 子空间，记为 $K_k(\boldsymbol{A},\boldsymbol{r}_0)$．

定义能量范数 $\|\boldsymbol{x}\|_A=(\boldsymbol{x}^{\mathrm{T}}\boldsymbol{A}\boldsymbol{x})^{1/2}$，并定义 $\boldsymbol{e}=\bar{\boldsymbol{x}}-\boldsymbol{x}_*$ 为近似解 $\bar{\boldsymbol{x}}$ 对应的误差，易验证

$$\|\boldsymbol{e}\|_A^2=\boldsymbol{e}^{\mathrm{T}}\boldsymbol{A}\boldsymbol{e}=\bar{\boldsymbol{x}}^{\mathrm{T}}\boldsymbol{A}\bar{\boldsymbol{x}}-2\boldsymbol{b}^{\mathrm{T}}\bar{\boldsymbol{x}}+\boldsymbol{b}^{\mathrm{T}}\boldsymbol{x}_*=2\varphi(\bar{\boldsymbol{x}})+\boldsymbol{b}^{\mathrm{T}}\boldsymbol{x}_*.$$

由定理 4.5，第 i 步近似解在 $U_i = \boldsymbol{x}_0 + K_i(\boldsymbol{A}, \boldsymbol{r}_0)$ 上极小化为 $\varphi(\boldsymbol{x})$．相应地，误差范数 $\|\boldsymbol{x}_i - \boldsymbol{x}_*\|_A$ 也极小化，即

$$\|\boldsymbol{x}_k - \boldsymbol{x}_*\|_A = \min\left\{\|\boldsymbol{x} - \boldsymbol{x}_*\|_A, \boldsymbol{x} \in \boldsymbol{x}_0 + K_k(\boldsymbol{A}, \boldsymbol{r}_0)\right\}.$$

基本算法总结如下:

给定 $\boldsymbol{x}_0$，$\boldsymbol{r}_0 = \boldsymbol{b} - \boldsymbol{A}\boldsymbol{x}_0$，$\boldsymbol{p}_0 = \boldsymbol{r}_0$，对 $k=0, 1, 2, \cdots$,

$$\alpha_k = \frac{\boldsymbol{r}_k^{\mathrm{T}}\boldsymbol{r}_k}{\boldsymbol{p}_k^{\mathrm{T}}\boldsymbol{A}\boldsymbol{p}_k},$$

$$\boldsymbol{x}_{k+1} = \boldsymbol{x}_k + \alpha_k \boldsymbol{p}_k,$$

$$\boldsymbol{r}_{k+1} = \boldsymbol{r}_k - \alpha_k \boldsymbol{A}\boldsymbol{p}_k,$$

$$\beta_k = \frac{\boldsymbol{r}_{k+1}^{\mathrm{T}}\boldsymbol{r}_{k+1}}{\boldsymbol{r}_k^{\mathrm{T}}\boldsymbol{r}_k},$$

$$\boldsymbol{p}_{k+1} = \boldsymbol{r}_{k+1} + \beta_k \boldsymbol{p}_k.$$

4.3 收敛性分析

为了估计CG算法收敛率，要用到近似解的最优性和Chebyshev（切比雪夫）多项式．定义在[−1, 1]上的 Chebyshev 多项式为

$$C_n(x) = \cos(n \arccos x), \qquad |x| \leqslant 1,$$

亦即 $C_n(x) = \cos n\theta$，其中 $\cos\theta = x$．

容易验证下面的三项递推关系:

$$C_{n+1}(x) = 2xC_n(x) - C_{n-1}(x),$$

$$C_0(x) = 1, \quad C_1(x) = x, \quad C_2(x) = 2x^2 - 1, \quad C_3(x) = 4x^3 - 3x.$$

显然，$C_{2n}(x)$ 只含 x 的偶次幂，$C_{2n+1}(x)$ 只含 x 的奇次幂. Chebyshev 多项式满足下面的正交关系:

$$\langle C_n, C_m \rangle = \int_{-1}^{1} \frac{1}{\sqrt{1-x^2}} C_n(x) C_m(x) \mathrm{d}x = \begin{cases} 0, & n \neq m, \\ \dfrac{\pi}{2}, & n = m \neq 0, \\ \pi, & n = m = 0. \end{cases}$$

Chebyshev 多项式最有名的性质是下面的最小模性质．设 $\mathbb{P}_n$ 为次数不超过 n 的首 1 多项式的集合，定义 $\|p(x)\|_\infty = \max\limits_{x\in[-1,1]} |p(x)|$，则

$$\min_{p\in\mathbb{P}_n} \|p(x)\|_\infty = \min_{p\in\mathbb{P}_n} \max_{x\in[-1,1]} |p(x)| = \left\|\frac{C_n(x)}{2^{n-1}}\right\|_\infty.$$

引理 4.7

令 $\mathbb{P}_k$ 为次数不超过 k 的多项式集合，则

$$\min_{p\in\mathbb{P}_k,\, p(\mu)=1,\, \mu\notin[-1,1]} \ \max_{t\in[-1,1]} |p(t)| = |a|,$$

其中 $a = 1/C_k(\mu)$．当 $p(t) = C_k(t)/C_k(\mu)$ 时，$\|p\|_\infty = |a|$．

证明 令 $t_j=\cos\dfrac{j\pi}{k}$，则 $C_k(t_j)=(-1)^j\ (j=0,1,\cdots,k)$. 假设 $\|p\|_\infty<|a|$，则

$$\operatorname{sign}(a)(-1)^i(aC_k(t_i)-p(t_i))=|a|-\operatorname{sign}(a)(-1)^i p(t_i)\geqslant|a|-\|p\|_\infty>0.$$

多项式 $aC_k(t)-p(t)$ 在 $t_i\ (i=0,1,\cdots,k)$ 有交替正负号，则有 k 个零点；代入 μ，$aC_k(\mu)-p(\mu)=1-1=0$ 且 $\mu\notin[-1,1]$，则多项式有 $k+1$ 个零点，矛盾. 故 $\|p\|_\infty\geqslant|a|$，当 $p(t)=C_k(t)/C_k(\mu)$ 时取等号. □

注 设 $t\in[\alpha,\beta]$，作变换

$$t=\frac{\alpha+\beta}{2}+\frac{\beta-\alpha}{2}x,$$

则 $x=\dfrac{2t-\alpha-\beta}{\beta-\alpha}\in[-1,1]$. 设 $\gamma\notin[\alpha,\beta]$，则 $\chi=\dfrac{2\gamma-\alpha-\beta}{\beta-\alpha}\notin[-1,1]$. 由引理 4.7 知

$$\min_{\gamma\notin[\alpha,\beta],\,p\in\mathbb{P}_k,\,p(\gamma)=1}\ \max_{t\in[\alpha,\beta]}|p(t)|=\frac{1}{|C_k(\chi)|}=1\Big/\left|C_k\left(\frac{2\gamma-\alpha-\beta}{\beta-\alpha}\right)\right|,$$

模最小时对应于多项式

$$p(t)=\frac{C_k(x)}{C_k(\chi)}=\frac{C_k\left(\dfrac{2t-\alpha-\beta}{\beta-\alpha}\right)}{C_k\left(\dfrac{2\gamma-\alpha-\beta}{\beta-\alpha}\right)}.$$

注 Chebyshev 多项式在[−1, 1]上最大模为 1，在[−1, 1]之外，则模上升很快. 当 $|x|>1$ 时，

$$\begin{aligned}C_m(x)&=\cosh(m\cosh^{-1}x)\\&=\frac{1}{2}\left[\left(x+\sqrt{x^2-1}\right)^m+\left(x+\sqrt{x^2-1}\right)^{-m}\right]\geqslant\frac{1}{2}\left(x+\sqrt{x^2-1}\right)^m.\end{aligned}$$

利用极小化性质和 Chebyshev 多项式性质，可估计共轭梯度法的收敛速率.

$$\|\boldsymbol{e}_m\|_A\leqslant2\left(\frac{\sqrt{\kappa}-1}{\sqrt{\kappa}+1}\right)^m\|\boldsymbol{e}_0\|_A,$$

其中条件数 $\kappa=\lambda_{\max}/\lambda_{\min}$，这里 $\lambda_{\max}$ 和 $\lambda_{\min}$ 分别为 $\boldsymbol{A}$ 的最大最小特征值.

引理 4.8

CG 算法迭代近似解 $\boldsymbol{x}_m=\boldsymbol{x}_0+q_{m-1}(\boldsymbol{A})\boldsymbol{r}_0$，其中 q_{m-1} 为 $m-1$ 次多项式.

注 $\boldsymbol{r}_0=\boldsymbol{A}(\boldsymbol{x}_*-\boldsymbol{x}_0)=-\boldsymbol{A}\boldsymbol{e}_0$，迭代误差

$$\boldsymbol{e}_m=\boldsymbol{x}_m-\boldsymbol{x}_*=\boldsymbol{x}_0-\boldsymbol{x}_*-\boldsymbol{A}q_{m-1}(\boldsymbol{A})\boldsymbol{e}_0=p_m(\boldsymbol{A})\boldsymbol{e}_0,$$

其中 $p_m(x)=1-xq_{m-1}(x)$，$p_m(0)=1$. 而且 $\boldsymbol{r}_m=\boldsymbol{r}_0-\boldsymbol{A}q_{m-1}(\boldsymbol{A})\boldsymbol{r}_0=p_m(\boldsymbol{A})\boldsymbol{r}_0$.

定理 4.9

设 $\boldsymbol{x}_m$ 是由 CG 算法产生的近似解，$\boldsymbol{x}_*$ 是真实解，κ 是矩阵 $\boldsymbol{A}$ 的条件数，则有误差估计:

$$\|\boldsymbol{x}_m-\boldsymbol{x}_*\|_A\leqslant2\left(\frac{\sqrt{\kappa}-1}{\sqrt{\kappa}+1}\right)^m\|\boldsymbol{x}_0-\boldsymbol{x}_*\|_A.$$

证明 由极小性质，$\|x_k - x_*\|_A = \min_{p\in\mathbb{P}_m,\, p(0)=1}\|p(A)e_0\|_A$，这里 $\mathbb{P}_m$ 为次数不大于 m 的多项式集合.

设 A 的特征对为 (λ_i, u_i)，$i=1,\cdots,n$，且 $\|u_i\|=1$. 令初始误差 $e_0=\sum_{i=1}^n \xi_i u_i$.

$$\|p(A)e_0\|_A^2 = e_0^{\mathrm{T}} p(A)Ap(A)e_0 = \sum_{i=1}^n \lambda_i p^2(\lambda_i)\xi_i^2$$

$$\leqslant \left(\max_{\lambda_i} p^2(\lambda_i)\right)\sum_{i=1}^n \lambda_i\xi_i^2 = \max_{\lambda_i} p^2(\lambda_i)\|e_0\|_A^2,$$

$$\|x_m - x_*\|_A \leqslant \min_{p\in\mathbb{P}_m,\, p(0)=1}\ \max_{\lambda\in[\alpha,\beta]} p(\lambda)\|x_0 - x_*\|_A.$$

由 Chebyshev 多项式性质,

$$\min_{p\in\mathbb{P}_m,\, p(0)=1}\ \max_{\lambda\in[\alpha,\beta]} p(\lambda) = 1\Big/\left|C_m\left(\frac{-\beta-\alpha}{\beta-\alpha}\right)\right| = \frac{1}{C_m(1+2\eta)},$$

这里 $\eta=\alpha/(\beta-\alpha)>0$，$\beta=\lambda_{\max}$，$\alpha=\lambda_{\min}$，

$$C_m(1+2\eta) \geqslant \frac{1}{2}\left(1+2\eta+2\sqrt{\eta(\eta+1)}\right)^m = \frac{1}{2}\left(\sqrt{\eta}+\sqrt{\eta+1}\right)^{2m},\quad \eta>0.$$

易验证

$$\left(\sqrt{\eta}+\sqrt{\eta+1}\right)^2 = \left(\sqrt{\frac{\alpha}{\beta-\alpha}}+\sqrt{\frac{\beta}{\beta-\alpha}}\right)^2 = \frac{\left(\sqrt{\beta}+\sqrt{\alpha}\right)^2}{\beta-\alpha}$$

$$= \frac{\left(\sqrt{\beta}+\sqrt{\alpha}\right)^2}{\left(\sqrt{\beta}+\sqrt{\alpha}\right)\left(\sqrt{\beta}-\sqrt{\alpha}\right)} = \frac{\sqrt{\beta}+\sqrt{\alpha}}{\sqrt{\beta}-\sqrt{\alpha}} = \frac{\sqrt{\kappa}+1}{\sqrt{\kappa}-1},$$

$$\frac{\|x_m - x_*\|_A}{\|x_0 - x_*\|_A} \leqslant \frac{1}{C_m(1+2\eta)} \leqslant 2\left(\frac{\sqrt{\kappa}-1}{\sqrt{\kappa}+1}\right)^m,$$

其中 $\kappa=\beta/\alpha=\lambda_{\max}/\lambda_{\min}$. □

注 类似上述 CG 算法收敛性的证明, 可用 Chebyshev 多项式来证明 SD 的收敛性. 易验证

$$\varphi(x) + x_*^{\mathrm{T}} A x_* = (x - x_*)^{\mathrm{T}} A (x - x_*) = \|x - x_*\|_A^2.$$

考虑到 $x_{k-1} + \alpha r_{k-1} - x_* = (I - \alpha A)(x_{k-1} - x_*)$，从而

$$\varphi(x_{k-1} + \alpha r_{k-1}) + x_*^{\mathrm{T}} A x_* = \|(I - \alpha A)(x_{k-1} - x_*)\|_A^2.$$

x_k 满足 $\varphi(x_k) = \min_{\alpha}\varphi(x_{k-1} + \alpha r_{k-1})$，即

$$\|x_k - x_*\|_A = \min_{p\in\mathbb{P}_1}\|p(A)(x_{k-1} - x_*)\|_A,$$

这里 $p(t) = 1 - \alpha t$，$\alpha\in\mathbb{R}$，

$$\|p(A)(x_{k-1} - x_*)\|_A \leqslant \max_i |p(\lambda_i)| \cdot \|x_{k-1} - x_*\|_A.$$

由 Chebyshev 多项式性质,

$$\min_{p\in\mathbb{P}_1,\,p(0)=1}\ \max_{\lambda\in[\lambda_1,\lambda_n]} p(\lambda)=1\Bigg/\left|C_1\left(\frac{-\lambda_n-\lambda_1}{\lambda_n-\lambda_1}\right)\right|=\frac{\lambda_n-\lambda_1}{\lambda_n+\lambda_1}.$$

从而, 对 SD 算法有下面的误差估计,

$$\|\boldsymbol{x}_k-\boldsymbol{x}_*\|_A\leqslant\frac{\lambda_n-\lambda_1}{\lambda_n+\lambda_1}\|\boldsymbol{x}_{k-1}-\boldsymbol{x}_*\|_A.$$

4.4 法 方 程

当方程组的系数矩阵 $\boldsymbol{A}$ 非对称时, 也可以用 CG 方法. 一种是用 CG 方法于

$$\boldsymbol{A}^{\mathrm{T}}\boldsymbol{A}\boldsymbol{x}=\boldsymbol{A}^{\mathrm{T}}\boldsymbol{b},$$

此方法称为 CGNR, 又叫 CGLS. 另一种是用 CG 于

$$\boldsymbol{A}\boldsymbol{A}^{\mathrm{T}}\boldsymbol{u}=\boldsymbol{b},$$

此方法称为 CGNE, 又叫 Craig 方法.

(1) **CG 方法求解法方程 $\boldsymbol{A}^{\mathrm{T}}\boldsymbol{A}\boldsymbol{x}=\boldsymbol{A}^{\mathrm{T}}\boldsymbol{b}$ (CGNR).**

初值 $\boldsymbol{x}_0$, $\boldsymbol{r}_0=\boldsymbol{b}-\boldsymbol{A}\boldsymbol{x}_0$, $\boldsymbol{z}_0=\boldsymbol{A}^{\mathrm{T}}\boldsymbol{r}_0$, $\boldsymbol{p}_0=\boldsymbol{z}_0$. 对 $j=0,1,\cdots$, 计算

$$\alpha_j=\langle\boldsymbol{z}_j,\boldsymbol{z}_j\rangle/\langle\boldsymbol{A}\boldsymbol{p}_j,\boldsymbol{A}\boldsymbol{p}_j\rangle,$$
$$\boldsymbol{x}_{j+1}=\boldsymbol{x}_j+\alpha_j\boldsymbol{p}_j,$$
$$\boldsymbol{r}_{j+1}=\boldsymbol{r}_j-\alpha_j\boldsymbol{A}\boldsymbol{p}_j,$$
$$\boldsymbol{z}_{j+1}=\boldsymbol{A}^{\mathrm{T}}\boldsymbol{r}_{j+1},$$
$$\beta_j=\langle\boldsymbol{z}_{j+1},\boldsymbol{z}_{j+1}\rangle/\langle\boldsymbol{z}_j,\boldsymbol{z}_j\rangle,$$
$$\boldsymbol{p}_{j+1}=\boldsymbol{z}_{j+1}+\beta_j\boldsymbol{p}_j.$$

由 CG 算法性质, 该算法极小化残量:

$$\left\langle\boldsymbol{A}^{\mathrm{T}}\boldsymbol{A}(\boldsymbol{x}_*-\boldsymbol{x}),\boldsymbol{x}_*-\boldsymbol{x}\right\rangle=\left\langle\boldsymbol{A}(\boldsymbol{x}_*-\boldsymbol{x}),\boldsymbol{A}(\boldsymbol{x}_*-\boldsymbol{x})\right\rangle=\|\boldsymbol{b}-\boldsymbol{A}\boldsymbol{x}\|_2^2.$$

(2) **CG 方法求解 $\boldsymbol{A}\boldsymbol{A}^{\mathrm{T}}\boldsymbol{u}=\boldsymbol{b}$ (CGNE).**

设初值为 $\boldsymbol{u}_0$, 初始残量为 $\boldsymbol{r}_0=\boldsymbol{b}-\boldsymbol{A}\boldsymbol{A}^{\mathrm{T}}\boldsymbol{u}_0$, 初始共轭方向 $\boldsymbol{q}_0=\boldsymbol{r}_0$. 对方程 $\boldsymbol{A}\boldsymbol{A}^{\mathrm{T}}\boldsymbol{u}=\boldsymbol{b}$ 使用 CG 方法, 关于近似解 $\boldsymbol{u}_j$ 、残量 $\boldsymbol{r}_j$ 和共轭方向 $\boldsymbol{q}_j$ 的三个主要递推关系如下:

$$\boldsymbol{u}_{j+1}=\boldsymbol{u}_j+\alpha_j\boldsymbol{q}_j,$$
$$\boldsymbol{r}_{j+1}=\boldsymbol{r}_j-\alpha_j\boldsymbol{A}\boldsymbol{A}^{\mathrm{T}}\boldsymbol{q}_j,$$
$$\boldsymbol{q}_{j+1}=\boldsymbol{r}_{j+1}+\beta_j\boldsymbol{q}_j,$$

其中 $\alpha_j=\left\langle\boldsymbol{r}_j,\boldsymbol{r}_j\right\rangle\Big/\left\langle\boldsymbol{q}_j,\boldsymbol{A}\boldsymbol{A}^{\mathrm{T}}\boldsymbol{q}_j\right\rangle=\left\langle\boldsymbol{r}_j,\boldsymbol{r}_j\right\rangle\Big/\left\langle\boldsymbol{A}^{\mathrm{T}}\boldsymbol{q}_j,\boldsymbol{A}^{\mathrm{T}}\boldsymbol{q}_j\right\rangle$. 引入 $\boldsymbol{x}_j=\boldsymbol{A}^{\mathrm{T}}\boldsymbol{u}_j$, $\boldsymbol{p}_j=\boldsymbol{A}^{\mathrm{T}}\boldsymbol{q}_j$, 则算法可用原始变量 $\boldsymbol{x}$ 表示.

初值 $\boldsymbol{x}_0$，初始残量 $\boldsymbol{r}_0=\boldsymbol{b}-\boldsymbol{A}\boldsymbol{x}_0$，初始共轭方向 $\boldsymbol{p}_0=\boldsymbol{A}^{\mathrm{T}}\boldsymbol{r}_0$. 对 $j=0,1,\cdots$, 计算

$$\alpha_j=\langle \boldsymbol{r}_j,\boldsymbol{r}_j\rangle/\langle \boldsymbol{p}_j,\boldsymbol{p}_j\rangle,$$
$$\boldsymbol{x}_{j+1}=\boldsymbol{x}_j+\alpha_j\boldsymbol{p}_j,$$
$$\boldsymbol{r}_{j+1}=\boldsymbol{r}_j-\alpha_j\boldsymbol{A}\boldsymbol{p}_j,$$
$$\beta_j=\langle \boldsymbol{r}_{j+1},\boldsymbol{r}_{j+1}\rangle/\langle \boldsymbol{r}_j,\boldsymbol{r}_j\rangle,$$
$$\boldsymbol{p}_{j+1}=\boldsymbol{A}^{\mathrm{T}}\boldsymbol{r}_{j+1}+\beta_j\boldsymbol{p}_j.$$

这一算法又称为 Craig 方法. 该算法极小化误差:

$$\left\langle \boldsymbol{A}\boldsymbol{A}^{\mathrm{T}}(\boldsymbol{u}_*-\boldsymbol{u}),\boldsymbol{u}_*-\boldsymbol{u}\right\rangle=\left\langle \boldsymbol{A}^{\mathrm{T}}(\boldsymbol{u}_*-\boldsymbol{u}),\boldsymbol{A}^{\mathrm{T}}(\boldsymbol{u}_*-\boldsymbol{u})\right\rangle=\|\boldsymbol{x}_*-\boldsymbol{x}\|_2^2.$$

4.5 预 条 件

由收敛性分析知道，当系数矩阵良态时，共轭梯度法收敛很快；当条件数太大时，收敛较慢. 这时可以选择预处理矩阵 $\boldsymbol{M}$，求解方程

$$\boldsymbol{M}^{-1}\boldsymbol{A}\boldsymbol{x}=\boldsymbol{M}^{-1}\boldsymbol{b},$$

其中 $\boldsymbol{M}^{-1}$ 要容易实现, 且预处理后方程更容易求解.

设 $\boldsymbol{M}$ 有分解 $\boldsymbol{M}=\boldsymbol{C}\boldsymbol{C}^{\mathrm{T}}$. 预处理后的方程等价于

$$\boldsymbol{C}^{-1}\boldsymbol{A}\boldsymbol{C}^{-\mathrm{T}}(\boldsymbol{C}^{\mathrm{T}}\boldsymbol{x})=\boldsymbol{C}^{-1}\boldsymbol{b},$$

记为 $\hat{\boldsymbol{A}}\hat{\boldsymbol{x}}=\hat{\boldsymbol{b}}$，其中 $\hat{\boldsymbol{x}}=\boldsymbol{C}^{\mathrm{T}}\boldsymbol{x}$，$\hat{\boldsymbol{b}}=\boldsymbol{C}^{-1}\boldsymbol{b}$，$\hat{\boldsymbol{A}}=\boldsymbol{C}^{-1}\boldsymbol{A}\boldsymbol{C}^{-\mathrm{T}}$. 注意 $\hat{\boldsymbol{A}}$ 仍是对称正定的，且 $\hat{\boldsymbol{A}}$ 与 $\boldsymbol{M}^{-1}\boldsymbol{A}=\boldsymbol{C}^{-\mathrm{T}}\boldsymbol{C}^{-1}\boldsymbol{A}$ 的谱相同.

对方程 $\hat{\boldsymbol{A}}\hat{\boldsymbol{x}}=\hat{\boldsymbol{b}}$ 运用 CG 方法. 取迭代初值为 $\boldsymbol{x}_0$，$\hat{\boldsymbol{r}}_0=\boldsymbol{C}^{-1}\boldsymbol{b}-\boldsymbol{C}^{-1}\boldsymbol{A}\boldsymbol{x}_0=\boldsymbol{C}^{-1}\boldsymbol{r}_0$，$\hat{\boldsymbol{p}}_0=\hat{\boldsymbol{r}}_0$，对 $j=0,1,2,\cdots$, 进行如下计算:

$$\alpha_j=\frac{\left\langle \hat{\boldsymbol{r}}_j,\hat{\boldsymbol{r}}_j\right\rangle}{\left\langle \hat{\boldsymbol{A}}\hat{\boldsymbol{p}}_j,\hat{\boldsymbol{p}}_j\right\rangle}=\frac{\left\langle \hat{\boldsymbol{r}}_j,\hat{\boldsymbol{r}}_j\right\rangle}{\left\langle \boldsymbol{C}^{-1}\boldsymbol{A}\boldsymbol{C}^{-\mathrm{T}}\hat{\boldsymbol{p}}_j,\hat{\boldsymbol{p}}_j\right\rangle},$$

$$\hat{\boldsymbol{x}}_{j+1}=\hat{\boldsymbol{x}}_j+\alpha_j\hat{\boldsymbol{p}}_j,$$

$$\hat{\boldsymbol{r}}_{j+1}=\hat{\boldsymbol{r}}_j-\alpha_j\boldsymbol{C}^{-1}\boldsymbol{A}\boldsymbol{C}^{-\mathrm{T}}\hat{\boldsymbol{p}}_j,$$

$$\beta_j=\frac{\left\langle \hat{\boldsymbol{r}}_{j+1},\hat{\boldsymbol{r}}_{j+1}\right\rangle}{\left\langle \hat{\boldsymbol{r}}_j,\hat{\boldsymbol{r}}_j\right\rangle},$$

$$\hat{\boldsymbol{p}}_{j+1}=\hat{\boldsymbol{r}}_{j+1}+\beta_j\hat{\boldsymbol{p}}_j.$$

注意到 $\boldsymbol{x}=\boldsymbol{C}^{-\mathrm{T}}\hat{\boldsymbol{x}}$，则 $\boldsymbol{p}_j=\boldsymbol{C}^{-\mathrm{T}}\hat{\boldsymbol{p}}_j$，$\hat{\boldsymbol{r}}_j=\boldsymbol{C}^{-1}\boldsymbol{b}-\boldsymbol{C}^{-1}\boldsymbol{A}\boldsymbol{x}_j=\boldsymbol{C}^{-1}\boldsymbol{r}_j$，即 $\boldsymbol{r}_j=\boldsymbol{C}\hat{\boldsymbol{r}}_j$. 将上述算法改写.

初值 $\boldsymbol{x}_0$，$\boldsymbol{r}_0=\boldsymbol{b}-\boldsymbol{A}\boldsymbol{x}_0$，$\boldsymbol{p}_0=\boldsymbol{M}^{-1}\boldsymbol{r}_0$，对 $j=0,1,2,\cdots$, 计算

$$\alpha_j = \frac{\langle \boldsymbol{M}^{-1}\boldsymbol{r}_j, \boldsymbol{r}_j \rangle}{\langle \boldsymbol{A}\boldsymbol{p}_j, \boldsymbol{p}_j \rangle},$$

$$\boldsymbol{x}_{j+1} = \boldsymbol{x}_j + \alpha_j \boldsymbol{p}_j,$$

$$\boldsymbol{r}_{j+1} = \boldsymbol{r}_j - \alpha_j \boldsymbol{A}\boldsymbol{p}_j,$$

$$\beta_j = \frac{\langle \boldsymbol{M}^{-1}\boldsymbol{r}_{j+1}, \boldsymbol{r}_{j+1} \rangle}{\langle \boldsymbol{M}^{-1}\boldsymbol{r}_j, \boldsymbol{r}_j \rangle},$$

$$\boldsymbol{p}_{j+1} = \boldsymbol{M}^{-1}\boldsymbol{r}_{j+1} + \beta_j \boldsymbol{p}_j.$$

构造高效的预条件是一件充满挑战的工作，好的预条件往往依赖于具体的计算问题. 常见的预条件技术包括矩阵不完全分解, 代数多重网格和区域分解等.

知识拓展

Chebyshev 多项式在数值分析中几乎无处不在，除了前面列举的性质，$C_n(x)$ 还满足常微分方程 $(1-x^2)y''-xy'+n^2y=0$ ，还可用生成函数表示为 $\sum_{n=0}^{\infty} C_n(x)t^n = \frac{1-xt}{1-2xt+t^2}$.

Hestenes(赫斯特内斯)和 Stiefel(斯蒂弗尔)在 1952 年发表了 CG 方法，其他重要的发展包括，1971 年 Reid(里德)提出了不完全 Cholesky 分解预处理的共轭梯度法(ICCG)，80 年代 Nicolaides 提出了收缩技巧，等等. CG 方法是 Krylov 子空间方法的一种，可由 Lanczos(兰乔斯)过程导出; Krylov 子空间方法可视为非线性方法求解线性问题.

每次 CG 迭代的存储量和工作量均很小，只需同时保存 4 个向量. 一次循环中最主要的计算开销是矩阵-向量积，另有两点积、三个 saxpy 运算以及少量标量运算.

按浮点算术运算的 CG 和精确算术运算的 CG 性态可能有很大不同. 按精确计算，CG 在 n 步之后将提供精确解，从而被认为是一个直接法而不是迭代法; 实际浮点运算时，n 步可能不收敛，迭代中长久的平稳时期和快速收敛交替出现.

CG 方法还有很多丰富的内容有待讨论，比如，CG 的超收敛性、CG 的迭代正则化、流形上的 CG，以及 CG 求解特征值问题等. 对法方程 $\boldsymbol{A}^{\mathrm{T}}\boldsymbol{A}\boldsymbol{x}=\boldsymbol{A}^{\mathrm{T}}\boldsymbol{b}$ 取初始猜测 $\boldsymbol{x}_0=\boldsymbol{0}$ ，用 Lanczos 双对角化，可导出 LSQR 算法，等价于 CGNR 或 CGLS. 此外，对称不定问题可运用 MINRES 和 SYMMLQ 算法等求解.

习　题　4

1. 设二阶方程组为 $\begin{pmatrix} 6 & 3 \\ 3 & 2 \end{pmatrix}\begin{pmatrix} x_1 \\ x_2 \end{pmatrix} = \begin{pmatrix} 0 \\ -1 \end{pmatrix}$, 取 $\boldsymbol{x}_0 = \begin{pmatrix} 0 \\ 0 \end{pmatrix}$.

(1) 用最速下降法迭代 2 次，求其近似解.

(2) 用共轭梯度算法迭代 2 次，求解方程组.

(3) 与精确解进行比较，判断哪一个解更准确.

2. 设 $\boldsymbol{A}\in\mathbb{R}^{n\times n}$ 是对称正定的，$\{\boldsymbol{p}_j\}_{j=1}^{n}$ 是一组 $\boldsymbol{A}$-共轭向量组，即 $\boldsymbol{p}_i^{\mathrm{T}}\boldsymbol{A}\boldsymbol{p}_j=0\ (i\neq j)$. 证明:

(1) $\boldsymbol{p}_1,\boldsymbol{p}_2,\cdots,\boldsymbol{p}_n$ 线性无关; (2) $\boldsymbol{A}^{-1}=\sum\limits_{i=1}^{n}\dfrac{\boldsymbol{p}_i\boldsymbol{p}_i^{\mathrm{T}}}{\boldsymbol{p}_i^{\mathrm{T}}\boldsymbol{A}\boldsymbol{p}_i}$.

3. 设 $\boldsymbol{x}_k$ 是由最速下降法产生的，$\kappa=\|\boldsymbol{A}\|_2\|\boldsymbol{A}^{-1}\|_2$，证明:

$$\varphi(\boldsymbol{x}_k)\leqslant\left(1-\frac{1}{\kappa}\right)\varphi(\boldsymbol{x}_{k-1}).$$

4. 设最速下降法在有限步求得极小值，证明最后一步迭代的下降方向是 $\boldsymbol{A}$ 的一个特征向量.

5. 设 $\boldsymbol{A}$ 为对称正定矩阵，从方程组的近似解 $\boldsymbol{y}_0=\boldsymbol{x}_k$ 出发，依次求 $\boldsymbol{y}_i$ 使得

$$\varphi(\boldsymbol{y}_i)=\min_{\alpha}\varphi\left(\boldsymbol{y}_{i-1}+\alpha\boldsymbol{p}_k^{(i)}\right),\quad i=1,2,\cdots,n.$$

经 n 个子步校正后令 $\boldsymbol{x}_{k+1}=\boldsymbol{y}_n$. (1) 若 $\boldsymbol{p}_k^{(i)}=\boldsymbol{e}_i$，$n$ 阶单位矩阵的第 i 列，则得校正量 $\arg\min\limits_{\alpha}\varphi\left(\boldsymbol{y}_{i-1}+\alpha\boldsymbol{p}_k^{(i)}\right)=\dfrac{\left\langle\boldsymbol{r}_k^{(i)},\boldsymbol{p}_k^{(i)}\right\rangle}{\left\langle\boldsymbol{A}\boldsymbol{p}_k^{(i)},\boldsymbol{p}_k^{(i)}\right\rangle}$，其中 $\boldsymbol{r}_k^{(i)}=\boldsymbol{b}-\boldsymbol{A}\boldsymbol{y}_{i-1}$ 为当前残量，从而所得算法为 GS 迭代; (2) 若取校正量为 $\omega\dfrac{\left\langle\boldsymbol{r}_k^{(i)},\boldsymbol{p}_k^{(i)}\right\rangle}{\left\langle\boldsymbol{A}\boldsymbol{p}_k^{(i)},\boldsymbol{p}_k^{(i)}\right\rangle}$，这里 ω 为松弛因子，则得 SOR 迭代.

6. 用数学归纳法证明 CG 算法中的搜索方向和残量满足关系:

$$\boldsymbol{p}_k^{\mathrm{T}}\boldsymbol{r}_0=\boldsymbol{p}_k^{\mathrm{T}}\boldsymbol{r}_1=\cdots=\boldsymbol{p}_k^{\mathrm{T}}\boldsymbol{r}_k=\boldsymbol{r}_k^{\mathrm{T}}\boldsymbol{r}_k.$$

7. 设 $n\times n$ 实对称矩阵 $\boldsymbol{A}$ 只有 k 个互不相同的特征值，对任一 n 维实向量 $\boldsymbol{r}$，证明: 子空间 $\mathrm{span}\{\boldsymbol{r},\boldsymbol{A}\boldsymbol{r},\cdots,\boldsymbol{A}^{n-1}\boldsymbol{r}\}$ 的维数至多是 k (提示: 考查 $\boldsymbol{A}$ 的极小多项式).

8. 证明: 如果系数矩阵至多有 k 个互不相同的特征值，则共轭梯度法至多 k 步就可以得到线性方程组的精确解.

9. 设 $\boldsymbol{A}\in\mathbb{R}^{n\times n}$ 是对称正定的，$\mathcal{X}$ 是 $\mathbb{R}^n$ 的一个 k 维子空间. 证明: $\boldsymbol{x}_k\in\mathcal{X}$ 满足

$$\|\boldsymbol{x}_k-\boldsymbol{A}^{-1}\boldsymbol{b}\|_A=\min_{x\in\mathcal{X}}\|\boldsymbol{x}-\boldsymbol{A}^{-1}\boldsymbol{b}\|_A$$

的充分与必要条件是 $\boldsymbol{r}_k=\boldsymbol{b}-\boldsymbol{A}\boldsymbol{x}_k$ 垂直于子空间 $\mathcal{X}$，其中 $\boldsymbol{b}\in\mathbb{R}^n$ 是任意给定的.

10. 证明用共轭梯度法求得的 $\boldsymbol{x}_k$ 有如下的误差估计

$$\|\boldsymbol{x}_k-\boldsymbol{x}_*\|_2\leqslant2\sqrt{\kappa_2}\left(\frac{\sqrt{\kappa_2}-1}{\sqrt{\kappa_2}+1}\right)^k\|\boldsymbol{x}_0-\boldsymbol{x}_*\|_2,$$

其中 $\kappa_2=\|\boldsymbol{A}^{-1}\|_2\|\boldsymbol{A}\|_2$.

11. 设 $\boldsymbol{z}_k$ 和 $\boldsymbol{r}_k$ 是由预条件共轭梯度法产生的. 证明: 若 $\boldsymbol{r}_k\neq0$，则必有 $\boldsymbol{z}_k^{\mathrm{T}}\boldsymbol{r}_k>0$.

第 5 章

最小二乘问题

第 5 章知识导图

给定矩阵 $A \in \mathbb{R}^{m\times n}$ 和向量 $b \in \mathbb{R}^m$，最小二乘(LS)问题是求一个向量 $x \in \mathbb{R}^n$，使得

$$\min_x \|Ax - b\|_2. \tag{5.1}$$

当 $m > n$ 时，问题是超定的；当 $m < n$ 时，问题是欠定的；当 $m = n$ 且 A 非奇异时，等价于求线性方程组的解 $x = A^{-1}b$.

最小二乘最早是由高斯处理土地测量问题时提出来的，最早由 Legendre(勒让德)发表. 最小二乘的一个来源是曲线拟合. 给定数据点 $\{(t_i, b_i)\}_{i=1}^m$ 和函数类 $\{\phi_j(t)\}_{j=1}^n$，求拟合函数 $f(t) = \sum_{j=1}^n x_j\phi_j(t)$，其中展开系数 x_j 待求，使得残差的平方和 $\sum_{i=1}^m r_i^2$ 达到最小，这里定义残差 $r_i = f(t_i) - b_i$ $(i = 1, 2, \cdots, m)$，

$$\begin{aligned}
\begin{pmatrix} r_1 \\ r_2 \\ \vdots \\ r_m \end{pmatrix} &= \begin{pmatrix} f(t_1) \\ f(t_2) \\ \vdots \\ f(t_m) \end{pmatrix} - \begin{pmatrix} b_1 \\ b_2 \\ \vdots \\ b_m \end{pmatrix} = \begin{pmatrix} \sum_{j=1}^n x_j\phi_j(t_1) \\ \sum_{j=1}^n x_j\phi_j(t_2) \\ \vdots \\ \sum_{j=1}^n x_j\phi_j(t_m) \end{pmatrix} - \begin{pmatrix} b_1 \\ b_2 \\ \vdots \\ b_m \end{pmatrix} \\
&= \begin{pmatrix} \phi_1(t_1) & \phi_2(t_1) & \cdots & \phi_n(t_1) \\ \phi_1(t_2) & \phi_2(t_2) & \cdots & \phi_n(t_2) \\ \vdots & \vdots & & \vdots \\ \phi_1(t_m) & \phi_2(t_m) & \cdots & \phi_n(t_m) \end{pmatrix} \begin{pmatrix} x_1 \\ x_2 \\ \vdots \\ x_n \end{pmatrix} - \begin{pmatrix} b_1 \\ b_2 \\ \vdots \\ b_m \end{pmatrix} \\
&\equiv Ax - b.
\end{aligned}$$

残差的平方和为 $\sum_{i=1}^m r_i^2 = \|r\|_2^2 = \|Ax - b\|_2^2$，极小化残差平方和即为最小二乘问题.

5.1 基本理论

设 $A \in \mathbb{R}^{m\times n}$，$A$ 的值域定义为

$$R(A) = \{y \in \mathbb{R}^m \mid y = Ax, x \in \mathbb{R}^n\}.$$

若 A 按列分块为 $A = (a_1, a_2, \cdots, a_n)$，则 $R(A) = \mathrm{span}\{a_1, a_2, \cdots, a_n\}$，由 A 的列向量张成.

A 的零空间定义为

$$N(A) = \{x \in \mathbb{R}^n \mid Ax = 0\}.$$

零空间的维数记为 $\mathrm{null}(A)$.

子空间 $S \subset \mathbb{R}^n$ 的正交补定义为

$$S^{\perp} = \{y \in \mathbb{R}^n \mid y^{\mathrm{T}}x = 0, \forall x \in S\}.$$

定理 5.1

线性最小二乘问题(5.1)的解存在且唯一的充要条件为 $\mathrm{null}(A) = 0$.

证明　右端项 $\boldsymbol{b}\in\mathbb{R}^m$ 可唯一分解为 $\boldsymbol{b}=\boldsymbol{b}_1+\boldsymbol{b}_2$，其中 $\boldsymbol{b}_1\in R(\boldsymbol{A})$，$\boldsymbol{b}_2\in R(\boldsymbol{A})^{\perp}$. 对任意 $\boldsymbol{x}\in\mathbb{R}^n$，$\boldsymbol{b}_1-\boldsymbol{A}\boldsymbol{x}\in R(\boldsymbol{A})$，且与 $\boldsymbol{b}_2$ 正交，从而

$$\|\boldsymbol{b}-\boldsymbol{A}\boldsymbol{x}\|_2^2=\|(\boldsymbol{b}_1-\boldsymbol{A}\boldsymbol{x})+\boldsymbol{b}_2\|_2^2=\|\boldsymbol{b}_1-\boldsymbol{A}\boldsymbol{x}\|_2^2+\|\boldsymbol{b}_2\|_2^2.$$

$\|\boldsymbol{b}-\boldsymbol{A}\boldsymbol{x}\|_2$ 的极小化等价于 $\|\boldsymbol{b}_1-\boldsymbol{A}\boldsymbol{x}\|_2$ 的极小化. $\boldsymbol{b}_1\in R(\boldsymbol{A})$ 时 $\|\boldsymbol{b}_1-\boldsymbol{A}\boldsymbol{x}\|_2$ 达到极小的充要条件是 $\boldsymbol{A}\boldsymbol{x}=\boldsymbol{b}_1$.

因 $\boldsymbol{b}_1\in R(\boldsymbol{A})$，$\operatorname{rank}(\boldsymbol{A})=\operatorname{rank}((\boldsymbol{A},\boldsymbol{b}_1))$，方程 $\boldsymbol{A}\boldsymbol{x}=\boldsymbol{b}_1$ 的解存在. 设 $\boldsymbol{x}^*$ 是满足方程的一个特解，则全部解的集合为 $\boldsymbol{x}^*+N(\boldsymbol{A})$. 显然，解唯一的条件是 $\operatorname{null}(\boldsymbol{A})=0$. □

定理 5.2

$\boldsymbol{x}$ 是线性最小二乘问题(5.1)的解当且仅当

$$\boldsymbol{A}^{\mathrm{T}}\boldsymbol{A}\boldsymbol{x}=\boldsymbol{A}^{\mathrm{T}}\boldsymbol{b}. \tag{5.2}$$

证明　(1) 设 $\boldsymbol{x}$ 是最小二乘解，则由定理 5.1 的证明知 $\boldsymbol{A}\boldsymbol{x}=\boldsymbol{b}_1\in R(\boldsymbol{A})$，且

$$\boldsymbol{b}-\boldsymbol{A}\boldsymbol{x}=\boldsymbol{b}-\boldsymbol{b}_1=\boldsymbol{b}_2\in R(\boldsymbol{A})^{\perp},$$

故 $\boldsymbol{0}=\boldsymbol{A}^{\mathrm{T}}(\boldsymbol{b}-\boldsymbol{A}\boldsymbol{x})=\boldsymbol{A}^{\mathrm{T}}\boldsymbol{b}_2$，即得式(5.2).

(2) 设 $\boldsymbol{x}\in\mathbb{R}^n$ 满足 $\boldsymbol{A}^{\mathrm{T}}\boldsymbol{A}\boldsymbol{x}=\boldsymbol{A}^{\mathrm{T}}\boldsymbol{b}$，则对任意 $\boldsymbol{w}\in\mathbb{R}^n$，

$$\begin{aligned}\|\boldsymbol{b}-\boldsymbol{A}(\boldsymbol{x}+\boldsymbol{w})\|_2^2&=\|(\boldsymbol{b}-\boldsymbol{A}\boldsymbol{x})-\boldsymbol{A}\boldsymbol{w}\|_2^2\\&=\|\boldsymbol{b}-\boldsymbol{A}\boldsymbol{x}\|_2^2-2\boldsymbol{w}^{\mathrm{T}}\boldsymbol{A}^{\mathrm{T}}(\boldsymbol{b}-\boldsymbol{A}\boldsymbol{x})+\|\boldsymbol{A}\boldsymbol{w}\|_2^2\\&=\|\boldsymbol{b}-\boldsymbol{A}\boldsymbol{x}\|_2^2+\|\boldsymbol{A}\boldsymbol{w}\|_2^2\geqslant\|\boldsymbol{b}-\boldsymbol{A}\boldsymbol{x}\|_2^2,\end{aligned}$$

故 $\boldsymbol{x}$ 是最小二乘解. □

方程组(5.2)称为最小二乘问题的正规化方程组或法方程组. 当 $\boldsymbol{A}$ 为列满秩时，$\boldsymbol{A}^{\mathrm{T}}\boldsymbol{A}$ 对称正定，可用根平方法或 CG 方法求解. 法方程的解可表示为

$$\boldsymbol{x}=(\boldsymbol{A}^{\mathrm{T}}\boldsymbol{A})^{-1}\boldsymbol{A}^{\mathrm{T}}\boldsymbol{b}.$$

记为 $\boldsymbol{x}=\boldsymbol{A}^{\dagger}\boldsymbol{b}$，其中 $\boldsymbol{A}^{\dagger}=(\boldsymbol{A}^{\mathrm{T}}\boldsymbol{A})^{-1}\boldsymbol{A}^{\mathrm{T}}$ 是列满秩矩阵 $\boldsymbol{A}$ 的 Moore-Penrose(摩尔-彭罗斯)广义逆. 下面给出 Moore-Penrose 广义逆的一般定义.

设 $\boldsymbol{A}\in\mathbb{R}^{m\times n}$，若 $\boldsymbol{X}\in\mathbb{R}^{n\times m}$ 满足

$$\boldsymbol{A}\boldsymbol{X}\boldsymbol{A}=\boldsymbol{A},\quad \boldsymbol{X}\boldsymbol{A}\boldsymbol{X}=\boldsymbol{X},\quad (\boldsymbol{A}\boldsymbol{X})^{\mathrm{T}}=\boldsymbol{A}\boldsymbol{X},\quad (\boldsymbol{X}\boldsymbol{A})^{\mathrm{T}}=\boldsymbol{X}\boldsymbol{A},$$

则称 $\boldsymbol{X}$ 是 $\boldsymbol{A}$ 的 Moore-Penrose 广义逆，通常记为 $\boldsymbol{A}^{\dagger}$.

注　设 $\boldsymbol{x}$ 为最小二乘解，则 $\boldsymbol{A}\boldsymbol{x}=\boldsymbol{A}\boldsymbol{A}^{\dagger}\boldsymbol{b}\equiv\boldsymbol{P}\boldsymbol{b}$，其中 $\boldsymbol{P}$ 是正交投影，当 $\boldsymbol{A}$ 列满秩时，$\boldsymbol{P}=\boldsymbol{A}\boldsymbol{A}^{\dagger}=\boldsymbol{A}(\boldsymbol{A}^{\mathrm{T}}\boldsymbol{A})^{-1}\boldsymbol{A}^{\mathrm{T}}$. 同时，$\boldsymbol{b}-\boldsymbol{A}\boldsymbol{x}=(\boldsymbol{I}-\boldsymbol{P})\boldsymbol{b}$，且 $\boldsymbol{P}\boldsymbol{b}\perp(\boldsymbol{I}-\boldsymbol{P})\boldsymbol{b}$.

5.2　基本正交变换

后文将介绍的 QR 分解和 QR 算法中，要使用正交变换. 正交变换具有良好的数值性态，两个基本的正交变换是 Householder(豪斯霍尔德)变换和 Givens(吉文斯)变换.

5.2.1 Householder 变换

Householder 变换形如

$$H = I - 2ww^{\mathrm{T}},$$

其中 $\|w\|_2 = 1$，容易验证

$$H = H^{\mathrm{T}} = H^{-1}.$$

计算所得向量 Hx 相当于是 x 关于法向量为 w 的平面的反射，故 Householder 变换又称为镜面反射. 欲使 Hx 只有第一个元素非零，亦即 $Hx = \sigma e_1$，其中 $\sigma = \pm\|x\|_2$，我们该如何确定 H，亦即找何种镜面作反射？易知镜面法向量平行于向量 $u = x - \sigma e_1$. 为避免相消，使用

$$u = x - \sigma e_1 = x + \mathrm{sign}\,(x_1)\|x\|_2\, e_1, \qquad \sigma = -\mathrm{sign}\,(x_1)\,\|x\|_2,$$

其中 x_1 为 x 的第一个分量. 相应的 Householder 变换为

$$H = I - \rho uu^{\mathrm{T}}, \qquad \rho = \frac{2}{\|u\|_2^2}.$$

记 $x_b = x(2:n)$，即 $x = \begin{pmatrix} x_1 \\ x_b \end{pmatrix}$，则 $u = \begin{pmatrix} x_1 - \sigma \\ x_b \end{pmatrix}$，

$$u^{\mathrm{T}}u = (x_1 - \sigma)^2 + \|x_b\|^2 = \sigma^2 - 2\sigma x_1 + x_1^2 + \|x_b\|^2 = \sigma^2 - 2\sigma x_1 + \|x\|^2 = 2\sigma(\sigma - x_1).$$

从而，$1/\rho = \sigma(\sigma - x_1)$. 此外，还有一种常见方式:

$$H = I - \beta vv^{\mathrm{T}}, \quad \beta = \frac{2}{v^{\mathrm{T}}v}, \quad v = (x_1 - \sigma)^{-1}u = \begin{pmatrix} 1 \\ (x_1 - \sigma)^{-1}x_b \end{pmatrix}.$$

简单地计算可知

$$v^{\mathrm{T}}v = 1 + (x_1 - \sigma)^{-2}\|x_b\|^2 = \frac{(x_1 - \sigma)^2 + \|x_b\|^2}{(x_1 - \sigma)^2} = \frac{2\sigma(\sigma - x_1)}{(x_1 - \sigma)^2} = \frac{2\sigma}{\sigma - x_1}, \quad \beta = \frac{\sigma - x_1}{\sigma}.$$

实际编程过程中，为了节省内存，Householder 向量 v 的第一个元素不用记录，其余元素 $v(2:n)$ 则可记录在原矩阵的对角线以下. Householder 变换的这三种表达方式都是常见的.

例 5.1 设 $x = (3, 1, 5, 1)^{\mathrm{T}}$，确定 Householder 矩阵 H，使 Hx 只有第一个分量非零.

解 $\|x\| = 6$，镜面法向 $u = x - \|x\|e_1 = (9, 1, 5, 1)^{\mathrm{T}}$，$\rho = \frac{2}{\|u\|_2^2} = \frac{1}{54}$. 定义 Householder 变换 $H = I - \frac{2}{u^{\mathrm{T}}u}uu^{\mathrm{T}} = I - \rho uu^{\mathrm{T}}$，则

$$Hx = x - \rho(u^{\mathrm{T}}x)u = x - u = (-6, 0, 0, 0)^{\mathrm{T}}.$$

注意实际计算时无需将矩阵 H 显式形成，只需知道 Householder 向量 u 即可.

特殊地，令镜面单位法向量 $w = (\sin(-\theta/2), \cos(-\theta/2))^{\mathrm{T}}$，则

$$H = I - 2ww^{\mathrm{T}} = \begin{pmatrix} 1 - 2\sin^2\frac{\theta}{2} & 2\sin\frac{\theta}{2}\cos\frac{\theta}{2} \\ 2\sin\frac{\theta}{2}\cos\frac{\theta}{2} & 1 - 2\cos^2\frac{\theta}{2} \end{pmatrix} = \begin{pmatrix} \cos\theta & \sin\theta \\ \sin\theta & -\cos\theta \end{pmatrix}.$$

容易验证,

$$\begin{pmatrix} \cos\theta & \sin\theta \\ \sin\theta & -\cos\theta \end{pmatrix} = \begin{pmatrix} 1 & 0 \\ 0 & -1 \end{pmatrix} \begin{pmatrix} \cos\theta & \sin\theta \\ -\sin\theta & \cos\theta \end{pmatrix}.$$

另外，令 $\boldsymbol{w}_\perp = (\cos(\theta/2), \sin(\theta/2))^{\mathrm{T}}$，容易验证 $\boldsymbol{H} = 2\boldsymbol{w}_\perp \boldsymbol{w}_\perp^{\mathrm{T}} - \boldsymbol{I} = \begin{pmatrix} \cos\theta & \sin\theta \\ \sin\theta & -\cos\theta \end{pmatrix}$. 这些变换在量子计算中也会用到.

5.2.2　Givens 变换

Givens 变换 $\boldsymbol{G}(\theta) = \begin{pmatrix} \cos\theta & -\sin\theta \\ \sin\theta & \cos\theta \end{pmatrix}$ 将任意向量 $\boldsymbol{x} \in \mathbb{R}^2$ 按逆时针方向旋转角度 θ. 更一般地，定义在坐标 i 和 j 中的 Givens 变换

$$\boldsymbol{G}(i, j, \theta) = \begin{pmatrix} 1 & & & & & & \\ & \ddots & & & & & \\ & & \cos\theta & & -\sin\theta & & \\ & & & \ddots & & & \\ & & \sin\theta & & \cos\theta & & \\ & & & & & \ddots & \\ & & & & & & 1 \end{pmatrix},$$

其 $(i,i),(i,j),(j,i),(j,j)$ 元素分别为 $\cos\theta$，$-\sin\theta$，$\sin\theta$ 和 $\cos\theta$，对角线上省略的元素为 1，其余全为 0. 亦可用下式表示 Givens 旋转矩阵，

$$\boldsymbol{G}(i, j, \theta) = \boldsymbol{I} + \sin\theta\left(\boldsymbol{e}_j\boldsymbol{e}_i^{\mathrm{T}} - \boldsymbol{e}_i\boldsymbol{e}_j^{\mathrm{T}}\right) + (\cos\theta - 1)\left(\boldsymbol{e}_i\boldsymbol{e}_i^{\mathrm{T}} + \boldsymbol{e}_j\boldsymbol{e}_j^{\mathrm{T}}\right).$$

给定向量 x，下标 i 和 j，可选取 $\cos\theta$ 和 $\sin\theta$，使分量 x_j 为零，

$$\begin{pmatrix} \cos\theta & -\sin\theta \\ \sin\theta & \cos\theta \end{pmatrix} \begin{pmatrix} x_i \\ x_j \end{pmatrix} = \begin{pmatrix} \sqrt{x_i^2 + x_j^2} \\ 0 \end{pmatrix},$$

这里，

$$\cos\theta = \frac{x_i}{\sqrt{x_i^2 + x_j^2}}, \quad \sin\theta = \frac{-x_j}{\sqrt{x_i^2 + x_j^2}}.$$

实际计算时，为防止溢出，按下述方法计算 $c = \cos\theta$，$s = \sin\theta$.

(1) 若 $|x_j| > |x_i|$，则 $\tau = x_i / x_j$，$s = -1/\sqrt{1+\tau^2}$，$c = -s\tau$；

(2) 若 $|x_j| \leqslant |x_i|$，则 $\tau = x_j / x_i$，$c = 1/\sqrt{1+\tau^2}$，$s = -c\tau$.

利用 Givens 变换可有选择地一次把一个元素化为零，多个 Givens 变换可以将向量化为只有一个非零元. 用 Givens 矩阵左(右)乘一个矩阵，只改变矩阵的两行(或两列)，其他元素不变；$\boldsymbol{GAG}^{\mathrm{T}}$ 只改变 $\boldsymbol{A}$ 的两行两列. 对稀疏矩阵用 Givens 变换的计算量比 Householder 变换要小. Householder 变换和 Givens 变换的数值性态优良，详细的误差分析参见(Golub and Van Loan，2013).

5.3 QR 分解

下面以 5×4 矩阵 $\boldsymbol{A}=(\boldsymbol{a}_1,\boldsymbol{a}_2,\boldsymbol{a}_3,\boldsymbol{a}_4)$ 为例，说明如何用 Householder 变换将矩阵化为上三角阵，之后再作一般性描述.

第一步，选择 $\boldsymbol{H}_1$，使得 $\boldsymbol{H}_1\boldsymbol{a}_1=\sigma_1\boldsymbol{e}_1$，其中 $\sigma_1=\pm\|\boldsymbol{a}_1\|$，这里正负号根据具体情况判断. 从而

$$\boldsymbol{A}_1\equiv\boldsymbol{H}_1\boldsymbol{A}=\begin{pmatrix} r & r & r & r\\ 0 & \times & \times & \times\\ 0 & \times & \times & \times\\ 0 & \times & \times & \times\\ 0 & \times & \times & \times \end{pmatrix}.$$

第二步，选择 $\boldsymbol{H}_2=\begin{pmatrix}1 & \boldsymbol{0}\\ \boldsymbol{0} & \bar{\boldsymbol{H}}_2\end{pmatrix}$，这里及下文的 $\bar{\boldsymbol{H}}_k\ (k=2,3,4)$ 类似 $\boldsymbol{H}_1$ 定义，使得 $\boldsymbol{H}_2$ 作用后的矩阵第 2 列对角线以下元素为零，即

$$\boldsymbol{A}_2\equiv\boldsymbol{H}_2\boldsymbol{A}_1=\begin{pmatrix} r & r & r & r\\ 0 & r & r & r\\ 0 & 0 & \times & \times\\ 0 & 0 & \times & \times\\ 0 & 0 & \times & \times \end{pmatrix}.$$

第三步，选择 $\boldsymbol{H}_3=\begin{pmatrix}\boldsymbol{I}_2 & \boldsymbol{0}\\ \boldsymbol{0} & \bar{\boldsymbol{H}}_3\end{pmatrix}$，将矩阵第 3 列对角线以下元素化为零，即

$$\boldsymbol{A}_3\equiv\boldsymbol{H}_3\boldsymbol{A}_2=\begin{pmatrix} r & r & r & r\\ 0 & r & r & r\\ 0 & 0 & r & r\\ 0 & 0 & 0 & \times\\ 0 & 0 & 0 & \times \end{pmatrix}.$$

最后一步，选择 $\boldsymbol{H}_4=\begin{pmatrix}\boldsymbol{I}_3 & \boldsymbol{0}\\ \boldsymbol{0} & \bar{\boldsymbol{H}}_4\end{pmatrix}$，使得

$$\boldsymbol{A}_4\equiv\boldsymbol{H}_4\boldsymbol{A}_3=\begin{pmatrix} r & r & r & r\\ 0 & r & r & r\\ 0 & 0 & r & r\\ 0 & 0 & 0 & r\\ 0 & 0 & 0 & 0 \end{pmatrix}\equiv\boldsymbol{R}.$$

这里选择 Householder 矩阵 $\bar{\boldsymbol{H}}_i$，使得 $\boldsymbol{H}_i$ 作用后的矩阵第 i 列对角线以下元素为零(并不破坏前面各列中已引入的零元素). 记最后的 5×4 上三角阵为 $\boldsymbol{R}=\boldsymbol{A}_4$，则上述过程表达为 $\boldsymbol{H}_4\boldsymbol{H}_3\boldsymbol{H}_2\boldsymbol{H}_1\boldsymbol{A}=\boldsymbol{R}$，即

$$\boldsymbol{A}=(\boldsymbol{H}_1\boldsymbol{H}_2\boldsymbol{H}_3\boldsymbol{H}_4)\boldsymbol{R},$$

这里用到性质 $\boldsymbol{H}_k^{-1}=\boldsymbol{H}_k\ (k=1,\cdots,4)$，一系列 Householder 矩阵乘积 $\boldsymbol{H}_1\boldsymbol{H}_2\boldsymbol{H}_3\boldsymbol{H}_4$ 仍为正交阵.

考虑 $\boldsymbol{A}\in\mathbb{R}^{m\times n}\,(m>n)$ 的一般情况. 设 $\boldsymbol{A}=(\boldsymbol{a}_1,\boldsymbol{a}_2,\cdots,\boldsymbol{a}_n)$. 第一步，选择 $\boldsymbol{H}_1$，使得 $\boldsymbol{H}_1\boldsymbol{a}_1=\sigma_1\boldsymbol{e}_1$，$\sigma_1=\pm\|\boldsymbol{a}_1\|$，此处及后文的 $\boldsymbol{e}_1$ 是第一个元素为 1 其余元素为 0 的列向量，其维数由上下文确定. 将 $\boldsymbol{H}_1$ 作用于 $\boldsymbol{A}$，使得第一列只有一个非零元，记 $\boldsymbol{A}_1=\boldsymbol{H}_1\boldsymbol{A}$. 第二步，将 $\boldsymbol{A}_1$ 分块为 $\boldsymbol{A}_1=\begin{pmatrix}\sigma_1 & *\\ \boldsymbol{0} & \bar{\boldsymbol{A}}_2\end{pmatrix}$，令 $\bar{\boldsymbol{A}}_2=(\bar{\boldsymbol{a}}_2,\cdots,\bar{\boldsymbol{a}}_n)$. 选择 $\bar{\boldsymbol{H}}_2$，使得 $\bar{\boldsymbol{H}}_2\bar{\boldsymbol{a}}_2=\sigma_2\boldsymbol{e}_1$；令 $\boldsymbol{H}_2=\mathrm{diag}(1,\bar{\boldsymbol{H}}_2)$，将 $\boldsymbol{H}_2$ 作用于 $\boldsymbol{A}_1$，使得第二列对角线以下均为 0，记 $\boldsymbol{A}_2=\boldsymbol{H}_2\boldsymbol{A}_1=\boldsymbol{H}_2\boldsymbol{H}_1\boldsymbol{A}$. 如此继续，$k-1$ 步之后得到 $\boldsymbol{A}_{k-1}$，其前 $k-1$ 列对角线以下均为 0. 一般地，第 $k\ (k=1,2,\cdots,n)$ 步，由 $\boldsymbol{A}_{k-1}(k:m,k)$ 确定一个 $m-k+1$ 阶 Householder 矩阵 $\bar{\boldsymbol{H}}_k$，使得 $\bar{\boldsymbol{H}}_k\boldsymbol{A}_{k-1}(k:m,k)=\sigma_k\boldsymbol{e}_1$. 定义 $\boldsymbol{H}_k=\mathrm{diag}(\boldsymbol{I}_{k-1},\bar{\boldsymbol{H}}_k)$，$\boldsymbol{H}_k$ 作用于 $\boldsymbol{A}_{k-1}$ 后将其第 k 列对角线以下元素消为 0，记 $\boldsymbol{A}_k=\boldsymbol{H}_k\boldsymbol{A}_{k-1}$，至此前 k 列已处理完毕. 该过程总结为

$$\boldsymbol{H}_n\cdots\boldsymbol{H}_2\boldsymbol{H}_1\boldsymbol{A}=\boldsymbol{A}_n\equiv\boldsymbol{R},$$

亦即

$$\boldsymbol{A}=(\boldsymbol{H}_1\boldsymbol{H}_2\cdots\boldsymbol{H}_n)\boldsymbol{R}\equiv\boldsymbol{Q}\boldsymbol{R}.$$

一系列 Householder 矩阵的乘积 $\boldsymbol{H}_1\boldsymbol{H}_2\cdots\boldsymbol{H}_n$ 为正交阵，记为 $\boldsymbol{Q}=\boldsymbol{H}_1\boldsymbol{H}_2\cdots\boldsymbol{H}_n$，故 $\boldsymbol{A}=\boldsymbol{Q}\boldsymbol{R}$，即矩阵 $\boldsymbol{A}$ 的 QR 分解.

如果在上述 Householder 变化中总取 $\sigma_k>0$，则最终的上三角矩阵对角元为正. 也可以将一般的 QR 分解表示为

$$\begin{bmatrix} x&\cdots&x&x\\ x&\cdots&x&x\\ \vdots&&\vdots&\vdots\\ x&\cdots&x&x\end{bmatrix}=\begin{bmatrix} q&\cdots&q&q\\ q&\cdots&q&q\\ \vdots&&\vdots&\vdots\\ q&\cdots&q&q\end{bmatrix}\begin{bmatrix}1&&\\&\ddots&\\&&1\end{bmatrix}\begin{bmatrix}s&&\\&\ddots&\\&&s\end{bmatrix}\begin{bmatrix}r&\cdots&r\\&\ddots&\vdots\\&&r\end{bmatrix}$$

左边表示矩阵 $\boldsymbol{A}$，右边第一项为正交矩阵 $\boldsymbol{Q}$，第二项是对角元为 1 的矩阵，第三项中 s 表示符号(值为±1)，最后一项是对角元为正的上三角阵.

定理 5.3

设 $\boldsymbol{A}$ 为 $m\times n$ 列满秩矩阵，$m\geqslant n$，则存在唯一的正交阵 $\boldsymbol{Q}$ 和唯一的具有正对角元的上三角阵 $\boldsymbol{R}$，使得 $\boldsymbol{A}=\boldsymbol{Q}\boldsymbol{R}$.

由上述 Householder 变换过程，分解 $\boldsymbol{A}=\boldsymbol{Q}\boldsymbol{R}$ 的存在性是不言而喻的. 不难验证，$\boldsymbol{A}^{\mathrm{T}}\boldsymbol{A}=\boldsymbol{R}^{\mathrm{T}}\boldsymbol{R}$，这是 $\boldsymbol{A}^{\mathrm{T}}\boldsymbol{A}$ 的 Cholesky 分解(且上三角因子 $\boldsymbol{R}$ 的对角元为正)，由 Cholesky 分解的唯一性知，$\boldsymbol{R}$ 因子是唯一的. 另外，这个定理的证明，可用 Gram-Schimidt 正交化过程.

下面用 QR 分解求解最小二乘问题. 令 $\boldsymbol{A}=\boldsymbol{Q}\boldsymbol{R}$，其中 $\boldsymbol{Q}$ 为 $m\times n$ 列正交阵，$\boldsymbol{R}$ 为 $n\times n$ 上三角阵. 令 $(\boldsymbol{Q},\boldsymbol{Q}_\perp)$ 是 $m\times m$ 正交阵，其中 $\boldsymbol{Q}_\perp$ 为 $m\times(m-n)$ 列正交阵，$\boldsymbol{Q}^{\mathrm{T}}\boldsymbol{Q}_\perp=0$. 易验证，

$$\begin{aligned}\|\boldsymbol{A}\boldsymbol{x}-\boldsymbol{b}\|_2^2&=\left\|(\boldsymbol{Q},\boldsymbol{Q}_\perp)^{\mathrm{T}}(\boldsymbol{A}\boldsymbol{x}-\boldsymbol{b})\right\|_2^2\\&=\left\|\begin{pmatrix}\boldsymbol{Q}^{\mathrm{T}}\\ \boldsymbol{Q}_\perp^{\mathrm{T}}\end{pmatrix}(\boldsymbol{Q}\boldsymbol{R}\boldsymbol{x}-\boldsymbol{b})\right\|_2^2=\left\|\begin{pmatrix}\boldsymbol{R}\boldsymbol{x}\\ \boldsymbol{0}\end{pmatrix}-\begin{pmatrix}\boldsymbol{Q}^{\mathrm{T}}\boldsymbol{b}\\ \boldsymbol{Q}_\perp^{\mathrm{T}}\boldsymbol{b}\end{pmatrix}\right\|_2^2\\&=\|\boldsymbol{R}\boldsymbol{x}-\boldsymbol{Q}^{\mathrm{T}}\boldsymbol{b}\|_2^2+\|\boldsymbol{Q}_\perp^{\mathrm{T}}\boldsymbol{b}\|_2^2\geqslant\|\boldsymbol{Q}_\perp^{\mathrm{T}}\boldsymbol{b}\|_2^2.\end{aligned}$$

因 $\boldsymbol{R}$ 非奇异，求解 $\boldsymbol{Rx}=\boldsymbol{Q}^{\mathrm{T}}\boldsymbol{b}$ 可得最小二乘解 $\boldsymbol{x}=\boldsymbol{R}^{-1}\boldsymbol{Q}^{\mathrm{T}}\boldsymbol{b}$，此时 $\|\boldsymbol{Ax}-\boldsymbol{b}\|_2$ 取极小值 $\|\boldsymbol{Q}_{\perp}^{\mathrm{T}}\boldsymbol{b}\|_2$.

我们可以另一种方式推导. 注意到 $\boldsymbol{QQ}^{\mathrm{T}}$ 和 $\boldsymbol{I}-\boldsymbol{QQ}^{\mathrm{T}}$ 分别是到 $R(\boldsymbol{A})$ 和 $R(\boldsymbol{A})^{\perp}$ 的正交投影，

$$\begin{aligned}\boldsymbol{Ax}-\boldsymbol{b}&=\boldsymbol{QRx}-\boldsymbol{b}=\boldsymbol{QRx}-\boldsymbol{QQ}^{\mathrm{T}}\boldsymbol{b}-(\boldsymbol{I}-\boldsymbol{QQ}^{\mathrm{T}})\boldsymbol{b}\\&=\boldsymbol{Q}(\boldsymbol{Rx}-\boldsymbol{Q}^{\mathrm{T}}\boldsymbol{b})-(\boldsymbol{I}-\boldsymbol{QQ}^{\mathrm{T}})\boldsymbol{b},\end{aligned}$$

这两项是正交的，故

$$\begin{aligned}\|\boldsymbol{Ax}-\boldsymbol{b}\|_2^2&=\|\boldsymbol{Q}(\boldsymbol{Rx}-\boldsymbol{Q}^{\mathrm{T}}\boldsymbol{b})\|_2^2+\|(\boldsymbol{I}-\boldsymbol{QQ}^{\mathrm{T}})\boldsymbol{b}\|_2^2\\&=\|\boldsymbol{Rx}-\boldsymbol{Q}^{\mathrm{T}}\boldsymbol{b}\|_2^2+\|(\boldsymbol{I}-\boldsymbol{QQ}^{\mathrm{T}})\boldsymbol{b}\|_2^2.\end{aligned}$$

令第一项为 0，可得最小二乘解 $\boldsymbol{x}=\boldsymbol{R}^{-1}\boldsymbol{Q}^{\mathrm{T}}\boldsymbol{b}$，这样无需引入 $\boldsymbol{Q}_{\perp}$ 将 $\boldsymbol{Q}$ 扩充为 $m\times m$ 正交阵.

法方程 $\boldsymbol{A}^{\mathrm{T}}\boldsymbol{Ax}=\boldsymbol{A}^{\mathrm{T}}\boldsymbol{b}$ 等价于 $\boldsymbol{A}^{\mathrm{T}}\boldsymbol{r}=\boldsymbol{0}$，$\boldsymbol{r}=\boldsymbol{b}-\boldsymbol{Ax}$，即

$$\begin{pmatrix}\boldsymbol{I}&\boldsymbol{A}\\\boldsymbol{A}^{\mathrm{T}}&\boldsymbol{0}\end{pmatrix}\begin{pmatrix}\boldsymbol{r}\\\boldsymbol{x}\end{pmatrix}=\begin{pmatrix}\boldsymbol{b}\\\boldsymbol{0}\end{pmatrix}.$$

若 $\operatorname{rank}(\boldsymbol{A})=n$，则系数矩阵非奇异，将最小二乘问题改写成线性方程组，可用迭代改善.

若 $\boldsymbol{A}=\boldsymbol{QR}$，其中 $\boldsymbol{R}(1:n,1:n)=\boldsymbol{R}_1$，则系数矩阵

$$\begin{pmatrix}\boldsymbol{I}_m&\boldsymbol{A}\\\boldsymbol{A}^{\mathrm{T}}&\boldsymbol{0}\end{pmatrix}=\begin{pmatrix}\boldsymbol{Q}&\\&\boldsymbol{I}_n\end{pmatrix}\begin{pmatrix}\boldsymbol{I}_n&\boldsymbol{0}&\boldsymbol{R}_1\\\boldsymbol{0}&\boldsymbol{I}_{m-n}&\boldsymbol{0}\\\boldsymbol{R}_1^{\mathrm{T}}&\boldsymbol{0}&\boldsymbol{0}\end{pmatrix}\begin{pmatrix}\boldsymbol{Q}^{\mathrm{T}}&\\&\boldsymbol{I}_n\end{pmatrix}.$$

5.4 最小二乘问题的扰动理论

先从一个简单情形开始. 假设仅有 $\boldsymbol{b}$ 受到扰动，变为 $\boldsymbol{b}+\delta\boldsymbol{b}$. 令 $\boldsymbol{x}$ 和 $\hat{\boldsymbol{x}}$ 分别为下面两个最小二乘问题的解，

$$\boldsymbol{x}=\arg\min_{\boldsymbol{x}}\|\boldsymbol{Ax}-\boldsymbol{b}\|_2,$$

$$\hat{\boldsymbol{x}}=\arg\min_{\boldsymbol{x}}\|\boldsymbol{Ax}-(\boldsymbol{b}+\delta\boldsymbol{b})\|_2.$$

令 $\boldsymbol{P}$ 是 $R(\boldsymbol{A})$ 上的正交投影，则 $\boldsymbol{Pb}\in R(\boldsymbol{A})$，$(\boldsymbol{I}-\boldsymbol{P})\boldsymbol{b}\in R^{\perp}(\boldsymbol{A})$，最小二乘解为

$$\boldsymbol{x}=\boldsymbol{A}^{\dagger}\boldsymbol{b}=\boldsymbol{A}^{\dagger}(\boldsymbol{Pb}+(\boldsymbol{I}-\boldsymbol{P})\boldsymbol{b})=\boldsymbol{A}^{\dagger}\boldsymbol{Pb}.$$

同理，

$$\hat{\boldsymbol{x}}=\boldsymbol{A}^{\dagger}(\boldsymbol{b}+\delta\boldsymbol{b})=\boldsymbol{A}^{\dagger}\boldsymbol{P}(\boldsymbol{b}+\delta\boldsymbol{b}).$$

所以，

$$\|\hat{\boldsymbol{x}}-\boldsymbol{x}\|_2=\|\boldsymbol{A}^{\dagger}\boldsymbol{P}\delta\boldsymbol{b}\|_2\leqslant\|\boldsymbol{A}^{\dagger}\|_2\|\boldsymbol{P}\delta\boldsymbol{b}\|_2.$$

又因为最小二乘解满足 $\boldsymbol{Ax}=\boldsymbol{Pb}$，所以，

$$\|\boldsymbol{Pb}\|_2=\|\boldsymbol{Ax}\|_2\leqslant\|\boldsymbol{A}\|_2\|\boldsymbol{x}\|_2.$$

从而

$$\frac{\|\hat{x}-x\|_2}{\|x\|_2} \leqslant \|A\|_2 \|A^{\dagger}\|_2 \frac{\|P\delta b\|_2}{\|Pb\|_2} \equiv \kappa_2(A) \frac{\|P\delta b\|_2}{\|Pb\|_2},$$

这里 $\kappa_2(A) = \|A\|_2 \|A^{\dagger}\|_2$. 定义 $\cos\theta = \|Pb\|_2 / \|b\|_2$，则

$$\frac{\|\hat{x}-x\|_2}{\|x\|_2} \leqslant \frac{\kappa_2(A)}{\cos\theta} \frac{\|P\delta b\|_2}{\|b\|_2}.$$

下面考虑 A 和 b 都有扰动的情形.

定理 5.4

令 A 为 $m \times n$ 列满秩矩阵，$\|\delta A\|_2 < \|A^{\dagger}\|_2^{-1}$，$x$ 和 $\hat{x}$ 分别为下面最小二乘问题的解

$$x = \arg\min_x \|Ax - b\|_2,$$

$$\hat{x} = \arg\min_x \|(A + \delta A)x - (b + \delta b)\|_2.$$

令 $\theta \in (0, \pi/2)$，$\cos\theta = \dfrac{\|Ax\|_2}{\|b\|_2}$，$\nu = \dfrac{\|A^{\dagger}\|_2 \|b\|_2}{\|x\|_2}$，$\varepsilon = \max\left\{\dfrac{\|\delta A\|_2}{\|A\|_2}, \dfrac{\|\delta b\|_2}{\|b\|_2}\right\}$，则

$$\frac{\|\hat{x}-x\|_2}{\|x\|_2} \leqslant \varepsilon(\nu + (1 + \nu\sin\theta)\kappa_2(A)) + O(\varepsilon^2) \equiv \varepsilon \cdot \kappa_{LS} + O(\varepsilon^2).$$

证明 令 $E = \delta A/\varepsilon$，$f = \delta b/\varepsilon$，$\forall t \in [0, \varepsilon]$，$\|tE\|_2 \leqslant \|\delta A\|_2 < \|A^{\dagger}\|_2^{-1}$（注意 $\|A^{\dagger}\|_2^{-1} = \sigma_n(A)$，此即 A 的最小奇异值，参考第 8 章），从而 $A + tE$ 仍为列满秩. 考查

$$(A + tE)^{\mathrm{T}}(A + tE)x(t) = (A + tE)^{\mathrm{T}}(b + tf), \tag{5.3}$$

对 $t \in [0, \varepsilon]$，$x(t)$ 连续可微，

$$x(\varepsilon) = x(0) + \varepsilon \dot{x}(0) + O(\varepsilon^2),$$

这里 $x(0) = x$，$x(\varepsilon) = \hat{x}$，

$$\frac{\|\hat{x}-x\|_2}{\|x\|_2} = \varepsilon \cdot \frac{\|\dot{x}(0)\|_2}{\|x\|_2} + O(\varepsilon^2).$$

对式 (5.3) 求导并令 $t = 0$，则

$$E^{\mathrm{T}}Ax + A^{\mathrm{T}}Ex + A^{\mathrm{T}}A\dot{x}(0) = A^{\mathrm{T}}f + E^{\mathrm{T}}b.$$

故

$$\dot{x}(0) = (A^{\mathrm{T}}A)^{-1}A^{\mathrm{T}}(f - Ex) + (A^{\mathrm{T}}A)^{-1}E^{\mathrm{T}}r,$$

这里 $r = b - Ax$. 从而,

$$\|\dot{x}(0)\| \leqslant \|(A^{\mathrm{T}}A)^{-1}A^{\mathrm{T}}\|_2 \left(\|f\|_2 + \|E\|_2\|x\|_2\right) + \|(A^{\mathrm{T}}A)^{-1}\|_2 \|E\|_2 \|r\|_2.$$

注意到 $(A^{\mathrm{T}}A)^{-1}A^{\mathrm{T}} = A^{\dagger}$，$\|(A^{\mathrm{T}}A)^{-1}\|_2 = \|A^{\dagger}(A^{\dagger})^{\mathrm{T}}\|_2 = \|A^{\dagger}\|_2^2$，以及 $\|f\|_2 \leqslant \|b\|_2$，$\|E\|_2 \leqslant \|A\|_2$，则

$$\|\dot{x}(0)\| \leqslant \|A^{\dagger}\|_2 \left(\|b\|_2 + \|A\|_2\|x\|_2\right) + \|A^{\dagger}\|_2^2 \|A\|_2 \|r\|_2.$$

代入后,

$$\frac{\|\hat{x}-x\|_2}{\|x\|_2} \leqslant \varepsilon\left(\frac{\|A^\dagger\|_2\|b\|_2}{\|x\|_2}+\|A^\dagger\|_2\|A\|_2+\frac{\|A^\dagger\|_2^2\|A\|_2\|r\|_2}{\|x\|_2}\right)+O(\varepsilon^2)$$

$$=\varepsilon\left(\frac{\|A^\dagger\|_2\|b\|_2}{\|x\|_2}+\|A^\dagger\|_2\|A\|_2+\|A^\dagger\|_2\|A\|_2\cdot\frac{\|A^\dagger\|_2\|b\|_2\sin\theta}{\|x\|_2}\right)+O(\varepsilon^2)$$

$$=\varepsilon(\nu+\kappa_2(A)+\kappa_2(A)\nu\sin\theta)+O(\varepsilon^2).$$ □

定理给出的上界依赖于 ν，θ 和 $\kappa_2(A)$．注意到

$$1 \leqslant \nu \leqslant \frac{\|A^\dagger\|_2\|Ax\|_2/\cos\theta}{\|x\|}=\frac{\kappa_2(A)}{\cos\theta},$$

则有

$$\kappa_{\mathrm{LS}} \leqslant \frac{2\kappa_2(A)}{\cos\theta}+\tan\theta\cdot\kappa_2^2(A).$$

当 θ 为 0 或非常小时，条件数 κ_{LS} 大约是 $2\kappa_2(A)$；若 θ 不是很小也不接近 $\frac{\pi}{2}$ 时，条件数大约是 $\kappa_2^2(A)$；若 θ 接近 $\frac{\pi}{2}$，则真解几乎为 0，即使 $\kappa_2(A)$ 小，也会导致条件数很大.

知识拓展

LS 问题的三种标准解法分别是法方程、QR 分解、奇异值分解(SVD)，另外也可以变换到一个线性方程组

$$\begin{pmatrix} I & A \\ A^{\mathrm{T}} & 0 \end{pmatrix}\begin{pmatrix} r \\ x \end{pmatrix}=\begin{pmatrix} b \\ 0 \end{pmatrix}.$$

求解法方程 $A^{\mathrm{T}}Ax=A^{\mathrm{T}}b$，精度依赖于 $\kappa_2(A^{\mathrm{T}}A)=\kappa_2^2(A)$，增加了对舍入误差的敏感性. 当矩阵良态时，正规方程是求解最小二乘问题的最快(可选)方法.

利用 QR 分解求解 LS 的 LAPACK 程序是 sgels，调用 QR 分解：sgeqrf. 选主元的 QR 分解可求解秩亏最小二乘问题，列选主元 QR 分解的 LAPACK 子程序为 sgeqprf. 此外，基于 BLAS3 的 WY 块形式也很高效. 易验证如下关系：

(1) 设 $Q=I+WY^{\mathrm{T}}$ 是 $n\times n$ 正交阵，$W,Y\in\mathbb{R}^{n\times j}$，$H=I-\beta vv^{\mathrm{T}}$，则

$$QH=Q(I-\beta vv^{\mathrm{T}})=Q-\beta Qvv^{\mathrm{T}}\equiv I+WY^{\mathrm{T}}+zv^{\mathrm{T}}=I+[W,z][Y,v]^{\mathrm{T}}.$$

(2) 设 $Q=I-YTY^{\mathrm{T}}$ 是 $n\times n$ 正交阵，$Y\in\mathbb{R}^{n\times j}$，上三角阵 $T\in\mathbb{R}^{j\times j}$，$H=I-\beta vv^{\mathrm{T}}$，则

$$QH=I-YTY^{\mathrm{T}}-\beta vv^{\mathrm{T}}+\beta YTY^{\mathrm{T}}vv^{\mathrm{T}}=I-(Y,v)\begin{pmatrix} T & -\beta TY^{\mathrm{T}}v \\ 0 & \beta \end{pmatrix}\begin{pmatrix} Y^{\mathrm{T}} \\ v^{\mathrm{T}} \end{pmatrix}.$$

对秩亏损问题，一般用列选主元的 QR 和 SVD 等；对秩亏或接近秩亏的病态问题，还可用正则化，如 Tikhonov（吉洪诺夫）正则化或截断 SVD 等.

习　题　5

1. 假定 $\boldsymbol{x}$ 和 $\boldsymbol{y}$ 是 $\mathbb{R}^n$ 中的两个单位向量，给出一种使用 Givens 变换的算法，计算正交阵 $\boldsymbol{Q}$，使得 $\boldsymbol{Qx}=\boldsymbol{y}$.

2. 设 $\boldsymbol{x}$ 和 $\boldsymbol{y}$ 是 $\mathbb{R}^n$ 中的两个非零向量. 给出算法来确定一个 Householder 矩阵 $\boldsymbol{H}$，使 $\boldsymbol{Hx}=\alpha\boldsymbol{y}$，其中 $\alpha\in\mathbb{R}$.

3. 假定 $\boldsymbol{A}\in\mathbb{R}^{m\times n}$ 的秩为 n，列选主元 Gauss 消去法给出了 LU 分解 $\boldsymbol{PA}=\boldsymbol{LU}$，其中 $\boldsymbol{L}\in\mathbb{R}^{m\times n}$ 是单位下三角阵，$\boldsymbol{U}\in\mathbb{R}^{n\times n}$ 是上三角阵，$\boldsymbol{P}\in\mathbb{R}^{m\times m}$ 是排列方阵.

(1) 如何确定 Householder 矩阵 $\boldsymbol{H}_1,\cdots,\boldsymbol{H}_n$，使得

$$\boldsymbol{H}_n\cdots\boldsymbol{H}_1\boldsymbol{L}=\begin{pmatrix}\boldsymbol{L}_1\\ \boldsymbol{0}\end{pmatrix}\begin{matrix}n\\ m-n\end{matrix},$$

其中 $\boldsymbol{L}_1\in\mathbb{R}^{n\times n}$ 是下三角阵.

(2) 证明：如果向量 $\boldsymbol{y}\in\mathbb{R}^n$ 使得

$$\|\boldsymbol{Ly}-\boldsymbol{Pb}\|_2=\min,$$

且 $\boldsymbol{Ux}=\boldsymbol{y}$，那么 $\|\boldsymbol{Ax}-\boldsymbol{b}\|_2=\min$.

4. 设 $\boldsymbol{A}\in\mathbb{R}^{m\times n}$ 是一个对角加边矩阵，即

$$\boldsymbol{A}=\begin{pmatrix}\alpha_1 & \rho_2 & \rho_3 & \cdots & \cdots & \rho_n\\ \beta_2 & \alpha_2 & 0 & \cdots & \cdots & 0\\ \beta_3 & 0 & \alpha_3 & \ddots & & \vdots\\ \vdots & \vdots & \ddots & \ddots & \ddots & \vdots\\ \vdots & \vdots & & \ddots & \alpha_{n-1} & 0\\ \beta_n & 0 & \cdots & \cdots & 0 & \alpha_n\end{pmatrix},$$

试给出算法用 Givens 变换求 $\boldsymbol{A}$ 的 QR 分解.

5. 设 $\boldsymbol{A}\in\mathbb{R}^{m\times n}$ 且存在 $\boldsymbol{X}\in\mathbb{R}^{n\times m}$ 使得对每一个 $\boldsymbol{b}\in\mathbb{R}^m$，$\boldsymbol{x}=\boldsymbol{Xb}$ 均极小化 $\|\boldsymbol{Ax}-\boldsymbol{b}\|_2$. 证明：$\boldsymbol{AXA}=\boldsymbol{A}$ 和 $(\boldsymbol{AX})^{\mathrm{T}}=\boldsymbol{AX}$.

6. 利用等式

$$\|\boldsymbol{A}(\boldsymbol{x}+\alpha\boldsymbol{w})-\boldsymbol{b}\|_2^2=\|\boldsymbol{Ax}-\boldsymbol{b}\|_2^2+2\alpha\boldsymbol{w}^{\mathrm{T}}\boldsymbol{A}^{\mathrm{T}}(\boldsymbol{Ax}-\boldsymbol{b})+\alpha^2\|\boldsymbol{Aw}\|_2^2,$$

证明：如果 $\boldsymbol{x}$ 是最小二乘解，那么 $\boldsymbol{A}^{\mathrm{T}}\boldsymbol{Ax}=\boldsymbol{A}^{\mathrm{T}}\boldsymbol{b}$.

第 6 章

矩阵特征值问题

第 6 章知识导图

各种机械振动问题、二次曲线主轴问题、应力张量主轴方向问题以及主成分分析中都涉及特征值问题. 矩阵 $\boldsymbol{A}$ 的特征值 λ 和特征向量 $\boldsymbol{x}$ 定义为

$$\boldsymbol{A}\boldsymbol{x} = \lambda \boldsymbol{x} \quad (\boldsymbol{x} \neq 0),$$

这里 $(\lambda, \boldsymbol{x})$ 称为矩阵 $\boldsymbol{A}$ 的特征对.

一个典型的例子是谷歌搜索引擎. 用户输入关键词后计算机执行搜索, 基于谷歌数据库, 可以知晓与之相关的网页以及网页间链接情况. 网页数量如此庞大, 需要按重要性排序呈现给用户. 假设此次搜索得到的网页与链接如图 6.1 所示, 图中有四个网页, 其中 1 指向 2 的箭头表示网页 1 有指向网页 2 的链接.

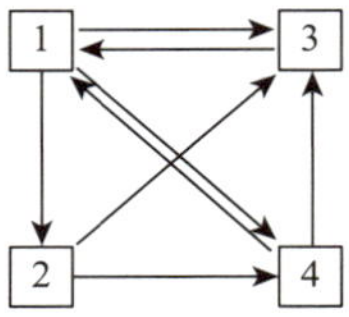

图 6.1　网页链接关系

下面讨论对这四个网页排序的问题. 设每个网页有评分 $x_i(\geqslant 0)$ 来反映其重要性, 该评分不能由它自己说了算, 而是由其他网页投票决定, 有网页指向它相当于有网页给它投票. 显然, 如果指向它的链接很多或者有重要网页指向它, 都会提高评分. 根据图中链接情况, 建立矩阵

$$\boldsymbol{A} = \begin{pmatrix} 0 & 0 & 1 & 1/2 \\ 1/3 & 0 & 0 & 0 \\ 1/3 & 1/2 & 0 & 1/2 \\ 1/3 & 1/2 & 0 & 0 \end{pmatrix}.$$

如果网页 j 有链接指向网页 i, 则 $a_{ij} \neq 0$, 元素大小可以从下面的解释中得到. 令 $\boldsymbol{x} = (x_1, x_2, x_3, x_4)^{\mathrm{T}}$ 表示各网页的评分,

$$\boldsymbol{x} = \boldsymbol{A}\boldsymbol{x}. \tag{6.1}$$

考查其中一行, 比如第三行,

$$x_3 = \frac{1}{3}x_1 + \frac{1}{2}x_2 + 0 + \frac{1}{2}x_4,$$

表示网页 3 的评分由指向它的网页 1, 2, 4 决定, 但网页 1 指向三个网页, 故有 1/3 权值分配给网页 3, 式子中其他系数的解释与此类似. 实际问题还需要对这个简单模型进行修正, 这里只反映其基本思想. 由式(6.1)可解出各网页评分 $\boldsymbol{x} = (12, 4, 9, 6)^{\mathrm{T}}$, 表明网页 2 评分最低, 而网页 1 与搜索内容相关性最强. 显然, 式(6.1)为特征值问题, 其中 $\boldsymbol{x}$ 为特征向量.

定义特征多项式为

$$f(z) = \det(z\boldsymbol{I} - \boldsymbol{A}).$$

令

$$f(z) = (z-\lambda_1)^{n_1}(z-\lambda_2)^{n_2}\cdots(z-\lambda_r)^{n_r},$$

其中 $\lambda_1, \lambda_2, \cdots, \lambda_r$ 是 n 阶矩阵 $\boldsymbol{A}$ 的 r 个互异特征值, $n_i(i=1,2,\cdots,r)$ 为 λ_i 的代数重数. 对应的几何重数为 $m_i = n - \mathrm{rank}(\lambda_i \boldsymbol{I} - \boldsymbol{A})$, $1 \leqslant m_i \leqslant n_i$, $\sum\limits_{i=1}^{r} n_i = n$. 若代数重数 $n_i = 1$, 则称之为单特征值; 如果对某个特征值, $n_i = m_i > 1$, 则称之为半单特征值.如果所有特征值均为半单的, 则称矩阵为非亏损的. 一个 n 阶矩阵非亏损的充要条件是它有 n 个线性无关特征向量(即有完整的特征向量系), 等价于矩阵可对角化.

注　Hamilton-Cayley(哈密顿-凯莱)定理: $f(\boldsymbol{A}) = 0$.设特征对 $(\lambda, \boldsymbol{x}_1)$, 即 $(\boldsymbol{A} - \lambda \boldsymbol{I})\boldsymbol{x}_1 = \boldsymbol{0}$ $(\boldsymbol{x}_1 \neq \boldsymbol{0})$.若 $\boldsymbol{A}\boldsymbol{x}_2 = \lambda \boldsymbol{x}_2 + \boldsymbol{x}_1$, 则称 $\boldsymbol{x}_2$ 为二级根向量, $(\boldsymbol{A} - \lambda \boldsymbol{I})^2 \boldsymbol{x}_2 = \boldsymbol{0}$. 从而,

$$A(x_1,x_2)=(x_1,x_2)\begin{pmatrix}\lambda & 1\\ 0 & \lambda\end{pmatrix}.$$

设 p 维子空间 $X\subset\mathbb{C}^n$，$AX\subseteq X$，则称 X 为 A 的不变子空间，即

$$\forall x\in X,\quad y=Ax\in X.$$

设 $X\in\mathbb{C}^{n\times p}$，$B\in\mathbb{C}^{p\times p}$，如果

$$AX=XB, \tag{6.2}$$

那么 $R(X)$ 是 A 的不变子空间.

6.1　矩阵特征值的有关性质

矩阵特征值计算涉及相似变换，把原矩阵变换成典范型. 两个常见的典范型是 Jordan 型和 Schur 型. Jordan 型理论上很有用，但是数值稳定性难以把控，实际计算中多用 Schur 型. 先介绍与 Schur 型有关的两个基本定理.

定理 6.1（Schur 定理）

对任意方阵 A 存在酉矩阵 U，使得 $U^{\mathrm{H}}AU$ 为上三角矩阵.

定理 6.2（实 Schur 定理）

若 A 为实方阵，则存在正交矩阵 Q，使 $Q^{\mathrm{T}}AQ$ 为拟上三角矩阵（对角线上是 1×1 或者 2×2 子块）.

实矩阵的特征多项式是实系数的，故复特征值以共轭对形式出现. 设 $A(x+\mathrm{i}y)=(\alpha+\mathrm{i}\beta)\cdot(x+\mathrm{i}y)$，其中 $\alpha+\mathrm{i}\beta$（$\beta\neq0$）是特征值，$x+\mathrm{i}y$ 是对应的特征向量，即

$$A(x\quad y)=(x\quad y)\begin{pmatrix}\alpha & \beta\\ -\beta & \alpha\end{pmatrix},$$

其中 x 和 y 线性无关，$\{x,y\}$ 张成了一个二维不变子空间. 从而存在正交阵 Q（考虑 (x,y) 的 QR 分解），使得

$$Q^{\mathrm{T}}AQ=\begin{pmatrix}T_{11} & T_{12}\\ 0 & T_{22}\end{pmatrix},$$

且 T_{11} 的特征值为 $\alpha\pm\mathrm{i}\beta$；同样的讨论适用于 T_{22}，从而不难证明实 Schur 定理.

浮点运算中的舍入误差或数据采集中引入的误差相当于对原矩阵作了扰动. 某些矩阵的特征值对扰动敏感，矩阵元素小的改变就可能引起特征值大的变化.假设矩阵 A 可对角化，其特征分解为

$$A=X\Lambda X^{-1},$$

其中 X 为非奇异矩阵，Λ 为对角阵. 设 A 的舍入误差或者其他扰动引起的变化为 δA，导致 Λ 有变化量 $\delta\Lambda$，即

$$A+\delta A=X(\Lambda+\delta\Lambda)X^{-1},$$

这里 $\delta\Lambda=X^{-1}\delta AX$.两边同取范数，

$$\|\delta\Lambda\|\leqslant\|X^{-1}\|\|X\|\|\delta A\|=\kappa(X)\|\delta A\|,$$

其中 $\kappa(X)=\|X\|\|X^{-1}\|$ 为由特征向量形成的矩阵 X 的条件数. 但是这里的 $\delta\Lambda$ 一般不是对角阵，不能直观地反映出特征值的扰动敏感性. 下面介绍 Bauer-Fike（鲍尔-菲克）定理.

定理 6.3 (Bauer-Fike 定理)

设方阵 $\boldsymbol{A}$ 可对角化，即 $\boldsymbol{A}=\boldsymbol{X}\boldsymbol{\Lambda}\boldsymbol{X}^{-1}$，$\boldsymbol{\Lambda}=\mathrm{diag}(\lambda_1,\lambda_2,\cdots,\lambda_n)$. 设 μ 是 $\boldsymbol{A}+\boldsymbol{\delta A}$ 的特征值，则

$$\min_{1\leqslant k\leqslant n}|\mu-\lambda_k|\leqslant\|\boldsymbol{X}^{-1}\|_2\|\boldsymbol{X}\|_2\|\boldsymbol{\delta A}\|_2 . \tag{6.3}$$

证明　设 $(\mu,\boldsymbol{y})$ 是 $\boldsymbol{A}+\boldsymbol{\delta A}$ 的特征对，即

$$(\boldsymbol{A}+\boldsymbol{\delta A})\boldsymbol{y}=\mu\boldsymbol{y},$$

亦即

$$(\boldsymbol{A}-\mu\boldsymbol{I})\boldsymbol{y}=-\boldsymbol{\delta A}\,\boldsymbol{y}.$$

这里设 $\mu\neq\lambda_k\ (k=1,2,\cdots,n)$，否则结论成立. 显然

$$\boldsymbol{y}=(\mu\boldsymbol{I}-\boldsymbol{A})^{-1}\boldsymbol{\delta A}\boldsymbol{y}=\boldsymbol{X}(\mu\boldsymbol{I}-\boldsymbol{\Lambda})^{-1}\boldsymbol{X}^{-1}\boldsymbol{\delta A}\boldsymbol{y}.$$

两边取范数，

$$\|\boldsymbol{y}\|\leqslant\|(\mu\boldsymbol{I}-\boldsymbol{\Lambda})^{-1}\|_2\|\boldsymbol{X}\|_2\|\boldsymbol{X}^{-1}\|_2\|\boldsymbol{\delta A}\|_2\|\boldsymbol{y}\|.$$

注意到

$$\|(\mu\boldsymbol{I}-\boldsymbol{\Lambda})^{-1}\|_2=\max_k\frac{1}{|\lambda_k-\mu|}=\frac{1}{\min\limits_k|\lambda_k-\mu|},$$

故

$$\min_k|\lambda_k-\mu|\leqslant\|\boldsymbol{X}\|_2\|\boldsymbol{X}^{-1}\|_2\|\boldsymbol{\delta A}\|_2 .$$ □

作为 Bauer-Fike 定理的一个应用，考虑对称矩阵 $\boldsymbol{A}$ 的近似特征对 $(\mu,\boldsymbol{y})$，$\|\boldsymbol{y}\|=1$. 定义残量 $\boldsymbol{r}=\boldsymbol{A}\boldsymbol{y}-\mu\boldsymbol{y}$，虽然 μ 只是 $\boldsymbol{A}$ 的近似特征值，但却是 $\boldsymbol{A}-\boldsymbol{r}\boldsymbol{y}^{\mathrm{T}}$ 的特征值，即 $(\boldsymbol{A}-\boldsymbol{r}\boldsymbol{y}^{\mathrm{T}})\boldsymbol{y}=\mu\boldsymbol{y}$. 由 Bauer-Fike 定理，存在 $\boldsymbol{A}$ 的特征值 λ，使得 $|\lambda-\mu|\leqslant\|\boldsymbol{r}\|$.

用 $\kappa(\boldsymbol{X})=\|\boldsymbol{X}\|\|\boldsymbol{X}^{-1}\|$ 来刻画矩阵 $\boldsymbol{A}$ 的全体特征值整体的敏感度，这并不能反映每个具体特征值的敏感度. 考虑单特征值 λ，满足

$$\boldsymbol{A}\boldsymbol{x}=\lambda\boldsymbol{x}\quad(\boldsymbol{x}\neq\boldsymbol{0}).$$

下面的分析涉及左特征向量 $\boldsymbol{y}^{\mathrm{H}}$，定义为

$$\boldsymbol{y}^{\mathrm{H}}\boldsymbol{A}=\lambda\boldsymbol{y}^{\mathrm{H}}\quad(\boldsymbol{y}\neq\boldsymbol{0}).$$

设 $\boldsymbol{A}$ 有扰动 $\boldsymbol{\delta A}$，且 $\|\boldsymbol{\delta A}\|/\|\boldsymbol{A}\|=O(\varepsilon)$，扰动后问题变为

$$(\boldsymbol{A}+\boldsymbol{\delta A})(\boldsymbol{x}+\boldsymbol{\delta x})=(\lambda+\Delta\lambda)(\boldsymbol{x}+\boldsymbol{\delta x}).$$

展开后，

$$\boldsymbol{A}\boldsymbol{\delta x}+\boldsymbol{\delta A}\boldsymbol{x}=\lambda\boldsymbol{\delta x}+\Delta\lambda\,\boldsymbol{x}+O(\varepsilon^2).$$

左乘以左特征向量 $\boldsymbol{y}^{\mathrm{H}}$，

$$\boldsymbol{y}^{\mathrm{H}}\boldsymbol{A}\boldsymbol{\delta x}+\boldsymbol{y}^{\mathrm{H}}\boldsymbol{\delta A}\boldsymbol{x}=\lambda\boldsymbol{y}^{\mathrm{H}}\boldsymbol{\delta x}+\Delta\lambda\,\boldsymbol{y}^{\mathrm{H}}\boldsymbol{x}+O(\varepsilon^2).$$

由于 $\boldsymbol{y}^{\mathrm{H}}\boldsymbol{A}=\lambda\boldsymbol{y}^{\mathrm{H}}$，可得

$$\boldsymbol{y}^{\mathrm{H}}\boldsymbol{\delta A}\boldsymbol{x}=\Delta\lambda\,\boldsymbol{y}^{\mathrm{H}}\boldsymbol{x}+O(\varepsilon^2).$$

因为 λ 为单特征值，$\boldsymbol{y}^{\mathrm{H}}\boldsymbol{x}\neq 0$，所以

$$\Delta\lambda=\frac{\boldsymbol{y}^{\mathrm{H}}\boldsymbol{\delta A}\boldsymbol{x}}{\boldsymbol{y}^{\mathrm{H}}\boldsymbol{x}}+O(\varepsilon^2).$$

显然，

$$|\Delta\lambda| \leqslant \frac{\|\boldsymbol{y}\|\|\boldsymbol{x}\|}{\boldsymbol{y}^{\mathrm{H}}\boldsymbol{x}}\|\boldsymbol{\delta A}\|_2 + O(\varepsilon^2). \tag{6.4}$$

取 $\|\boldsymbol{x}\| = \|\boldsymbol{y}\| = 1$，定义 $\dfrac{1}{|\boldsymbol{y}^{\mathrm{H}}\boldsymbol{x}|} = \dfrac{1}{\cos\theta}$ 为特征值 λ 的条件数. 特别地，当 $\boldsymbol{A}$ 为 Hermite 矩阵(或实对称矩阵)时，左右特征向量是相同的，此时 $\cos\theta = 1$，对应的特征值问题总是良态的.

重特征值的扰动比单特征值复杂，比如

$$\boldsymbol{A} = \begin{pmatrix} \lambda & 1 & & \\ & \lambda & \ddots & \\ & & \ddots & 1 \\ & & & \lambda \end{pmatrix}, \quad \boldsymbol{A} + \boldsymbol{E} = \begin{pmatrix} \lambda & 1 & & \\ & \lambda & \ddots & \\ & & \ddots & 1 \\ \varepsilon & & & \lambda \end{pmatrix},$$

则扰动矩阵 $\boldsymbol{A}+\boldsymbol{E}$ 的特征值 $\lambda_j = \lambda + \sqrt[n]{\varepsilon}\mathrm{e}^{\frac{\mathrm{i}2\pi j}{n}}$，$j = 1, 2, \cdots, n$.

定理 6.4(Gerschgorin(格尔什戈林)圆盘定理)

设 $\boldsymbol{A} = (a_{ij}) \in \mathbb{C}^{n\times n}$，令

$$G_i(\boldsymbol{A}) = \left\{ z \in \mathbb{C} \,\middle|\, |z - a_{ii}| \leqslant \sum_{j\neq i} |a_{ij}| \right\} \quad (i = 1, \cdots, n), \tag{6.5}$$

则 $\lambda(\boldsymbol{A}) \subset \bigcup_{i=1}^{n} G_i(\boldsymbol{A})$.

证明　设 $(\lambda, \boldsymbol{u})$ 为 $\boldsymbol{A}$ 的任一特征对，即 $\boldsymbol{A}\boldsymbol{u} = \lambda\boldsymbol{u}$，$\boldsymbol{u} = (x_1, x_2, \cdots, x_n)^{\mathrm{T}}$，则

$$(\lambda - a_{ii})x_i = \sum_{j=1,\neq i}^{n} a_{ij}x_j,$$

$$|\lambda - a_{ii}||x_i| \leqslant \sum_{j=1,\neq i}^{n} |a_{ij}||x_j|.$$

记 $|x_m| = \max\limits_{1\leqslant i\leqslant n} |x_i|$，则 $x_m \neq 0$，

$$|\lambda - a_{mm}| \leqslant \sum_{j=1,\neq m}^{n} |a_{mj}||x_j / x_m| \leqslant \sum_{j=1,\neq m}^{n} |a_{mj}|,$$

故 $\lambda \subset G_m(\boldsymbol{A})$. 由 λ 的任意性，定理得证. □

例 6.1　设 λ_j 为 n 阶矩阵 $\boldsymbol{A}$ 的特征值，证明：$\min\limits_{1\leqslant j\leqslant n} |\lambda_j| \geqslant \min\limits_{1\leqslant i\leqslant n} \left\{ |a_{ii}| - \sum_{j=1,j\neq i}^{n} |a_{ij}| \right\}$.

证明　设 λ 为 $\boldsymbol{A}$ 的任一特征值，由圆盘定理，存在 k ($1 \leqslant k \leqslant n$)，使得

$$|\lambda - a_{kk}| \leqslant \sum_{j=1,j\neq k}^{n} |a_{kj}|.$$

因为

$$|a_{kk}| - |\lambda| \leqslant \big||\lambda| - |a_{kk}|\big| \leqslant |\lambda - a_{kk}|,$$

所以

$$|\lambda| \geqslant |a_{kk}| - \sum_{j=1,\neq k}^{n} |a_{kj}| \geqslant \min_{1 \leqslant i \leqslant n} \left\{ |a_{ii}| - \sum_{j=1, j \neq i}^{n} |a_{ij}| \right\}.$$

由 λ 的任意性知命题成立. □

注 (1) 若不等式右端为正,则对模最小特征值给出了一个有用的下界. 由此可知,严格对角占优矩阵无零特征值,是非奇异的. (2) 若有 m 个圆盘互相连通且与其余 $n-m$ 个不连通,则此 m 个圆盘所成的连通区域中恰有 m 个特征值.

考查矩阵

$$A = \begin{pmatrix} 30 & 1 & 2 & 3 \\ 4 & 15 & -4 & -2 \\ -1 & 0 & 3 & 5 \\ -3 & 5 & 0 & -1 \end{pmatrix}.$$

矩阵对应的四个 Gerschgorin 圆盘如图 6.2 所示. 适当的相似变换可以使 Gerschgorin 圆盘有更好的分离.

(a) 原矩阵　　　　　　　　　　(b) 相似变换后的矩阵

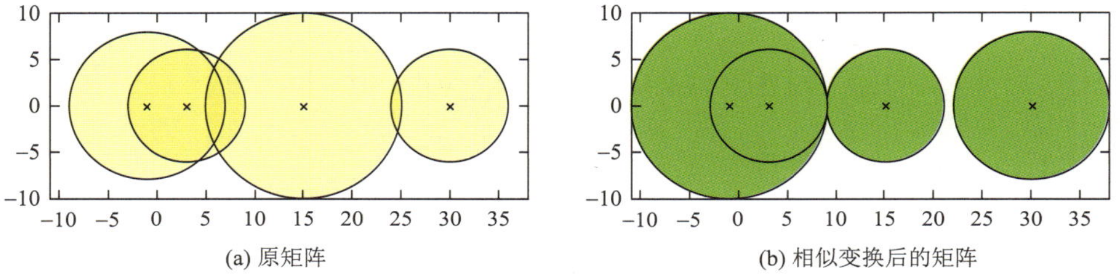

图 6.2　矩阵对应的四个 Gerschgorin 圆盘

6.2　幂法及其若干推广

对任意初始向量 q_0,构造迭代格式:

$$q_k = A q_{k-1} \quad (k=1,2,\cdots),$$

产生向量序列 $\{q_k\}$,稍后将其改造为标准的幂法. 幂法非常简单,是最基本的特征值算法,许多复杂算法与之有着千丝万缕的联系.

设 A 的特征值按模大小如下排列:

$$|\lambda_1| > |\lambda_2| \geqslant \cdots \geqslant |\lambda_n|,$$

并假设对应的 n 个线性无关的特征向量分别为 $x_1, x_2, \cdots, x_n$. 任意初始向量 q_0 可由 $x_1, x_2, \cdots, x_n$ 线性表出,即

$$q_0 = \alpha_1 x_1 + \alpha_2 x_2 + \cdots + \alpha_n x_n.$$

由迭代格式,

$$q_k = A^k q_0 = \alpha_1 \lambda_1^k x_1 + \alpha_2 \lambda_2^k x_2 + \cdots + \alpha_n \lambda_n^k x_n$$

$$= \alpha_1 \lambda_1^k \left(x_1 + \sum_{j=2}^{n} \frac{\alpha_j}{\alpha_1} \left(\frac{\lambda_j}{\lambda_1} \right)^k x_j \right),$$

$$\lambda_1^{-k} A^k q_0 \to \alpha_1 x_1,$$

可知 $\boldsymbol{q}_k$ 收敛到按模最大特征值对应的特征向量. 当 $|\lambda_1|>1$ 或者 $|\lambda_1|<1$ 的时候, 计算 $\boldsymbol{q}_k$ 的过程可能出现上溢或者下溢, 需要对迭代格式稍作修改. 每一步都对向量规范化, 因为我们主要关心的是特征方向, 并不在乎向量的长度. 迭代格式改为

$$\boldsymbol{z}_k=\boldsymbol{A}\boldsymbol{q}_{k-1},$$
$$\boldsymbol{q}_k=\frac{\boldsymbol{z}_k}{\|\boldsymbol{z}_k\|}\quad(k=1,2,\cdots),$$

序列 $\{\boldsymbol{q}_k\}$ 收敛到特征向量 $\boldsymbol{x}_1$, 对充分大的 k.

$$\lambda_1\approx\frac{\boldsymbol{q}_k^{\mathrm{T}}\boldsymbol{A}\boldsymbol{q}_k}{\boldsymbol{q}_k^{\mathrm{T}}\boldsymbol{q}_k}=\boldsymbol{q}_k^{\mathrm{T}}\boldsymbol{z}_{k+1}.$$

由此可得按模最大特征值的近似.

设按模最大的特征值 λ_1 是单的, 初始向量 $\boldsymbol{q}_0$ 在 $\boldsymbol{x}_1$ 方向上的投影不为 0, 则向量序列 $\{\boldsymbol{q}_k\}$ 收敛于 $\boldsymbol{x}_1$. 当条件不满足时, 向量序列的收敛性会变得复杂. 比如 $\boldsymbol{A}=\mathrm{diag}(-1,0,1)$, $\boldsymbol{q}_0=(1,1,1)^{\mathrm{T}}$, 则

$$\boldsymbol{A}^k\boldsymbol{q}_0=(-1)^k\begin{pmatrix}1\\0\\0\end{pmatrix}+\begin{pmatrix}0\\0\\1\end{pmatrix}.$$

它有两个收敛子序列, 分别收敛于 $(-1,0,1)^{\mathrm{T}}$ 和 $(1,0,1)^{\mathrm{T}}$.

收敛速度显然依赖于 $|\lambda_2/\lambda_1|$ 的大小, 可适当选择位移 σ, 使矩阵 $\boldsymbol{A}-\sigma\boldsymbol{I}$ 的按模最大特征值与其他特征值之模的差异更大.

假如还要求按模第二大的单特征值 λ_2, 需对原矩阵降阶, 即下面要介绍的收缩技术. 设 $\boldsymbol{A}\boldsymbol{x}_1=\lambda_1\boldsymbol{x}_1$, 且有酉变换 $\boldsymbol{H}$, 使得 $\boldsymbol{H}\boldsymbol{x}_1=\alpha\boldsymbol{x}_1$, 则

$\boldsymbol{HAH}^{\mathrm{H}}\boldsymbol{H}\boldsymbol{x}_1=\lambda_1\boldsymbol{H}\boldsymbol{x}_1$, 此即 $\boldsymbol{HAH}^{\mathrm{H}}\boldsymbol{e}_1=\lambda_1\boldsymbol{e}_1$, 故 $\boldsymbol{HAH}^{\mathrm{H}}=\begin{pmatrix}\lambda_1 & *\\ \boldsymbol{0} & \boldsymbol{B}\end{pmatrix}$, 其中 $\boldsymbol{B}$ 是 $n-1$ 阶方阵, 接着寻求 $\boldsymbol{B}$ 的特征值.

下面考虑幂法的若干推广, 包括反幂法、位移求逆、Rayleigh(瑞利)商迭代、正交迭代, 甚至著名的 QR 算法.

(1) **反幂法.**

设 $\boldsymbol{A}$ 为非奇异方阵, $(\lambda,\boldsymbol{x})$ 为矩阵的特征对, 即 $\boldsymbol{A}\boldsymbol{x}=\lambda\boldsymbol{x}$ $(\boldsymbol{x}\neq\boldsymbol{0})$, 且 $\lambda\neq0$. 易知 $\boldsymbol{A}^{-1}\boldsymbol{x}=\lambda^{-1}\boldsymbol{x}$, 于是 $(\lambda^{-1},\boldsymbol{x})$ 为 $\boldsymbol{A}^{-1}$ 的特征对. 设 $\boldsymbol{A}$ 的特征值为 $|\lambda_1|\geqslant|\lambda_2|\geqslant\cdots>|\lambda_n|>0$, 则 $\boldsymbol{A}^{-1}$ 的特征值为 $|\lambda_n^{-1}|>|\lambda_{n-1}^{-1}|\geqslant\cdots\geqslant|\lambda_1^{-1}|$, 此时 $|\lambda_n^{-1}|$ 成为 $\boldsymbol{A}^{-1}$ 的按模最大的特征值, 故对 $\boldsymbol{A}^{-1}$ 使用幂法, 将收敛于 λ_n 对应的特征向量 $\boldsymbol{x}_n$. 反幂法迭代格式为

$$\boldsymbol{z}_k=\boldsymbol{A}^{-1}\boldsymbol{q}_{k-1},$$
$$\boldsymbol{q}_k=\frac{\boldsymbol{z}_k}{\|\boldsymbol{z}_k\|}\quad(k=1,2,\cdots),$$

通过求解方程 $\boldsymbol{A}\boldsymbol{z}_k=\boldsymbol{q}_{k-1}$ 给出 $\boldsymbol{z}_k$. 当 $\boldsymbol{A}$ 为中小型稠密矩阵时, 可以运用矩阵 LU 分解; 大规模稀疏情形则宜用迭代法求解.

(2) **位移求逆.**

用幂法和反幂法可求按模最大和最小特征值及特征向量. 对内部特征值 λ_s, 如果有估计 $\sigma\approx\lambda_s$, 使 $(\boldsymbol{A}-\sigma\boldsymbol{I})^{-1}$ 的特征值 $(\lambda_s-\sigma)^{-1}$ 按模最大, 从而对 $(\boldsymbol{A}-\sigma\boldsymbol{I})^{-1}$ 应用幂法, 则收敛到 λ_s 对

应的特征向量，这就是带原点位移 σ 的反幂法，迭代格式如下:

$$(\boldsymbol{A}-\sigma\boldsymbol{I})\boldsymbol{z}_k=\boldsymbol{q}_{k-1},$$

$$\boldsymbol{q}_k=\frac{\boldsymbol{z}_k}{\|\boldsymbol{z}_k\|}\quad(k=1,2,\cdots).$$

每一步迭代要求解一个线性方程组，当 σ 与某个特征值靠近时，常常只需一次迭代就可以得到相当好的近似特征向量.

(3) **Rayleigh 商迭代.**

位移可取为 Rayleigh 商 $\mu_k=\boldsymbol{q}_k^{\mathrm{T}}\boldsymbol{A}\boldsymbol{q}_k$，得 Rayleigh 商迭代格式:

$$\boldsymbol{z}_k=(\boldsymbol{A}-\mu_{k-1}\boldsymbol{I})^{-1}\boldsymbol{q}_{k-1},$$

$$\boldsymbol{q}_k=\frac{\boldsymbol{z}_k}{\|\boldsymbol{z}_k\|},$$

$$\mu_k=\boldsymbol{q}_k^{\mathrm{H}}\boldsymbol{A}\boldsymbol{q}_k\quad(k=1,2,\cdots),$$

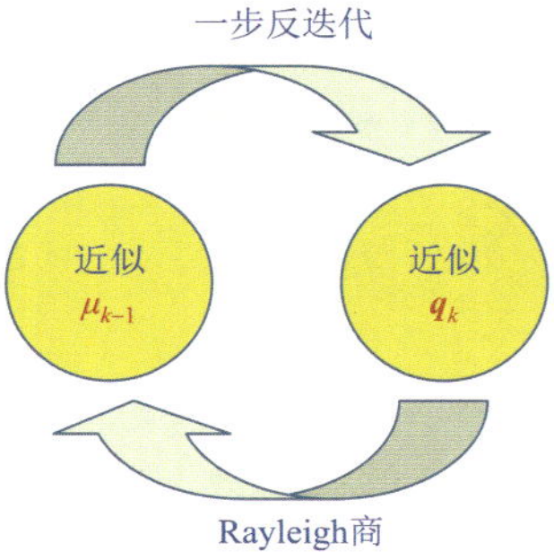

图 6.3　Rayleigh 商迭代

其中 μ_0 和 $\boldsymbol{q}_0$ 分别为初始位移和初始向量，参考图 6.3. 由于位移的变化，每一步迭代需求解不同的线性方程组.

(4) **正交迭代.**

标准的幂法是将 $\boldsymbol{A}\in\mathbb{R}^{n\times n}$ 作用于一个向量，基本操作是矩阵—向量积，我们将其推广到作用于矩阵，同时作用于若干个列向量

$$\boldsymbol{Q}_k=\boldsymbol{A}\boldsymbol{Q}_{k-1}\quad(k=1,2,\cdots),$$

这里 $\{\boldsymbol{Q}_k\}$ 是 $n\times p$ 矩阵 $(p\leqslant n)$. 希望同时计算多个特征值和特征向量，对此有更好的实现方式:

$$\boldsymbol{Z}_k=\boldsymbol{A}\boldsymbol{Q}_{k-1},$$

$$\boldsymbol{Z}_k=\boldsymbol{Q}_k\boldsymbol{R}_k\quad(k=1,2,\cdots),$$

其中第二小步是对 $\boldsymbol{Z}_k$ 的 QR 分解，$\boldsymbol{Q}_k$ 的列构成 $\boldsymbol{Z}_k$ 值域空间的标准正交基. 该算法称为正交迭代，又称为子空间迭代或同时迭代.

6.3 QR 算法

6.3.1 基本 QR 算法

我们从正交迭代出发，导出 QR 算法. 取 $\boldsymbol{U}_0=\boldsymbol{I}$，记 $\boldsymbol{U}_k\boldsymbol{R}_k$ 为 $\boldsymbol{Z}_k$ 的 QR 分解 ($\boldsymbol{U}_k$ 是正交阵，$\boldsymbol{R}_k$ 为上三角阵). 由正交迭代:

$$\boldsymbol{Z}_1=\boldsymbol{A}\boldsymbol{U}_0=\boldsymbol{U}_1\boldsymbol{R}_1,\tag{6.6}$$

$$\boldsymbol{Z}_2=\boldsymbol{A}\boldsymbol{U}_1=\boldsymbol{U}_2\boldsymbol{R}_2,\tag{6.7}$$

$$\boldsymbol{Z}_3=\boldsymbol{A}\boldsymbol{U}_2=\boldsymbol{U}_3\boldsymbol{R}_3.\tag{6.8}$$

定义 $\boldsymbol{A}_1=\boldsymbol{A}$，$\boldsymbol{A}_k=\boldsymbol{U}_{k-1}^{\mathrm{T}}\boldsymbol{A}\boldsymbol{U}_{k-1}(k\geqslant2)$. 这里 $\boldsymbol{A}_k$ 有如下的 Rayleigh 商形式.

$$\boldsymbol{A}_2=\boldsymbol{U}_1^{\mathrm{T}}\boldsymbol{A}\boldsymbol{U}_1=(\boldsymbol{U}_1^{\mathrm{T}}\boldsymbol{A})\boldsymbol{U}_1=\boldsymbol{R}_1\boldsymbol{U}_1\qquad\text{(由 (6.6) 式)}$$

$$=\boldsymbol{U}_1^{\mathrm{T}}(\boldsymbol{A}\boldsymbol{U}_1)=\boldsymbol{U}_1^{\mathrm{T}}\boldsymbol{U}_2\boldsymbol{R}_2,\qquad\text{(由 (6.7) 式)}$$

$$\boldsymbol{A}_3=\boldsymbol{U}_2^{\mathrm{T}}\boldsymbol{A}\boldsymbol{U}_2=(\boldsymbol{U}_2^{\mathrm{T}}\boldsymbol{A})\boldsymbol{U}_2=\boldsymbol{R}_2\boldsymbol{U}_1^{\mathrm{T}}\boldsymbol{U}_2\qquad\text{(由 (6.7) 式)}$$

$$=U_2^{\mathrm{T}}\left(AU_2\right)=U_2^{\mathrm{T}}U_3R_3.\qquad\text{（由(6.8)式）}$$

定义 $Q_k=U_{k-1}^{\mathrm{T}}U_k(k\geqslant 1)$，则

$$A_1=Q_1R_1,$$
$$A_2=R_1Q_1=Q_2R_2,$$
$$A_3=R_2Q_2=Q_3R_3,$$
$$\vdots$$

注意 A_k 计算式中的两个等号，第一个等号右边是上一步 QR 分解后所得 R-因子与 Q-因子的积，第二个等号右边是 A_k 的 QR 分解.

上述迭代过程可总结为如下著名的 QR 算法. 令 $A_1=A$，对 $k=1,2,\cdots$，进行如下迭代:

$$A_k=Q_kR_k,$$
$$A_{k+1}=R_kQ_k.$$

由算法导出过程易知,

$$Q_1Q_2\cdots Q_k=U_1\left(U_1^{\mathrm{T}}U_2\right)\cdots\left(U_{k-1}^{\mathrm{T}}U_k\right)=U_k,$$
$$A_{k+1}=U_k^{\mathrm{T}}AU_k.$$

考查 QR 算法中的三个矩阵序列 $\{A_k\},\{Q_k\},\{R_k\}$. 从算法本身出发，易导出下面三个性质.

定理 6.5

由基本的 QR 算法可得

(1) $A_{k+1}=Q_k^{-1}A_kQ_k=Q_k^{-1}\cdots Q_1^{-1}AQ_1\cdots Q_k$,

(2) $A_{k+1}=R_kA_kR_k^{-1}=R_k\cdots R_1A\,R_1^{-1}\cdots R_k^{-1}$,

(3) $A^k=Q_1Q_2\cdots Q_kR_k\cdots R_2R_1$.

证明　(1) 由算法 $A_{k+1}=R_kQ_k=Q_k^{-1}(Q_kR_k)Q_k=Q_k^{-1}A_k\,Q_k$. 根据这一递推关系，可得

$$A_{k+1}=Q_k^{-1}A_k\,Q_k=Q_k^{-1}\left(Q_{k-1}^{-1}A_{k-1}Q_{k-1}\right)Q_k=\cdots=Q_k^{-1}\cdots Q_1^{-1}A_1Q_1\cdots Q_k.$$

又 $A_1=A$，命题得证.

(2) 由算法,

$$A_{k+1}=R_kQ_k=R_k(Q_kR_k)R_k^{-1}=R_kA_kR_k^{-1}.$$

根据递推关系,

$$A_{k+1}=R_kA_kR_k^{-1}=R_k\left(R_{k-1}^{-1}A_{k-1}R_{k-1}\right)R_k^{-1}=\cdots=R_k\cdots R_1A_1R_1^{-1}\cdots R_k^{-1}.$$

又 $A_1=A$，命题得证.

(3) 记 $U_k=Q_1Q_2\cdots Q_k$，$S_k=R_k\cdots R_2R_1$，则

$$U_kS_k=Q_1Q_2\cdots(Q_kR_k)\cdots R_2R_1=Q_1\cdots Q_{k-1}A_kR_{k-1}\cdots R_1=U_{k-1}A_kS_{k-1}.$$

由前述结论，$A_k=U_{k-1}^{-1}AU_{k-1}$，得递推关系

$$U_kS_k=(U_{k-1}A_k)S_{k-1}=AU_{k-1}S_{k-1}.$$

应用上述递推关系,

$$U_kS_k=AU_{k-1}S_{k-1}=A(AU_{k-2}S_{k-2})=\cdots=A^{k-1}U_1S_1=A^{k-1}Q_1R_1=A^k.$$

命题得证. □

由 A_k 计算 A_{k+1} 称为一步 QR 迭代，根据上述性质，序列 $\{A_k\}$ 中每一个矩阵都是相似的，有

相同的特征值. 下面将证明$\{A_k\}$趋于一个(拟)上三角矩阵, 而上三角矩阵的特征值是显然的, 就是其对角元. 思路如下: 目标是证明$A_{k+1}=U_k^{\mathrm{H}}AU_k\to$上三角矩阵, 其中$U_kS_k=A^k$, U_k理论上可通过A^k的QR分解获得. 设$A=X\Lambda X^{-1}$, 且有QR分解$X=QR$和LU分解$X^{-1}=LU$, 则

$$A^k=X\Lambda^kX^{-1}=QR\Lambda^kLU=QR(\Lambda^kL\Lambda^{-k})\Lambda^kU,$$

其中$\Lambda^kL\Lambda^{-k}\to I$, 再用一次QR分解设法将正交因子置左而将上三角因子置右, 最终获得A^k的QR分解形式.

定理 6.6 (QR 算法的收敛性)

设n阶矩阵A可对角化, $A=X\Lambda X^{-1}$, $\Lambda=\mathrm{diag}(\lambda_1,\lambda_2,\cdots,\lambda_n)$, $|\lambda_1|>|\lambda_2|>\cdots>|\lambda_n|>0$, 且$X^{-1}$有LU分解, 则QR算法产生的序列$\{A_k\}$基本收敛于上三角矩阵$R$, 这里基本收敛是对角元收敛, 对角线以下元素趋于零, 其余可以不收敛到R的元素.

证明 (1) 设X^{-1}的LU分解为$X^{-1}=LU$, 其中L是单位下三角阵, $L=(l_{ij})$, $U=(u_{ij})$.

$$A^k=X\Lambda^kLU=X\Lambda^kL\Lambda^{-k}\Lambda^kU\equiv X(I+E_k)\Lambda^kU,$$

$$E_k=\begin{pmatrix} 0 & & & & \\ l_{21}\left(\frac{\lambda_2}{\lambda_1}\right)^k & 0 & & & \\ l_{31}\left(\frac{\lambda_3}{\lambda_1}\right)^k & l_{32}\left(\frac{\lambda_2}{\lambda_2}\right)^k & 0 & & \\ \vdots & \vdots & \vdots & \ddots & \\ l_{n1}\left(\frac{\lambda_n}{\lambda_1}\right)^k & l_{n2}\left(\frac{\lambda_n}{\lambda_2}\right)^k & l_{n3}\left(\frac{\lambda_n}{\lambda_3}\right)^k & \cdots & 0 \end{pmatrix}.$$

由于$|\lambda_i|>|\lambda_j|$ $(i<j)$, 故$k\to\infty$时, $E_k\to 0$.

(2) 设X的QR分解为$X=QR$, 其中R是对角元为正的上三角阵, 则

$$A^k=QR(I+E_k)\Lambda^kU=Q(I+RE_kR^{-1})R\Lambda^kU.$$

设有QR分解: $I+RE_kR^{-1}=\hat{Q}\hat{R}$. 当$k\to\infty$时, $\hat{Q}\to I$, $\hat{R}\to I$, 故

$$A^k=Q\hat{Q}\hat{R}R\Lambda^kU.$$

这是A^k的QR分解, 为保证分解的唯一性, 还需设法保证上三角阵的对角元为正.

(3) 定义$D_1=\mathrm{diag}\left(\frac{\lambda_1}{|\lambda_1|},\cdots,\frac{\lambda_n}{|\lambda_n|}\right)$, $D_2=\mathrm{diag}\left(\frac{u_{11}}{|u_{11}|},\cdots,\frac{u_{nn}}{|u_{nn}|}\right)$, 这里$D_1$和$D_2$的对角元为$\pm1$, 分别反映了$\{\lambda_i\}$和$\{u_{ii}\}$的正负.

$$A^k=Q\hat{Q}D_2D_1^kD_1^{-k}D_2^{-1}\hat{R}R\Lambda^kU\equiv U_kS_k,$$

其中$U_k=Q\hat{Q}D_2D_1^k$是正交阵, $S_k=D_1^{-k}D_2^{-1}\hat{R}R\Lambda^kU$是对角元为正的上三角阵. 这个QR分解是唯一的, 其Q-因子与QR迭代得到的U_k相同(假设每步QR迭代的R-因子对角元为正).

(4) 将U_k和$A=X\Lambda X^{-1}=QR\Lambda R^{-1}Q^{\mathrm{H}}$代入$A_{k+1}=U_k^{\mathrm{H}}AU_k$中,

$$A_{k+1}=D_1^kD_2\hat{Q}^{\mathrm{H}}Q^{\mathrm{H}}AQ\hat{Q}D_2D_1^k=D_1^kD_2\hat{Q}^{\mathrm{H}}R\Lambda R^{-1}\hat{Q}D_2D_1^k,$$

其中$\hat{Q}^{\mathrm{H}}R\Lambda R^{-1}\hat{Q}\to R\Lambda R^{-1}$(上三角阵). 但由于$D_1^k$极限不存在, 故$\{A_k\}$只能基本收敛于上三角阵. □

QR 算法是 Francis(弗朗西斯)在 1961 年和 1962 年的文章中提出的，在此之前已有 Rutishauser（鲁蒂斯豪泽）的 LR 算法，经过半个多世纪的检验，QR 算法已经是求解特征值问题十分有效的方法了，被评为 20 世纪十大算法之一.

要使算法达到真正实用，我们还需要对基本的 QR 算法加些改进.下面介绍上 Hessenberg（海森伯格）化，减少运算量，并引入位移加速收敛.

6.3.2 上 Hessenberg 化

如果矩阵 $\boldsymbol{A}=(a_{ij})$ 的元素满足 $a_{ij}=0(i>j+1)$，即矩阵下次对角线以下元素全为 0，则称 $\boldsymbol{A}$ 为上 Hessenberg 矩阵. 原始 QR 算法中，一步 QR 迭代涉及一个 QR 分解和一个矩阵-矩阵乘法，运算量均为 $O(n^3)$. 下面先将原始矩阵 $\boldsymbol{A}$ 化为上 Hessenberg 矩阵，再进行 QR 迭代，则每步 QR 迭代运算量为 $O(n^2)$. 下面以 5×5 矩阵为例，

$$\boldsymbol{A}=\begin{pmatrix} a_{11}^{(1)} & a_{12}^{(1)} & a_{13}^{(1)} & a_{14}^{(1)} & a_{15}^{(1)} \\ a_{21}^{(1)} & a_{22}^{(1)} & a_{23}^{(1)} & a_{24}^{(1)} & a_{25}^{(1)} \\ a_{31}^{(1)} & a_{32}^{(1)} & a_{33}^{(1)} & a_{34}^{(1)} & a_{35}^{(1)} \\ a_{41}^{(1)} & a_{42}^{(1)} & a_{43}^{(1)} & a_{44}^{(1)} & a_{45}^{(1)} \\ a_{51}^{(1)} & a_{52}^{(1)} & a_{53}^{(1)} & a_{54}^{(1)} & a_{55}^{(1)} \end{pmatrix},$$

分三步将其化为上 Hessenberg 矩阵，具体介绍如下.

第一步，构造 Householder 矩阵 $\boldsymbol{H}_1$，使 $\boldsymbol{H}_1\boldsymbol{A}$ 的第一列对角线以下元素只有一个非零元. 先确定 Householder 变换 $\hat{\boldsymbol{H}}_1$，

$$\hat{\boldsymbol{H}}_1\begin{pmatrix} a_{21}^{(1)} \\ a_{31}^{(1)} \\ a_{41}^{(1)} \\ a_{51}^{(1)} \end{pmatrix}=\begin{pmatrix} a_{21}^{\diamond} \\ 0 \\ 0 \\ 0 \end{pmatrix}.$$

再定义 $\boldsymbol{H}_1=\operatorname{diag}\left(1,\hat{\boldsymbol{H}}_1\right)$. 易验证 $\boldsymbol{H}_1=\boldsymbol{H}_1^{\mathrm{T}}=\boldsymbol{H}_1^{-1}$，对 $\boldsymbol{A}$ 左乘 $\boldsymbol{H}_1$，不改变第一行，且第一列对角线以下只有一个非零元；求特征值问题需使用相似变换，接着对 $\boldsymbol{H}_1\boldsymbol{A}$ 右乘 $\boldsymbol{H}_1$，可保持第一列不变，

$$\boldsymbol{H}_1\boldsymbol{A}\boldsymbol{H}_1=\begin{pmatrix} a_{11}^{(1)} & a_{12}^{(2)} & a_{13}^{(2)} & a_{14}^{(2)} & a_{15}^{(2)} \\ a_{21}^{\diamond} & a_{22}^{(2)} & a_{23}^{(2)} & a_{24}^{(2)} & a_{25}^{(2)} \\ 0 & a_{32}^{(2)} & a_{33}^{(2)} & a_{34}^{(2)} & a_{35}^{(2)} \\ 0 & a_{42}^{(2)} & a_{43}^{(2)} & a_{44}^{(2)} & a_{45}^{(2)} \\ 0 & a_{52}^{(2)} & a_{53}^{(2)} & a_{54}^{(2)} & a_{55}^{(2)} \end{pmatrix}.$$

这里第一列以后的矩阵元素上标变为(2)，表示所在位置的元素(相对于原矩阵 $\boldsymbol{A}$)已经改变；下面过程中上标的改变与此类似，不作重复说明.

第二步，确定 Householder 变换 $\hat{\boldsymbol{H}}_2$，使得

$$\hat{\boldsymbol{H}}_2\begin{pmatrix} a_{32}^{(2)} \\ a_{42}^{(2)} \\ a_{52}^{(2)} \end{pmatrix}=\begin{pmatrix} a_{32}^{\diamond} \\ 0 \\ 0 \end{pmatrix},$$

并定义 $\boldsymbol{H}_2=\mathrm{diag}(\boldsymbol{I}_2,\hat{\boldsymbol{H}}_2)$. 左乘 $\boldsymbol{H}_2$, 不改变前两行, 且使第二列对角线以下只有一个非零元; 接着右乘 $\boldsymbol{H}_2$ 可保持前两列不变.

$$\boldsymbol{H}_2(\boldsymbol{H}_1\boldsymbol{A}\boldsymbol{H}_1)\boldsymbol{H}_2=\begin{pmatrix} a_{11}^{(1)} & a_{12}^{(2)} & a_{13}^{(3)} & a_{14}^{(3)} & a_{15}^{(3)} \\ a_{21}^{\diamond} & a_{22}^{(2)} & a_{23}^{(3)} & a_{24}^{(3)} & a_{25}^{(3)} \\ 0 & a_{32}^{\diamond} & a_{33}^{(3)} & a_{34}^{(3)} & a_{35}^{(3)} \\ 0 & 0 & a_{43}^{(3)} & a_{44}^{(3)} & a_{45}^{(3)} \\ 0 & 0 & a_{53}^{(3)} & a_{54}^{(3)} & a_{55}^{(3)} \end{pmatrix}.$$

第三步, 与前面做法类似, 确定 $\hat{\boldsymbol{H}}_3$, 使得

$$\hat{\boldsymbol{H}}_3\begin{pmatrix} a_{43}^{(3)} \\ a_{53}^{(3)} \end{pmatrix}=\begin{pmatrix} a_{43}^{\diamond} \\ 0 \end{pmatrix}.$$

并定义 $\boldsymbol{H}_3=\mathrm{diag}(\boldsymbol{I}_3,\hat{\boldsymbol{H}}_3)$, 易验证

$$\boldsymbol{H}_3(\boldsymbol{H}_2\boldsymbol{H}_1\boldsymbol{A}\boldsymbol{H}_1\boldsymbol{H}_2)\boldsymbol{H}_3=\begin{pmatrix} a_{11}^{(1)} & a_{12}^{(2)} & a_{13}^{(3)} & a_{14}^{(4)} & a_{15}^{(4)} \\ a_{21}^{\diamond} & a_{22}^{(2)} & a_{23}^{(3)} & a_{24}^{(4)} & a_{25}^{(4)} \\ 0 & a_{32}^{\diamond} & a_{33}^{(3)} & a_{34}^{(4)} & a_{35}^{(4)} \\ 0 & 0 & a_{43}^{\diamond} & a_{44}^{(4)} & a_{45}^{(4)} \\ 0 & 0 & 0 & a_{54}^{(4)} & a_{55}^{(4)} \end{pmatrix}.$$

令 $\boldsymbol{H}=\boldsymbol{H}_1\boldsymbol{H}_2\boldsymbol{H}_3$. 通过正交相似变换, 将原矩阵 $\boldsymbol{A}$ 化为了上 Hessenberg 矩阵 $\boldsymbol{A}_1$, 记为

$$\boldsymbol{H}^{\mathrm{T}}\boldsymbol{A}\boldsymbol{H}=\boldsymbol{A}_1.$$

一般地, n 阶矩阵上 Hessenberg 化的计算量约为 $10n^3/3$, 如果要形成正交矩阵则还需运算量 $4n^3/3$. 误差分析详见(Golub and Van Loan, 2013).

6.3.3 上 Hessenberg 矩阵的 QR 分解

对于上 Hessenberg 矩阵 $\boldsymbol{A}_1$, 可使用 Givens 变换将其化为上三角矩阵, 即用 Givens 变换作 $\boldsymbol{A}_1$ 的 QR 分解, 具体过程如下.

确定 Givens 变换 $\hat{\boldsymbol{G}}_1^{\mathrm{T}}$, 使得

$$\hat{\boldsymbol{G}}_1^{\mathrm{T}}\begin{pmatrix} a_{11}^{(1)} \\ a_{21}^{\diamond} \end{pmatrix}=\begin{pmatrix} * \\ 0 \end{pmatrix},$$

并定义 $\boldsymbol{G}_1=\mathrm{diag}(\hat{\boldsymbol{G}}_1,\boldsymbol{I}_{n-2})$, 对上述例子 $n=5$.

显然左乘 $\boldsymbol{G}_1^{\mathrm{T}}$ 只改变矩阵第 1, 2 两行, 它将第一列对角线以下的元素, 即将(2, 1)元素消为 0. 这样

$$\boldsymbol{G}_1^{\mathrm{T}}\boldsymbol{A}_1=\begin{pmatrix} \times & \times & \times & \times & \times \\ 0 & + & \times & \times & \times \\ 0 & + & \times & \times & \times \\ 0 & 0 & \times & \times & \times \\ 0 & 0 & 0 & \times & \times \end{pmatrix},$$

这里用 $\times$ 和 $+$ 标出非零元的位置, 其中用 $+$ 标出的元素将确定下一步 Givens 变换. 再一次指出变换 $\boldsymbol{G}_1^{\mathrm{T}}$ 将第一列对角线以下元素化为 0, 且左乘 $\boldsymbol{G}_1^{\mathrm{T}}$ 只改变第 1, 2 行元素.

类似地，可确定 $G_k^{\mathrm{T}}(k=2,3,\cdots,n-1)$，左乘只改变第 k 和 $k+1$ 两行，将第 k 列对角线以下元素，即 $(k+1,k)$ 元素消为 0，这样

$$G_2^{\mathrm{T}}G_1^{\mathrm{T}}A_1=\begin{pmatrix}\times&\times&\times&\times&\times\\0&\times&\times&\times&\times\\0&0&+&\times&\times\\0&0&+&\times&\times\\0&0&0&\times&\times\end{pmatrix},$$

$$G_3^{\mathrm{T}}G_2^{\mathrm{T}}G_1^{\mathrm{T}}A_1=\begin{pmatrix}\times&\times&\times&\times&\times\\0&\times&\times&\times&\times\\0&0&\times&\times&\times\\0&0&0&+&\times\\0&0&0&+&\times\end{pmatrix},$$

$$G_{n-1}^{\mathrm{T}}\cdots G_3^{\mathrm{T}}G_2^{\mathrm{T}}G_1^{\mathrm{T}}A_1=\begin{pmatrix}\times&\times&\times&\times&\times\\0&\times&\times&\times&\times\\0&0&\times&\times&\times\\0&0&0&\times&\times\\0&0&0&0&\times\end{pmatrix}.$$

记 $(G_1G_2\cdots G_{n-1})^{\mathrm{T}}A_1=R_1$，从而有 QR 分解 $A_1=Q_1R_1$，这里 $Q_1=G_1G_2\cdots G_{n-1}$，显然这一 QR 分解的运算量只有 $O(n^2)$.

由 QR 算法，

$$A_2=R_1Q_1=R_1G_1G_1\cdots G_{n-1},$$

其中右乘 $G_k(k=1,2,\cdots,n-1)$，只改变第 k 和 $k+1$ 列，计算 A_2 的运算量也只有 $O(n^2)$，且 A_2 仍为上 Hessenberg 矩阵，从而上 Hessenberg 矩阵结构在 QR 迭代中得以保持.

给定矩阵 A，基本 QR 算法为

$$\begin{aligned}&A_1=H^{\mathrm{T}}AH,\\&A_k=Q_kR_k,\\&A_{k+1}=R_kQ_k,\quad k=1,2,\cdots,\end{aligned}$$

上述第一行是一步预处理，用 Householder 变换 H 将 A 上 Hessenberg 化.

6.3.4　带原点位移的 QR 算法

我们已经知道在幂法中选取适当的位移可以加速收敛，类似地，位移策略亦可用于 QR 算法.

关于位移的选取，先考虑一个极端情况. 设 $A_1\in\mathbb{R}^{n\times n}$ 为不可约的上 Hessenberg 矩阵（下次对角线元素非零），μ 是 A_1 的一个特征值，进行下面的一步 QR 迭代：

$$\begin{aligned}&A_1-\mu I=QR,\\&A_2=RQ+\mu I.\end{aligned}$$

考查上 Hessenberg 矩阵 A_2 的最后一行. 对 $A_1-\mu I$ 用 Givens 变换作出其 QR 分解，其上三角矩阵记为 $R=(r_{ij})$. 因为 $A_1-\mu I$ 亦为不可约上 Hessenberg 矩阵，由 Givens 变换的性质，

$$|r_{ii}| \geqslant |a_{i+1,i}| \neq 0, \quad i = 0,1,\cdots,n-1,$$

其中 $a_{i+1,i}$ 为 $\boldsymbol{A}_1$ 的下次对角线元素.

因 μ 是 $\boldsymbol{A}_1$ 的特征值，则 $\boldsymbol{A}_1 - \mu\boldsymbol{I}$ 奇异，从而 $\boldsymbol{R}$ 为奇异阵，故 $r_{nn}=0$，所以 $\boldsymbol{A}_2$ 的最后一行为 $(0,\cdots,0,\mu)$. 如果碰巧选的位移为特征值(选时并不知道)，则一步 QR 迭代后可以准确无误地判定一个特征值.

一般地，考虑位移 $s_k(k=1,2,\cdots)$ 的 QR 算法如下:

$$\begin{aligned}
&\boldsymbol{A}_1 = \boldsymbol{H}^{\mathrm{T}}\boldsymbol{A}\boldsymbol{H},\\
&\boldsymbol{A}_k - s_k\boldsymbol{I} = \boldsymbol{Q}_k\boldsymbol{R}_k,\\
&\boldsymbol{A}_{k+1} = \boldsymbol{R}_k\boldsymbol{Q}_k + s_k\boldsymbol{I}, \quad k=1,2,\cdots,
\end{aligned}$$

其中第一行仍用 Householder 变换 $\boldsymbol{H}$ 将 $\boldsymbol{A}$ 预处理为上 Hessenberg 矩阵.

考查迭代算法中的三个矩阵序列 $\{\boldsymbol{A}_k\},\{\boldsymbol{Q}_k\},\{\boldsymbol{R}_k\}$. 令

$$\begin{aligned}
&\hat{\boldsymbol{Q}}_k = \boldsymbol{Q}_1\boldsymbol{Q}_2\cdots\boldsymbol{Q}_k,\\
&\hat{\boldsymbol{R}}_k = \boldsymbol{R}_k\boldsymbol{R}_{k-1}\cdots\boldsymbol{R}_1,
\end{aligned}$$

可得如下性质.

定理 6.7

设 $\{\boldsymbol{A}_k\}$ 由带位移 QR 算法产生，$\hat{\boldsymbol{Q}}_k,\hat{\boldsymbol{R}}_k$ 定义如上所述，则

(1) $\boldsymbol{A}_{k+1} = \hat{\boldsymbol{Q}}_k^{-1}\boldsymbol{A}_1\hat{\boldsymbol{Q}}_k$,

(2) $\boldsymbol{A}_{k+1} = \hat{\boldsymbol{R}}_k\boldsymbol{A}_1\hat{\boldsymbol{R}}_k^{-1}$,

(3) $\prod_{i=1}^{k}(\boldsymbol{A}_1 - s_i\boldsymbol{I}) = \hat{\boldsymbol{Q}}_k\hat{\boldsymbol{R}}_k$.

证明 (1) 由算法可得

$$\begin{aligned}
\boldsymbol{A}_{k+1} &= \boldsymbol{R}_k\boldsymbol{Q}_k + s_k\boldsymbol{I} = \boldsymbol{Q}_k^{-1}(\boldsymbol{Q}_k\boldsymbol{R}_k)\boldsymbol{Q}_k + s_k\boldsymbol{I}\\
&= \boldsymbol{Q}_k^{-1}(\boldsymbol{A}_k - s_k\boldsymbol{I})\boldsymbol{Q}_k + s_k\boldsymbol{I} = \boldsymbol{Q}_k^{-1}\boldsymbol{A}_k\boldsymbol{Q}_k,
\end{aligned}$$

根据这一递推关系，可得

$$\boldsymbol{A}_{k+1} = \boldsymbol{Q}_k^{-1}\boldsymbol{A}_k\boldsymbol{Q}_k = \boldsymbol{Q}_k^{-1}\cdots\left(\boldsymbol{Q}_1^{-1}\boldsymbol{A}_1\boldsymbol{Q}_1\right)\cdots\boldsymbol{Q}_k = \hat{\boldsymbol{Q}}_k^{-1}\boldsymbol{A}_1\hat{\boldsymbol{Q}}_k.$$

(2) 由算法,

$$\begin{aligned}
\boldsymbol{A}_{k+1} &= \boldsymbol{R}_k\boldsymbol{Q}_k + s_k\boldsymbol{I} = \boldsymbol{R}_k(\boldsymbol{Q}_k\boldsymbol{R}_k)\boldsymbol{R}_k^{-1} + s_k\boldsymbol{I}\\
&= \boldsymbol{R}_k(\boldsymbol{A}_k - s_k\boldsymbol{I})\boldsymbol{R}_k^{-1} + s_k\boldsymbol{I} = \boldsymbol{R}_k\boldsymbol{A}_k\boldsymbol{R}_k^{-1}.
\end{aligned}$$

根据递推关系,

$$\begin{aligned}
\boldsymbol{A}_{k+1} &= \boldsymbol{R}_k\boldsymbol{A}_k\boldsymbol{R}_k^{-1} = \boldsymbol{R}_k\left(\boldsymbol{R}_{k-1}\boldsymbol{A}_{k-1}\boldsymbol{R}_{k-1}^{-1}\right)\boldsymbol{R}_k^{-1} = \cdots\\
&= \boldsymbol{R}_k\cdots\boldsymbol{R}_1\boldsymbol{A}_1\boldsymbol{R}_1^{-1}\cdots\boldsymbol{R}_k^{-1} = \hat{\boldsymbol{R}}_k\boldsymbol{A}_1\hat{\boldsymbol{R}}_k^{-1}.
\end{aligned}$$

(3) 由定义和算法,

$$\begin{aligned}
\hat{\boldsymbol{Q}}_k\hat{\boldsymbol{R}}_k &= \hat{\boldsymbol{Q}}_{k-1}\boldsymbol{Q}_k\boldsymbol{R}_k\hat{\boldsymbol{R}}_{k-1} = \hat{\boldsymbol{Q}}_{k-1}(\boldsymbol{A}_k - s_k\boldsymbol{I})\hat{\boldsymbol{R}}_{k-1}\\
&= \hat{\boldsymbol{Q}}_{k-1}\hat{\boldsymbol{R}}_{k-1}\left(\hat{\boldsymbol{R}}_{k-1}^{-1}\boldsymbol{A}_k\hat{\boldsymbol{R}}_{k-1}\right) - s_k\hat{\boldsymbol{Q}}_{k-1}\hat{\boldsymbol{R}}_{k-1}
\end{aligned}$$

由上一个关系式知，$\boldsymbol{A}_k = \hat{\boldsymbol{R}}_{k-1}\boldsymbol{A}_1\hat{\boldsymbol{R}}_{k-1}^{-1}$，故上式化为

$$\hat{Q}_k\hat{R}_k = \hat{Q}_{k-1}\hat{R}_{k-1}A_1 - s_k\hat{Q}_{k-1}\hat{R}_{k-1} = \hat{Q}_{k-1}\hat{R}_{k-1}(A_1 - s_kI).$$

根据递推关系,

$$\hat{Q}_k\hat{R}_k = \hat{Q}_1\hat{R}_1(A_1 - s_2I)\cdots(A_1 - s_kI) = (A_1 - s_1I)(A_1 - s_2I)\cdots(A_1 - s_kI).$$ □

实际计算中，常取下面的两种位移量.

(1) Rayleigh 商位移.

$$s_k = a_{nn}^{(k)} = e_n^{\mathrm{T}}A_ke_n,$$

即 A_k 的最右下角元素.

(2) Wilkinson 位移.

$$s_k = a_{nn}^{(k)} + \delta - \operatorname{sgn}(\delta)\sqrt{\delta^2 + \left(a_{n-1,n}^{(k)}\right)^2}, \quad \delta = \frac{1}{2}\left(a_{n-1,n-1}^{(k)} - a_{nn}^{(k)}\right),$$

即 A_k 右下角 2×2 子块 $\begin{pmatrix} a_{n-1,n-1}^{(k)} & a_{n-1,n}^{(k)} \\ a_{n,n-1}^{(k)} & a_{n,n}^{(k)} \end{pmatrix}$ 的两个特征值中最接近 $a_{nn}^{(k)}$ 的那一个.

6.3.5 双步位移 QR

我们从上一节看到，位移最好取为特征值，但这是不现实的. 而且一般特征值为复数，仅仅选实数位移显然不能奏效，需要考虑复数位移. 可是复数位移会产生复运算，即使原始矩阵 A 为实矩阵. 如何用双步位移避免复运算就是这一小节要考虑的. 在导出具体算法之前，先介绍与上 Hessenberg 矩阵有关的隐式 Q 定理.

定理 6.8

设 $Q^{\mathrm{T}}AQ = H$ ， $V^{\mathrm{T}}AV = G$ ，这里 $H = (h_{ij})$ 和 G 为不可约上 Hessenberg 矩阵， $Q = (q_1, q_2, \cdots, q_n)$ ， $V = (v_1, v_2, \cdots, v_n)$ 为正交矩阵，且 Q 与 V 的第一列相同，即 $q_1 = v_1$ ，则存在对角元为 ± 1 的对角阵 $D = \operatorname{diag}(1, \pm 1, \cdots, \pm 1)$ ，使得 $V = QD$ ， $G = DHD$.

证明 由 $Q^{\mathrm{T}}AQ = H$ 得 $AQ = QH$ ，左乘 V^{T} 得 $V^{\mathrm{T}}AQ = V^{\mathrm{T}}QH$.

由 $V^{\mathrm{T}}AV = G$ 得 $V^{\mathrm{T}}A = GV^{\mathrm{T}}$ ，右乘 Q 得 $V^{\mathrm{T}}AQ = GV^{\mathrm{T}}Q$.

令 $W = V^{\mathrm{T}}Q$ ，则

$$GW = WH. \tag{6.9}$$

设 $W = (w_1, w_2, \cdots, w_n)$ ，则 W 的第一列为

$$We_1 = V^{\mathrm{T}}Qe_1 = V^{\mathrm{T}}q_1 = V^{\mathrm{T}}v_1 = e_1.$$

考查式(6.9)第一列， $Gw_1 = h_{11}w_1 + h_{21}w_2$ ，这里 $Gw_1 = Ge_1$ ，由 G 的上 Hessenberg 结构知 w_2 只有前两个元素非零. 一般地，式(6.9)第 j 列 $(1 \leqslant j \leqslant n-1)$ 有

$$Gw_j = h_{j+1,j}w_{j+1} + \sum_{i=1}^{j} h_{i,j}w_i.$$

递推可知 w_{j+1} 只有前 $j+1$ 个元素非零， W 为上三角矩阵. 又 W 为正交矩阵，故

$$w_j = \pm e_j \quad (j = 1, 2, \cdots, n).$$

又 $w_j = V^{\mathrm{T}}q_j$ ，知 $v_j = \pm q_j$ ，即 $V = QD$ ，这里 $D = \operatorname{diag}(1, \pm 1, \cdots, \pm 1)$ ，且

$$G = V^{\mathrm{T}}AV = (QD)^{\mathrm{T}}AQD = DHD. \qquad \square$$

隐式 Q 定理表明，如果正交矩阵 $\boldsymbol{Q}$ 和 $\boldsymbol{V}$ 均可以将矩阵 $\boldsymbol{A}$ 上 Hessenberg 化，且 $\boldsymbol{Q}$ 和 $\boldsymbol{V}$ 的第一列相同，则所得的上 Hessenberg 矩阵本质上一样，其元素只差一个正负号；$\boldsymbol{v}_i = \pm\boldsymbol{q}_i$ $(i = 2,\cdots,n)$. 设 $\boldsymbol{Q}^{\mathrm{T}}\boldsymbol{A}\boldsymbol{Q} = \boldsymbol{H}$（不可约上 Hessenberg 矩阵），$\boldsymbol{Q}$ 的第 2 至 n 列被 $\boldsymbol{Q}$ 的第 1 列唯一确定(不计正负号).

下面考虑复位移. 对上 Hessenberg 矩阵 $\boldsymbol{H}_1 \in \mathbb{R}^{n\times n}$ 用带位移的 QR 算法，位移 s_1, s_2 取为 $\begin{pmatrix} h_{n-1,n-1} & h_{n-1,n} \\ h_{n,n-1} & h_{n,n} \end{pmatrix}$ 的特征值,

$$s_1 + s_2 = h_{n-1,n-1} + h_{n,n} \equiv s,$$
$$s_1 s_2 = h_{n-1,n-1}h_{n,n} - h_{n,n-1}h_{n-1,n} \equiv t,$$

这里 s，t 均为实数.

连续两次 QR 迭代:

$$\boldsymbol{H}_1 - s_1\boldsymbol{I} = \boldsymbol{Q}_1\boldsymbol{R}_1,$$
$$\boldsymbol{H}_2 = \boldsymbol{R}_1\boldsymbol{Q}_1 + s_1\boldsymbol{I};$$
$$\boldsymbol{H}_2 - s_2\boldsymbol{I} = \boldsymbol{Q}_2\boldsymbol{R}_2,$$
$$\boldsymbol{H}_3 = \boldsymbol{R}_2\boldsymbol{Q}_2 + s_2\boldsymbol{I}.$$

易验证 $\boldsymbol{H}_2 = \boldsymbol{Q}_1^{\mathrm{T}}\boldsymbol{H}_1\boldsymbol{Q}_1$，$\boldsymbol{H}_3 = \boldsymbol{Q}_2^{\mathrm{T}}\boldsymbol{Q}_1^{\mathrm{T}}\boldsymbol{H}_1\boldsymbol{Q}_1\boldsymbol{Q}_2$，且

$$(\boldsymbol{H}_1 - s_1\boldsymbol{I})(\boldsymbol{H}_1 - s_2\boldsymbol{I}) = \boldsymbol{Q}_1\boldsymbol{Q}_2\boldsymbol{R}_2\boldsymbol{R}_1.$$

尽管采用了复位移，我们希望仅用实运算. 定义

$$\boldsymbol{M} \equiv (\boldsymbol{H}_1 - s_1\boldsymbol{I})(\boldsymbol{H}_1 - s_2\boldsymbol{I}) = \boldsymbol{H}_1^2 - (s_1 + s_2)\boldsymbol{H}_1 + s_1s_2\boldsymbol{I},$$

其中 s_1 和 s_2 是复共轭的，$s_1 + s_2$ 和 s_1s_2 均为实数，$\boldsymbol{M}$ 是实矩阵，且有 QR 分解

$$\boldsymbol{M} = (\boldsymbol{Q}_1\boldsymbol{Q}_2)(\boldsymbol{R}_2\boldsymbol{R}_1) \equiv \boldsymbol{Q}\boldsymbol{R},$$

这里 $\boldsymbol{Q} = \boldsymbol{Q}_1\boldsymbol{Q}_2$ 为正交阵，$\boldsymbol{R} = \boldsymbol{R}_2\boldsymbol{R}_1$ 为上三角矩阵. 从而,

$$\boldsymbol{H}_3 = \boldsymbol{Q}_2^{\mathrm{T}}\boldsymbol{Q}_1^{\mathrm{T}}\boldsymbol{H}_1\boldsymbol{Q}_1\boldsymbol{Q}_2 = \boldsymbol{Q}^{\mathrm{T}}\boldsymbol{H}_1\boldsymbol{Q}.$$

由此，理论上我们可以用如下算法得到 $\boldsymbol{H}_3$.

(1) $\boldsymbol{M} = \boldsymbol{H}_1^2 - s\boldsymbol{H}_1 + t\boldsymbol{I}$,

(2) $\boldsymbol{M} = \boldsymbol{Q}\boldsymbol{R}$,

(3) $\boldsymbol{H}_3 = \boldsymbol{Q}^{\mathrm{T}}\boldsymbol{H}_1\boldsymbol{Q}$.

这里由上Hessenberg矩阵 $\boldsymbol{H}_1$ 通过正交变换 $\boldsymbol{Q}$ 计算出上Hessenberg矩阵 $\boldsymbol{H}_3$，而无需计算中间的 $\boldsymbol{H}_2$，不出现复数计算，但是形成矩阵 $\boldsymbol{M}$ 和 QR 分解需要 $O(n^3)$ 运算，我们需要寻求更有效的实现方式.

注意到将 $\boldsymbol{H}_1$ 变换到 $\boldsymbol{H}_3$ 的正交矩阵 $\boldsymbol{Q}$ 本质上由其第一列 $\boldsymbol{Q}\boldsymbol{e}_1$ 决定. 由 $\boldsymbol{M} = \boldsymbol{Q}\boldsymbol{R}$ 知,

$$\boldsymbol{M}\boldsymbol{e}_1 = \boldsymbol{Q}\boldsymbol{R}\boldsymbol{e}_1 = r_{11}\boldsymbol{Q}\boldsymbol{e}_1,$$

即 $\boldsymbol{Q}$ 的第一列与 $\boldsymbol{M}$ 的第一列同方向.

令 $\boldsymbol{M}\boldsymbol{e}_1 = (\boldsymbol{H}_1 - s_1\boldsymbol{I})(\boldsymbol{H}_1 - s_2\boldsymbol{I})\boldsymbol{e}_1 = (x, y, z, 0, \cdots, 0)^{\mathrm{T}}$，这里

$$
\begin{aligned}
x &= h_{11}^2 + h_{21}h_{12} - sh_{11} + t, \\
y &= h_{21}\left(h_{11} + h_{22} - s\right), \\
z &= h_{21}h_{32}.
\end{aligned}
$$

对 $\boldsymbol{M}$ 的第一列作 Householder 变换 $\boldsymbol{P}_0$，使得

$$\boldsymbol{P}_0(\boldsymbol{M}\boldsymbol{e}_1) = r_{11}\boldsymbol{e}_1,$$

此即

$$\boldsymbol{M}\boldsymbol{e}_1 = r_{11}\boldsymbol{P}_0\boldsymbol{e}_1.$$

从而，$\boldsymbol{P}_0$ 与 $\boldsymbol{Q}$ 有相同的第一列，即 $\boldsymbol{P}_0\boldsymbol{e}_1 = \boldsymbol{Q}\boldsymbol{e}_1$.

将 $\boldsymbol{P}_0$（正交相似变换）作用于 $\boldsymbol{H}_1$，影响 $\boldsymbol{H}_1$ 的前三行和前三列，得

$$
\boldsymbol{P}_0\boldsymbol{H}_1\boldsymbol{P}_0 = \begin{pmatrix}
x & x & x & x & x & x \\
x & x & x & x & x & x \\
+ & x & x & x & x & x \\
+ & + & x & x & x & x \\
 & & & \ddots & \ddots & \vdots \\
 & & & & x & x
\end{pmatrix}.
$$

相较于原先的上 Hessenberg 结构，$\boldsymbol{P}_0\boldsymbol{H}_1\boldsymbol{P}_0$ 冒出了一个“泡泡”（用 + 表示）. 下面应用一系列 Householder 变换将矩阵 $\boldsymbol{P}_0\boldsymbol{H}_1\boldsymbol{P}_0$ 还原为上 Hessenberg 矩阵. 类似的技巧在前面的上 Hessenberg 化中已有叙述，现以 7 阶矩阵为例，图示该过程如下:

$$
\begin{pmatrix}
x & x & x & x & x & x & x \\
x & x & x & x & x & x & x \\
+ & x & x & x & x & x & x \\
+ & + & x & x & x & x & x \\
 & & & x & x & x & x \\
 & & & & x & x & x \\
 & & & & & x & x
\end{pmatrix},
\begin{pmatrix}
x & x & x & x & x & x & x \\
x & x & x & x & x & x & x \\
0 & x & x & x & x & x & x \\
0 & + & x & x & x & x & x \\
 & + & + & x & x & x & x \\
 & & & & x & x & x \\
 & & & & & x & x
\end{pmatrix},
\begin{pmatrix}
x & x & x & x & x & x & x \\
x & x & x & x & x & x & x \\
 & x & x & x & x & x & x \\
 & 0 & x & x & x & x & x \\
 & 0 & + & x & x & x & x \\
 & & + & + & x & x & x \\
 & & & & & x & x
\end{pmatrix},
$$

$$
\begin{pmatrix}
x & x & x & x & x & x & x \\
x & x & x & x & x & x & x \\
 & x & x & x & x & x & x \\
 & & x & x & x & x & x \\
 & & 0 & x & x & x & x \\
 & & 0 & + & x & x & x \\
 & & & + & + & x & x
\end{pmatrix},
\begin{pmatrix}
x & x & x & x & x & x & x \\
x & x & x & x & x & x & x \\
 & x & x & x & x & x & x \\
 & & x & x & x & x & x \\
 & & & x & x & x & x \\
 & & & 0 & x & x & x \\
 & & & 0 & + & x & x
\end{pmatrix},
\begin{pmatrix}
x & x & x & x & x & x & x \\
x & x & x & x & x & x & x \\
 & x & x & x & x & x & x \\
 & & x & x & x & x & x \\
 & & & x & x & x & x \\
 & & & & x & x & x \\
 & & & & 0 & x & x
\end{pmatrix}.
$$

该过程需要一系列的Householder变换 $\boldsymbol{P}_i = \mathrm{diag}(\boldsymbol{I}_i, \hat{\boldsymbol{H}}_i, \boldsymbol{I}_{n-i-3})$，$i = 1, 2, \cdots, n-3$；$\boldsymbol{P}_{n-2} = \mathrm{diag}(\boldsymbol{I}_{n-2}, \hat{\boldsymbol{H}}_{n-2})$. 除 $\hat{\boldsymbol{H}}_{n-2}$ 是 2 阶的以外，其他 $\hat{\boldsymbol{H}}_i$ 是 3×3 的 Householder 变换矩阵.每步正交相似变换使（用 + 表示的）“泡泡”往右下方移动一步，最终“驱逐出境”. 上述过程总结为

$$\boldsymbol{P}_{n-2}\cdots\boldsymbol{P}_2\boldsymbol{P}_1(\boldsymbol{P}_0\boldsymbol{H}_1\boldsymbol{P}_0)\boldsymbol{P}_1\boldsymbol{P}_2\cdots\boldsymbol{P}_{n-2} = \hat{\boldsymbol{H}}.$$

定义 $\hat{\boldsymbol{Q}} = \boldsymbol{P}_0\boldsymbol{P}_1\cdots\boldsymbol{P}_{n-2}$，则有

$$\hat{\boldsymbol{H}} = \hat{\boldsymbol{Q}}^{\mathrm{T}}\boldsymbol{H}_1\hat{\boldsymbol{Q}},$$

$$\hat{\boldsymbol{Q}}\boldsymbol{e}_1 = (\boldsymbol{P}_0\boldsymbol{P}_1\cdots\boldsymbol{P}_{n-2})\boldsymbol{e}_1 = \boldsymbol{P}_0\boldsymbol{e}_1 = \boldsymbol{Q}\boldsymbol{e}_1,$$

这里 $\hat{\boldsymbol{Q}}$ 与 $\boldsymbol{Q}$ 的第一列相同. 若 $\hat{\boldsymbol{H}}$ 与 $\boldsymbol{H}_3$ 均为不可约上 Hessenberg 矩阵, 由隐式 Q 定理, $\hat{\boldsymbol{H}}$ 与 $\boldsymbol{H}_3$ 本质上一样.

注意推导过程中用到一个基本事实: $\boldsymbol{Q}\boldsymbol{e}_1$, $\boldsymbol{M}\boldsymbol{e}_1$, $\boldsymbol{P}_0\boldsymbol{e}_1$ 和 $\hat{\boldsymbol{Q}}\boldsymbol{e}_1$ 是同方向的. 现将双位移隐式实现 $\boldsymbol{H}_1$ 到 $\boldsymbol{H}_3$ 的变换总结为两句话: 由向量 $(x,y,z)^{\mathrm{T}}$ 确定 Householder 变换 $\boldsymbol{P}_0$, 再由一系列 Householder 变换(驱赶引入的非零元)将 $\boldsymbol{P}_0\boldsymbol{H}_1\boldsymbol{P}_0$ 化为上 Hessenberg 阵.

例 6.2 多项式方程 $f(x)=x^3-6x^2+11x-6=0$ 的三个根.

解 根据原方程, 容易得到

$$\begin{pmatrix} 0 & 1 & 0 \\ 0 & 0 & 1 \\ 6 & -11 & 6 \end{pmatrix}\begin{pmatrix} 1 \\ x \\ x^2 \end{pmatrix} = x\begin{pmatrix} 1 \\ x \\ x^2 \end{pmatrix}.$$

从而原问题等价于求解矩阵 $\boldsymbol{C}=\begin{pmatrix} 0 & 0 & 6 \\ 1 & 0 & -11 \\ 0 & 1 & 6 \end{pmatrix}$ 的特征值. 经过 25 步 QR 迭代后(没有使用收缩技术), 所得矩阵为

$$\begin{pmatrix} 3.000108\mathrm{e}+00 & -1.096965\mathrm{e}+01 & -7.560882\mathrm{e}+00 \\ 9.801091\mathrm{e}-06 & 1.999893\mathrm{e}+00 & 1.870754\mathrm{e}+00 \\ 0 & -7.433208\mathrm{e}-08 & 9.999999\mathrm{e}-01 \end{pmatrix}.$$

从而找到原方程的三个根: 1, 2 和 3.

注 如果带 Rayleigh 商位移并用收缩技术, 则只需几步即可收敛到相同精度; 如果有复特征值, 则需要 Wilkinson 位移才奏效.

例 6.3 人口统计学(demography)中将种群分为 $n+1$ 个年龄段, 相关参数分别如下: s_i 表示第 i 年龄段的存活率, m_i 表示第 i 年龄段的出生率, $x_i^{(t)}$ 为时刻 t 处于年龄段 i 的个体数. 下一个时刻 $t+1$ 各年龄段的个体数为

$$x_i^{(t+1)} = x_{i-1}^{(t)}s_{i-1} \quad (i=1,2,\cdots,n),$$

$$x_0^{(t+1)} = \sum_{i=0}^{n} x_i^{(t)} m_i.$$

定义如下的向量和矩阵

$$\boldsymbol{x}^{(t)} = \begin{pmatrix} x_0^{(t)} \\ x_1^{(t)} \\ x_2^{(t)} \\ \vdots \\ x_n^{(t)} \end{pmatrix}, \qquad \boldsymbol{A} = \begin{pmatrix} m_0 & m_1 & \cdots & \cdots & m_n \\ s_0 & 0 & \cdots & \cdots & 0 \\ 0 & s_1 & \ddots & & \vdots \\ \vdots & \ddots & \ddots & \ddots & \vdots \\ 0 & 0 & \cdots & s_{n-1} & 0 \end{pmatrix}.$$

则上述模型可表示为

$$x^{(t+1)} = Ax^{(t)}.$$

显然 $x^{(t)} = A^t x^{(0)}$，这里 A 为 Leslie（莱斯利）矩阵，其最大特征值给出渐近增长率（asymptotic growth rate），对应的特征向量给出各年龄段个体所占比率.

假设某种群分为四个年龄段. 各年龄段初始个体数、出生率和存活率如表 6.1 所示.

表 6.1

年龄段	初始全体数 $x^{(0)}$	出生率 m_i	存活率 s_i
0—3 个月	6	0.0	0.2
3—6 个月	12	0.5	0.4
6—9 个月	8	0.8	0.8
9—12 个月	4	0.3	—

对应的矩阵 A 为

$$A = \begin{pmatrix} 0 & 0.5 & 0.8 & 0.3 \\ 0.2 & 0 & 0 & 0 \\ 0 & 0.4 & 0 & 0 \\ 0 & 0 & 0.8 & 0 \end{pmatrix}.$$

求解特征值问题 $Ax = \lambda x$，得按模最大特征值为 0.5353，对应的特征向量为 $(0.4831, 0.1805, 0.1349, 0.2016)^{\mathrm{T}}$. 由最大特征值对应的特征向量给出各年龄段个体分布情况：年龄段一（0—3 个月）的个体约占 48.3%，年龄段二（3—6 个月）的个体约占 18.1%，年龄段三（6—9 个月）的个体约占 13.5%，年龄段四（9—12 个月）的个体约占 20.2%.

知识拓展

1. 不变子空间的条件数. 设

$$A = \begin{pmatrix} A_{11} & A_{12} \\ 0 & A_{22} \end{pmatrix},$$

显然，$A\begin{pmatrix} I \\ 0 \end{pmatrix} = \begin{pmatrix} I \\ 0 \end{pmatrix} A_{11}$，故 $\begin{pmatrix} I \\ 0 \end{pmatrix}$ 张成 A 的不变子空间.

引入扰动量 $E = \begin{pmatrix} 0 & 0 \\ A_{21} & 0 \end{pmatrix}$，$\|E\|_F \leqslant \varepsilon \|A\|_F$. 设 $(A+E)\begin{pmatrix} X_1 \\ X_2 \end{pmatrix} = \begin{pmatrix} X_1 \\ X_2 \end{pmatrix}\hat{B}$，且 X_1 可逆，则

$$(A+E)\begin{pmatrix} I \\ X_2X_1^{-1} \end{pmatrix} = \begin{pmatrix} I \\ X_2X_1^{-1} \end{pmatrix} X_1\hat{B}X_1^{-1},$$

上式记为 $(A+E)\begin{pmatrix} I \\ X \end{pmatrix} = \begin{pmatrix} I \\ X \end{pmatrix}B$，这里 $\begin{pmatrix} I \\ X \end{pmatrix}$ 可视为 $\begin{pmatrix} I \\ 0 \end{pmatrix}$ 扰动后的结果.

$$\begin{pmatrix} A_{11} & A_{12} \\ A_{21} & A_{22} \end{pmatrix}\begin{pmatrix} I \\ X \end{pmatrix} = \begin{pmatrix} I \\ X \end{pmatrix}B$$

包含了下面两式

$$\boldsymbol{A}_{11}+\boldsymbol{A}_{12}\boldsymbol{X}=\boldsymbol{B},$$
$$\boldsymbol{A}_{21}+\boldsymbol{A}_{22}\boldsymbol{X}=\boldsymbol{X}\boldsymbol{B},$$

将上述第一式代入第二式中，则有 $\boldsymbol{X}\boldsymbol{A}_{11}-\boldsymbol{A}_{22}\boldsymbol{X}=\boldsymbol{A}_{21}-\boldsymbol{X}\boldsymbol{A}_{12}\boldsymbol{X}\approx\boldsymbol{A}_{21}$.

假设 $\boldsymbol{A}_{11}$ 与 $\boldsymbol{A}_{22}$ 无公共特征值，定义 $\varphi(\boldsymbol{Z})=\boldsymbol{Z}\boldsymbol{A}_{11}-\boldsymbol{A}_{22}\boldsymbol{Z}$，则 $\boldsymbol{X}\approx\varphi^{-1}(\boldsymbol{A}_{21})$，$\|\boldsymbol{X}\|_F\leqslant\|\varphi^{-1}\|\cdot\|\boldsymbol{A}_{21}\|_F+O(\varepsilon^2)$，其中

$$\|\varphi^{-1}\|=\max_{z\neq 0}\frac{\|\varphi^{-1}(z)\|}{\|z\|}=\max_{\boldsymbol{X}\neq\boldsymbol{0}}\frac{\|\boldsymbol{X}\|_F}{\|\varphi(\boldsymbol{X})\|_F}=\frac{1}{\min\limits_{\boldsymbol{X}\neq\boldsymbol{0}}\dfrac{\|\varphi(\boldsymbol{X})\|_F}{\|\boldsymbol{X}\|_F}}=\frac{1}{\min\limits_{\boldsymbol{X}\neq\boldsymbol{0}}\dfrac{\|\boldsymbol{X}\boldsymbol{A}_{11}-\boldsymbol{A}_{22}\boldsymbol{X}\|_F}{\|\boldsymbol{X}\|_F}}.$$

定义分离度

$$\operatorname{sep}(\boldsymbol{A}_{11},\boldsymbol{A}_{22})=\min_{\boldsymbol{X}\neq\boldsymbol{0}}\frac{\|\boldsymbol{X}\boldsymbol{A}_{11}-\boldsymbol{A}_{22}\boldsymbol{X}\|}{\|\boldsymbol{X}\|_F},$$

则

$$\|\boldsymbol{X}\|_F\leqslant\frac{\|\boldsymbol{A}\|_F}{\operatorname{sep}(\boldsymbol{A}_{11},\boldsymbol{A}_{22})}\varepsilon+O(\varepsilon^2).$$

注 令 $\sigma_{\min}$ 表示最小奇异值(参考第 8 章)，则有分离度与最小奇异值的关系：$\operatorname{sep}(\boldsymbol{A}_{11},\boldsymbol{A}_{22})=\sigma_{\min}\left(\boldsymbol{A}_{11}^{\mathrm{T}}\otimes\boldsymbol{I}-\boldsymbol{I}\otimes\boldsymbol{A}_{22}\right)$.

2. 伪谱. 对 $\varepsilon>0$，矩阵 $\boldsymbol{A}$ 的伪谱定义为

$$\lambda_\varepsilon(\boldsymbol{A})=\{z\in\mathbb{C}\,|\,\|(z\boldsymbol{I}-\boldsymbol{A})^{-1}\|_2\geqslant\varepsilon^{-1}\}.$$

等价于

$$\lambda_\varepsilon(\boldsymbol{A})=\left\{z\in\mathbb{C}\,|\,\sigma_{\min}(z\boldsymbol{I}-\boldsymbol{A})\leqslant\varepsilon\right\}$$
$$\Leftrightarrow\lambda_\varepsilon(\boldsymbol{A})=\left\{z\in\mathbb{C}\,|\,z\in\lambda(\boldsymbol{A}+\boldsymbol{E}),\boldsymbol{E}\text{的某范数}\leqslant\varepsilon\right\}.$$

容易验证，$\lambda_{\varepsilon_1}(\boldsymbol{A})\leqslant\lambda_{\varepsilon_2}(\boldsymbol{A}),\varepsilon_1\leqslant\varepsilon_2$.

3. QR 算法($k=0,1,2,\cdots$)

$$\boldsymbol{A}_k=\boldsymbol{Q}_k\boldsymbol{R}_k,$$
$$\boldsymbol{A}_{k+1}=\boldsymbol{R}_k\boldsymbol{Q}_k$$

与微分动力系统

$$\frac{\mathrm{d}}{\mathrm{d}t}\boldsymbol{A}=[\boldsymbol{B},\boldsymbol{A}]\equiv\boldsymbol{B}\boldsymbol{A}-\boldsymbol{A}\boldsymbol{B},$$

$$\boldsymbol{A}(0)=\boldsymbol{A}_0$$

有深刻的联系，在一定条件下可证明 $\boldsymbol{A}(k)=\boldsymbol{A}_k$，$k\in\mathbb{Z}^+$.

4. 谷歌搜索到的网页要根据 PageRank 排序后呈现给用户，PageRank 的计算本质上是一个特征值问题. PageRank 算法由谷歌的创建者拉里·佩奇和谢尔盖·布林提出. 2004 年，谷歌上市时，这一特征向量的市值约为 250 亿美元.

5. 与特征值计算相关的 LAPACK 函数. _GEHRD 实现矩阵的上 Hessenberg 化(对应于 MATLAB 中的 hess 函数), _HSEQR 计算上 Hessenberg 矩阵的 Schur 型(在_GEES 和_GEEV 中调用, 前者返回 Schur 型, 后者返回特征值与特征向量); 给定特征值, 两种方式计算特征向量: _HSEIN 运用逆迭代于上 Hessenberg 矩阵, _TREVC 计算上三角矩阵的特征向量.

习 题 6

1. 设 $\boldsymbol{A}\in\mathbb{R}^{n\times n}$, $\boldsymbol{x}\in\mathbb{R}^n$, 若 $\boldsymbol{K}=(\boldsymbol{x},\boldsymbol{A}\boldsymbol{x},\cdots,\boldsymbol{A}^{n-1}\boldsymbol{x})\in\mathbb{R}^{n\times n}$ 是非奇异矩阵, 证明:

(1) 存在向量 $(c_{1n},c_{2n},\cdots,c_{nn})^{\mathrm{T}}\in\mathbb{R}^n$, 使

$$\boldsymbol{K}^{-1}\boldsymbol{A}\boldsymbol{K}=\begin{pmatrix}0&0&0&\dots&0&c_{1n}\\1&0&0&\dots&0&c_{2n}\\&1&0&\dots&0&c_{3n}\\&&\ddots&\ddots&\vdots&\vdots\\&&&1&0&c_{n-1,n}\\&&&&1&c_{nn}\end{pmatrix},$$

且 $\boldsymbol{A}$ 的特征多项式为 $f(\lambda)=\lambda^n-c_{nn}\lambda^{n-1}-\cdots-c_{2n}\lambda-c_{1n}$.

(2) 对 $\boldsymbol{A}$ 的任意特征值 λ, 其几何重数为 1.

2. 设 $\boldsymbol{A}\in\mathbb{R}^{n\times n}$, 其特征值和相应的特征向量分别为 $\lambda_1,\lambda_2,\cdots,\lambda_n$ 和 $\boldsymbol{x}_1,\boldsymbol{x}_2,\cdots,\boldsymbol{x}_n$. 又设 $\boldsymbol{v}_1\in\mathbb{R}^n$, 且 $\boldsymbol{v}_1^{\mathrm{T}}\boldsymbol{x}_1=1$. 证明: 矩阵 $\left(\boldsymbol{I}-\boldsymbol{x}_1\boldsymbol{v}_1^{\mathrm{T}}\right)\boldsymbol{A}$ 有特征值 $0,\lambda_2,\lambda_3,\cdots,\lambda_n$ 和相应的特征向量 $\boldsymbol{x}_1$, $\boldsymbol{x}_i-\left(\boldsymbol{v}_1^{\mathrm{T}}\boldsymbol{x}_i\right)\boldsymbol{x}_1\ (i=2,3,\cdots,n)$.

3. 设 $\boldsymbol{A}\in\mathbb{R}^{n\times n}$, 并设 μ 是 $\boldsymbol{A}$ 的一个近似特征值, $\boldsymbol{x}$ 是关于 μ 的近似特征向量且 $\|\boldsymbol{x}\|_2=1$. 记 $\boldsymbol{r}=\boldsymbol{A}\boldsymbol{x}-\mu\boldsymbol{x}$. 证明: 存在矩阵 $\boldsymbol{E}$, 满足 $\|\boldsymbol{E}\|_F=\|\boldsymbol{r}\|_2$ 且 $(\boldsymbol{A}+\boldsymbol{E})\boldsymbol{x}=\mu\boldsymbol{x}$.

4. 设 $\boldsymbol{A}\in\mathbb{R}^{n\times n}$, 对于给定的非零向量 $\boldsymbol{x}\in\mathbb{R}^n$, 定义 $\boldsymbol{x}$ 对 $\boldsymbol{A}$ 的 Rayleigh 商

$$R(\boldsymbol{x})=\boldsymbol{x}^{\mathrm{T}}\boldsymbol{A}\boldsymbol{x}/\boldsymbol{x}^{\mathrm{T}}\boldsymbol{x}.$$

证明 Rayleigh 商的极小剩余性, 即对任意的 $\boldsymbol{x}\in\mathbb{R}^n$ ($\boldsymbol{x}\neq\boldsymbol{0}$) 有

$$R(\boldsymbol{x})=\arg\min_{\mu\in\mathbb{R}}\|\boldsymbol{A}\boldsymbol{x}-\mu\boldsymbol{x}\|_2.$$

5. 设 $\boldsymbol{A}=\begin{pmatrix}\alpha&\gamma\\0&\beta\end{pmatrix}$, $\alpha\neq\beta$. 求 $\boldsymbol{A}$ 的特征值 α 和 β 的条件数.

6. 设 $\boldsymbol{A}\in\mathbb{C}^{n\times n}$ 没有重特征值, $\boldsymbol{B}\in\mathbb{C}^{n\times n}$ 满足 $\boldsymbol{A}\boldsymbol{B}=\boldsymbol{B}\boldsymbol{A}$. 证明: 若 $\boldsymbol{A}=\boldsymbol{Q}\boldsymbol{T}\boldsymbol{Q}^{\mathrm{H}}$ 是 $\boldsymbol{A}$ 的 Schur 分解, 则 $\boldsymbol{Q}^{\mathrm{H}}\boldsymbol{B}\boldsymbol{Q}$ 是上三角矩阵(提示: 若 $\boldsymbol{T}\boldsymbol{Z}=\boldsymbol{Z}\boldsymbol{T}$, 则 $\boldsymbol{Z}$ 亦为上三角矩阵).

7. 用幂法求矩阵 $\boldsymbol{A}$ 的按模最大特征值的近似, 取初始向量 $\boldsymbol{x}_0=(1,0,0)^{\mathrm{T}}$, 其中 $\boldsymbol{A}=\begin{pmatrix}4&-1&1\\-1&3&-2\\1&-2&3\end{pmatrix}$, 精度 $\varepsilon\leqslant10^{-7}$.

8. 用反幂法求上述矩阵 $\boldsymbol{A}$ 的按模最小特征值, 精度 $\varepsilon\leqslant10^{-7}$.

9. 在幂法中，取 $A=\begin{pmatrix}1&1&0\\0&1&1\\0&0&1\end{pmatrix}$，$q_0=(0,0,1)^{\mathrm{T}}$，得到一个精确到 5 位数字的特征向量需要多少次迭代？

10. 分别应用幂法于矩阵

$$A=\begin{pmatrix}\lambda&1\\0&\lambda\end{pmatrix}\quad 和 \quad B=\begin{pmatrix}\lambda&1\\0&-\lambda\end{pmatrix}\quad (\lambda\neq 0),$$

并考察所得序列的特性.

11. 设 $A\in\mathbb{C}^{n\times n}$ 有实特征值并满足 $\lambda_1>\lambda_2\geqslant\cdots\geqslant\lambda_{n-1}>\lambda_n$. 考虑对矩阵 $A-\mu I$ 的幂法. 试证：当 $\mu=(\lambda_2+\lambda_n)/2$ 时，所产生的向量序列收敛到属于 λ_1 的特征向量的速度最快.

12. 应用幂法给出求多项式

$$p(x)=x^n+a_1x^{n-1}+\cdots+a_{n-1}x+a_n$$

之模最大根的一种算法.

13. 设 $A=X\Lambda X^{-1}$，其中 $X=(x_1,\cdots,x_n)$，$\Lambda=\mathrm{diag}(\lambda_1,\cdots,\lambda_n)$，且

$$\lambda_1=\mathrm{e}^{\mathrm{i}\theta}\lambda_2,\qquad 0<\theta<2\pi,\qquad |\lambda_1|=|\lambda_2|>|\lambda_3|\geqslant\cdots\geqslant|\lambda_n|.$$

证明：若 $\theta=2\pi b/a$，a 和 b 是两个互素的正整数，则由幂法产生的向量序列有 b 个收敛的子序列，且分别收敛到向量

$$\mathrm{e}^{\mathrm{i}2\pi kb/a}\left(y_1^{\mathrm{T}}z_0\right)x_1+\left(y_2^{\mathrm{T}}z_0\right)x_2,\qquad k=1,2,\cdots,a,$$

这里 z_0 是初始向量，$X^{-\mathrm{T}}=(y_1,\cdots,y_n)$.

14. 设 $A\in\mathbb{C}^{n\times n}$ 是非亏损的，A 的特征值满足 $|\lambda_1|>|\lambda_2|\geqslant\cdots\geqslant|\lambda_n|$. 定义

$$q_0=\frac{z_0}{\|z_0\|_2},\quad q_k=\frac{Aq_{k-1}}{\|Aq_{k-1}\|_2}\ (k\geqslant 1),$$

其中 z_0 是一个在 λ_1 的特征子空间上投影不为零的向量. 试证：

$$q_k^{\mathrm{H}}Aq_k=\lambda_1+O((\lambda_2/\lambda_1)^k).$$

若 A 是 Hermite 矩阵，则

$$q_k^{\mathrm{H}}Aq_k=\lambda_1+O((\lambda_2/\lambda_1)^{2k}).$$

15. 用 Householder 变换将

$$A=\begin{pmatrix}1&2&3&4\\4&5&6&7\\2&1&5&0\\4&2&1&0\end{pmatrix}$$

化为上 Hessenberg 矩阵(保留 4 位小数).

16. 用 QR 方法求矩阵

$$A=\begin{pmatrix}-1&-4&1\\-1&-2&-5\\5&4&3\end{pmatrix}$$

的全部特征值(保留 4 位小数).

17. 应用基本的 QR 迭代于矩阵

$$A=\begin{pmatrix}1 & 0\\ 1 & -1\end{pmatrix},$$

考查所得矩阵序列，判断该矩阵序列是否收敛.

18. 设 $A\in\mathbb{C}^{n\times n}$，$x\in\mathbb{C}^n$，$X=(x,Ax,\cdots,A^{n-1}x)$. 证明：若 X 非奇异，则 $X^{-1}AX$ 为上 Hessenberg 矩阵.

19. 证明：若 H 是一个非亏损的不可约上 Hessenberg 矩阵，则 H 没有重特征值.

20. 设 H 是一个不可约的上 Hessenberg 矩阵. 找一个对角矩阵 D 使得 $D^{-1}HD$ 的次对角元素均为 1，并计算 $\kappa_2(D)=\|D\|_2\|D^{-1}\|_2$.

21. 设 $H\in\mathbb{R}^{n\times n}$ 是一个上 Hessenberg 矩阵，并假定 $x\in\mathbb{R}^n$ 是 H 的对应于实特征值 λ 的一个特征向量. 试给出一个算法计算正交矩阵 Q 使得

$$Q^{\mathrm{T}}HQ=\begin{pmatrix}\lambda & r^{\mathrm{T}}\\ 0 & H_1\end{pmatrix},$$

其中 H_1 是 $n-1$ 阶上 Hessenberg 矩阵.

22. 设 A 是一个非奇异的上 Hessenberg 矩阵，$\hat{A}=Q^{\mathrm{T}}AQ$ 是经过一个 QR 迭代步得到的矩阵.证明：$\hat{A}$ 也是上 Hessenberg 矩阵.

23. 设 H 是一个奇异的不可约上 Hessenberg 矩阵. 证明：进行一次基本的 QR 迭代后，H 的零特征值将出现.

24. 设 H 是上 Hessenberg 矩阵，并且假定已经用列主元 Gauss 消去法求得分解 $PH=LU$，其中 P 是置换阵，L 是单位下三角矩阵，U 是上三角矩阵. 证明 $\tilde{H}=U(P^{\mathrm{T}}L)$ 仍是上 Hessenberg 矩阵，且相似于 H.

25. 设无外力和阻尼的质量-弹簧系统的受力平衡关系式如下：

$$m_1\frac{\mathrm{d}^2x_1}{\mathrm{d}t^2}=-kx_1+k(x_2-x_1),$$

$$m_2\frac{\mathrm{d}^2x_2}{\mathrm{d}t^2}=-k(x_2-x_1)-kx_2,$$

其中，x_i 为物体 i 偏离其平衡位置的位移. 由振动定理，设解具有形式 $x_i=A_i\sin\omega t$，其中 A_i 为振幅，ω 为振动频率. 代入解后合并同类项得

$$\left(\frac{2k}{m_1}-\omega^2\right)A_1-\frac{k}{m_1}A_2=0,$$

$$-\frac{k}{m_2}A_1+\left(\frac{2k}{m_2}-\omega^2\right)A_2=0.$$

从而求解过程被简化为特征值问题. 取 $m_1=m_2=40\mathrm{kg}, k=200\mathrm{N/m}$，试计算振动周期 $T=2\pi/\omega$.

第 7 章

对称矩阵特征值问题

第 7 章知识导图

7.1 Hermite 矩阵的性质

Hermite(埃尔米特)矩阵可对角化, 对应的特征值是实数, 对应特征向量可两两正交, 并构成 $\mathbb{C}^n$ 上一组标准正交基. Hermite 矩阵特征值有许多优美的性质.

定理 7.1 (Courant-Fisher 极小极大定理)

设 Hermite 矩阵 $\boldsymbol{A}$ 的特征值 $\lambda_1 \geqslant \lambda_2 \geqslant \cdots \geqslant \lambda_n$, 用 L_k 表示 $\mathbb{C}^n$ 中任意 k 维子空间, 那么

$$\lambda_k = \max_{L_k} \min_{0 \neq x \in L_k} \frac{\boldsymbol{x}^{\mathrm{H}} \boldsymbol{A} \boldsymbol{x}}{\boldsymbol{x}^{\mathrm{H}} \boldsymbol{x}}, \tag{7.1}$$

$$\lambda_k = \min_{L_{n-k+1}} \max_{0 \neq x \in L_{n-k+1}} \frac{\boldsymbol{x}^{\mathrm{H}} \boldsymbol{A} \boldsymbol{x}}{\boldsymbol{x}^{\mathrm{H}} \boldsymbol{x}}. \tag{7.2}$$

证明 设 $\boldsymbol{A}$ 对应的特征向量为 $\{\boldsymbol{u}_i\}_{i=1}^n$, 记 $n-k+1$ 维子空间 $S_{k-1}^{\perp} = \operatorname{span}\{\boldsymbol{u}_k, \boldsymbol{u}_{k+1}, \cdots, \boldsymbol{u}_n\}$, 任意 k 维子空间 L_k 与 $n-k+1$ 维子空间 $S_{k-1}^{\perp}$ 必存在非空交集, 取 $\hat{\boldsymbol{x}} = \alpha_k \boldsymbol{u}_k + \cdots + \alpha_n \boldsymbol{u}_n \in L_k \cap S_{k-1}^{\perp}$, 那么

$$\min_{x \in L_k} \frac{\boldsymbol{x}^{\mathrm{H}} \boldsymbol{A} \boldsymbol{x}}{\boldsymbol{x}^{\mathrm{H}} \boldsymbol{x}} \leqslant \frac{\hat{\boldsymbol{x}}^{\mathrm{H}} \boldsymbol{A} \hat{\boldsymbol{x}}}{\hat{\boldsymbol{x}}^{\mathrm{H}} \hat{\boldsymbol{x}}} = \frac{\sum_{j=k}^{n} \lambda_j \alpha_j^2}{\sum_{j=k}^{n} \alpha_j^2} \leqslant \lambda_k .$$

因为对任意 k 维子空间 L_k 成立, 故

$$\max_{L_k} \min_{x \in L_k} \frac{\boldsymbol{x}^{\mathrm{H}} \boldsymbol{A} \boldsymbol{x}}{\boldsymbol{x}^{\mathrm{H}} \boldsymbol{x}} \leqslant \lambda_k . \tag{7.3}$$

另外, 特殊地, 取 k 维子空间为 $S_k = \operatorname{span}\{\boldsymbol{u}_1, \boldsymbol{u}_2, \cdots, \boldsymbol{u}_k\}$, 显然

$$\min_{x \in S_k} \frac{\boldsymbol{x}^{\mathrm{H}} \boldsymbol{A} \boldsymbol{x}}{\boldsymbol{x}^{\mathrm{H}} \boldsymbol{x}} = \lambda_k .$$

所以,

$$\max_{L_k} \min_{x \in L_k} \frac{\boldsymbol{x}^{\mathrm{H}} \boldsymbol{A} \boldsymbol{x}}{\boldsymbol{x}^{\mathrm{H}} \boldsymbol{x}} \geqslant \lambda_k . \tag{7.4}$$

由(7.3)和(7.4)两式可知式(7.1)成立. 式(7.2)的证明类似. □

定理 7.2 (Hermite 矩阵的特征值扰动定理)

设 $\boldsymbol{A}$, $\boldsymbol{E}$, $\boldsymbol{A}+\boldsymbol{E}$ 都是 n 阶 Hermite 矩阵, 特征值分别为 $\lambda_1 \geqslant \lambda_2 \geqslant \cdots \geqslant \lambda_n$, $\varepsilon_1 \geqslant \varepsilon_2 \geqslant \cdots \geqslant \varepsilon_n$, $\mu_1 \geqslant \mu_2 \geqslant \cdots \geqslant \mu_n$, 则

$$\lambda_k + \varepsilon_n \leqslant \mu_k \leqslant \lambda_k + \varepsilon_1 \qquad (1 \leqslant k \leqslant n) .$$

证明 设 $\boldsymbol{A}$ 的特征向量为 $\{\boldsymbol{u}_i\}_{i=1}^n$, 记 $n-k+1$ 维子空间

$$L_{n-k+1} = \operatorname{span}\{\boldsymbol{u}_k, \boldsymbol{u}_{k+1}, \cdots, \boldsymbol{u}_n\} .$$

由 Courant-Fisher(柯朗-费希尔)定理,

$$\begin{aligned}\mu_k &\leqslant \max_{0\neq x\in L_{n-k+1}} \frac{x^{\mathrm H}(A+E)x}{x^{\mathrm H}x} \\ &\leqslant \max_{0\neq x\in L_{n-k+1}} \frac{x^{\mathrm H}Ax}{x^{\mathrm H}x} + \max_{0\neq x\in L_{n-k+1}} \frac{x^{\mathrm H}Ex}{x^{\mathrm H}x} \\ &= \lambda_k + \max_{0\neq x\in L_{n-k+1}} \frac{x^{\mathrm H}Ex}{x^{\mathrm H}x} \\ &\leqslant \lambda_k + \varepsilon_1.\end{aligned}$$

令 $A=(A+E)+(-E)$，其中 $-E$ 的最大特征值为 $-\varepsilon_n$. 重复上述过程，可得

$$\lambda_k \leqslant \mu_k + (-\varepsilon_n).$$ □

注意到 $\|E\|_2 = \max\limits_{1\leqslant i\leqslant n}|\varepsilon_i|$，所以 $|\varepsilon_1|\leqslant\|E\|_2$，$|\varepsilon_n|\leqslant\|E\|_2$，上述定理可简化.

定理 7.3（Weyl 定理）

设 n 阶 Hermite 矩阵 A 和 $A+E$ 的特征值分别为 $\lambda_1\geqslant\lambda_2\geqslant\cdots\geqslant\lambda_n$ 和 $\mu_1\geqslant\mu_2\geqslant\cdots\geqslant\mu_n$，则

$$\lambda_k - \|E\|_2 \leqslant \mu_k \leqslant \lambda_k + \|E\|_2.$$

定理 7.4（正规矩阵的 Hoffman-Wielandt 定理）

设 A, B 是两个 n 阶正规矩阵，它们的特征值分别为 $\lambda_1,\cdots,\lambda_n$ 和 $\mu_1,\cdots,\mu_n$，则存在 $(1,2,\cdots,n)$ 的一个排列 $(\pi(1),\pi(2),\cdots,\pi(n))$，使得

$$\left(\sum_{i=1}^{n}\left|\mu_{\pi(i)}-\lambda_i\right|^2\right)^{\frac{1}{2}} \leqslant \|B-A\|_F .$$

定理 7.5（分隔定理, interlacing property）

设 A 为 n 阶 Hermite 阵，$B=U^{\mathrm H}AU$，其中 $U\in\mathbb{C}^{n\times(n-1)}$，$U^{\mathrm H}U=I_{n-1}$. 设 A 与 B 的特征值分别为 $\lambda_1\geqslant\cdots\lambda_n$ 和 $\mu_1\geqslant\cdots\geqslant\mu_{n-1}$，则 $\lambda_1\geqslant\mu_1\geqslant\lambda_2\geqslant\mu_2\geqslant\cdots\geqslant\mu_{n-1}\geqslant\lambda_n$.

证明　设 $(U\quad u_n)\in\mathbb{C}^{n\times n}$ 是酉阵，且 $\begin{pmatrix}U^{\mathrm H}\\ u_n^{\mathrm H}\end{pmatrix}A(U\quad u_n)\equiv\begin{pmatrix}B & y\\ y^{\mathrm H} & \beta\end{pmatrix}$. 令谱分解 $V^{\mathrm H}BV=D=\operatorname{diag}(\mu_1,\cdots,\mu_{n-1})$，$V^{\mathrm H}y=z=(z_1,\cdots,z_{n-1})^{\mathrm T}$，则

$$\begin{pmatrix}V^{\mathrm H} & 0\\ 0 & 1\end{pmatrix}\begin{pmatrix}B & y\\ y^{\mathrm H} & \beta\end{pmatrix}\begin{pmatrix}V & 0\\ 0 & 1\end{pmatrix}=\begin{pmatrix}V^{\mathrm H}BV & V^{\mathrm H}y\\ y^{\mathrm H}V & \beta\end{pmatrix}=\begin{pmatrix}D & z\\ z^{\mathrm H} & \beta\end{pmatrix}.$$

A 的特征多项式

$$\begin{aligned}f(\lambda)=\det(\lambda I-A)&=\det\begin{vmatrix}\lambda I-D & -z\\ -z^{\mathrm H} & \lambda-\beta\end{vmatrix}\\ &=(\lambda-\beta)\prod_{i=1}^{n-1}(\lambda-\mu_i)-\sum_{j=1}^{n-1}|z_j|^2\prod_{i=1,i\neq j}^{n-1}(\lambda-\mu_i).\end{aligned}$$

易验证，$f(\mu_i)<0$（i 为奇），$f(\mu_i)>0$（i 为偶）. (μ_i,μ_{i+1}) 内有一根 $\lambda_{i+1}\ (i=1,\cdots,n-2)$，在 μ_1 右侧有一根 λ_1，在 μ_{n-1} 左侧有一根 λ_n，得证. □

7.2 对称 QR 算法

将 QR 算法应用于 n 阶对称矩阵 $\boldsymbol{A}$ 时，先用正交变换 $\boldsymbol{H}$ 将 $\boldsymbol{A}$ 上 Hessenberg 化，即 $\boldsymbol{H}^{\mathrm{T}}\boldsymbol{A}\boldsymbol{H}=\boldsymbol{T}$，其中 $\boldsymbol{T}$ 为上 Hessenberg 矩阵. 因为 $\boldsymbol{A}$ 对称，故 $\boldsymbol{T}$ 为对称三对角矩阵,

$$\boldsymbol{T}=\begin{pmatrix}\alpha_1 & \beta_1 & & & \\ \beta_1 & \alpha_2 & \beta_2 & & \\ & \beta_2 & \alpha_3 & \ddots & \\ & & \ddots & \ddots & \beta_{n-1} \\ & & & \beta_{n-1} & \alpha_n\end{pmatrix}.$$

矩阵 $\boldsymbol{A}$ 对称三对角化的计算量约为 $4n^3/3$，如果要将变换矩阵累积起来形成正交矩阵，则还需增加运算量 $4n^3/3$.

对 $\boldsymbol{T}$ 作带位移的 QR 迭代:

$$\begin{aligned}&\boldsymbol{T}_k-\mu_k\boldsymbol{I}=\boldsymbol{Q}_k\boldsymbol{R}_k,\\ &\boldsymbol{T}_{k+1}=\boldsymbol{R}_k\boldsymbol{Q}_k+\mu_k\boldsymbol{I}\quad (k=1,2,\cdots;\ \boldsymbol{T}_1=\boldsymbol{T}).\end{aligned}$$

$\boldsymbol{T}_k$ 最右下角 2×2 子矩阵为

$$\boldsymbol{T}_k(n-1:n,n-1:n)=\begin{pmatrix}\alpha_{n-1} & \beta_{n-1}\\ \beta_{n-1} & \alpha_n\end{pmatrix}.$$

Wilkinson 位移取为

$$\mu_k=\alpha_n+\delta-\operatorname{sgn}(\delta)\sqrt{\delta^2+\beta_{n-1}^2},\quad \delta=\frac{1}{2}(\alpha_{n-1}-\alpha_n).$$

或者简单地取 Rayleigh 商 $\mu_k=\boldsymbol{T}_k(n,n)=\alpha_n$. 可以证明，两种取法都三次收敛.

下面讨论如何隐式实现一步对称 QR 迭代:

$$\begin{aligned}&\boldsymbol{T}-\mu\boldsymbol{I}=\boldsymbol{Q}\boldsymbol{R},\\ &\bar{\boldsymbol{T}}=\boldsymbol{R}\boldsymbol{Q}+\mu\boldsymbol{I}.\end{aligned}$$

易验证

$$\bar{\boldsymbol{T}}=\boldsymbol{Q}^{\mathrm{T}}\boldsymbol{T}\boldsymbol{Q},$$

实质上是用正交相似变换将对称三对角矩阵 $\boldsymbol{T}$ 变为另一个对称三对角矩阵 $\bar{\boldsymbol{T}}$. 由隐式 Q 定理，$\bar{\boldsymbol{T}}$ 本质上由 $\boldsymbol{Q}$ 的第一列确定. 下面寻找正交变换 $\boldsymbol{V}$，使 $\boldsymbol{V}^{\mathrm{T}}\boldsymbol{T}\boldsymbol{V}=\hat{\boldsymbol{T}}$ 仍为对称三对角，且 $\boldsymbol{V}\boldsymbol{e}_1=\boldsymbol{Q}\boldsymbol{e}_1$.

确定 Givens 变换 $\hat{\boldsymbol{G}}_1$，使得 $\hat{\boldsymbol{G}}_1^{\mathrm{T}}\begin{pmatrix}\alpha_1-\mu\\ \beta_1\end{pmatrix}=\begin{pmatrix}\times\\ 0\end{pmatrix}$；记 $\boldsymbol{G}_1^{\mathrm{T}}=\begin{pmatrix}\hat{\boldsymbol{G}}_1^{\mathrm{T}} & \boldsymbol{O}\\ \boldsymbol{O} & \boldsymbol{I}_{n-2}\end{pmatrix}$. 理论上，存在 Givens 阵 $\boldsymbol{G}_1,\boldsymbol{G}_2,\cdots,\boldsymbol{G}_{n-1}$，使得 $\boldsymbol{G}_{n-1}^{\mathrm{T}}\cdots\boldsymbol{G}_1^{\mathrm{T}}(\boldsymbol{T}-\mu\boldsymbol{I})=\boldsymbol{R}$，其中 $\boldsymbol{R}$ 为上三角阵，$\boldsymbol{G}_k$ 由 (k,k) 和 $(k+1,k)$ 位置元素定义，作用后将第 k 列对角线以下元素消为 0. 定义 $\boldsymbol{Q}=\boldsymbol{G}_1\boldsymbol{G}_2\cdots\boldsymbol{G}_{n-1}$，该过程即为 QR 分解: $\boldsymbol{T}-\mu\boldsymbol{I}=\boldsymbol{Q}\boldsymbol{R}$. 注意到

$$Qe_1 = G_1G_2\cdots G_{n-1}e_1 = G_1e_1,$$

从而 Q 的第一列由 G_1 确定.

下面以 5×5 矩阵为例，演示实际算法步骤. 将 G_1 作用于 T，则

$$G_1^{\mathrm{T}}TG_1 = \begin{pmatrix} \times & \times & + & 0 & 0 \\ \times & \times & \times & 0 & 0 \\ + & \times & \times & \times & 0 \\ 0 & 0 & \times & \times & \times \\ 0 & 0 & 0 & \times & \times \end{pmatrix},$$

这里 G_1 与上一节隐式双步位移中的 P_0 所起的"冒泡"作用类似. 矩阵 $G_1^{\mathrm{T}}TG_1$ 接近对称三对角形式，但是(3, 1)和(1, 3)元素非零；相当于在原来三对角的基础上冒出了一个"泡泡"(即 + 标出的元素). 下面的任务是将这个"泡"驱逐出境，将矩阵还原为三对角形式.

$$V_1^{\mathrm{T}}(G_1^{\mathrm{T}}TG_1)V_1 = \begin{pmatrix} \times & \times & 0 & 0 & 0 \\ \times & \times & \times & + & 0 \\ 0 & \times & \times & \times & 0 \\ 0 & + & \times & \times & \times \\ 0 & 0 & 0 & \times & \times \end{pmatrix},$$

其中 $V_1 = \mathrm{diag}(1,\overline{V}_1,I_{n-3})$，$\overline{V}_1$ 为 2×2 的 Givens 变换，目标是左乘 V_1^{T} 消去(3, 1)位置元素(注意，右乘 V_1 同时消去了(1, 3)元素). 作用 V_1 后，我们观察到"泡泡"往右下方移动.

以此类推，定义 $V_2 = \mathrm{diag}(I_2,\overline{V}_2,I_{n-4})$，使得

$$V_2^{\mathrm{T}}V_1^{\mathrm{T}}(G_1^{\mathrm{T}}TG_1)V_1V_2 = \begin{pmatrix} \times & \times & 0 & 0 & 0 \\ \times & \times & \times & 0 & 0 \\ 0 & \times & \times & \times & + \\ 0 & 0 & \times & \times & \times \\ 0 & 0 & + & \times & \times \end{pmatrix}.$$

类似地，定义 V_3，使得

$$V_3^{\mathrm{T}}V_2^{\mathrm{T}}V_1^{\mathrm{T}}(G_1^{\mathrm{T}}TG_1)V_1V_2V_3 = \begin{pmatrix} \times & \times & 0 & 0 & 0 \\ \times & \times & \times & 0 & 0 \\ 0 & \times & \times & \times & 0 \\ 0 & 0 & \times & \times & \times \\ 0 & 0 & 0 & \times & \times \end{pmatrix}.$$

一般地，$V_k = \mathrm{diag}(I_k,\overline{V}_k,I_{n-k-2})$，$k = 1,2,\cdots,n-2$，其中 $\overline{V}_k$ 是由 $(k+1,k)$ 和 $(k+2,k)$ 两个元素定义的二阶 Givens 矩阵，作用后可将 $(k+2,k)$ 元素消为 0，使"泡泡"逐步往右下方移动，直至驱逐出境. 将 $G_1^{\mathrm{T}}TG_1$ 还原为三对角的过程总结为

$$V_{n-2}^{\mathrm{T}}\cdots V_2^{\mathrm{T}}V_1^{\mathrm{T}}(G_1^{\mathrm{T}}TG_1)V_1V_2\cdots V_{n-2} = \begin{pmatrix} \times & \times & 0 & \cdots & 0 \\ \times & \times & \times & \cdots & 0 \\ 0 & \times & \times & \cdots & 0 \\ \vdots & \vdots & \vdots & \ddots & \vdots \\ 0 & 0 & 0 & \cdots & \times \end{pmatrix} \equiv \hat{T}.$$

令 $\boldsymbol{V}=\boldsymbol{G}_1\boldsymbol{V}_1\cdots\boldsymbol{V}_{n-2}$，则有

$$\hat{\boldsymbol{T}}=\boldsymbol{V}^{\mathrm{T}}\boldsymbol{T}\boldsymbol{V},$$

$$\boldsymbol{V}\boldsymbol{e}_1=\boldsymbol{G}_1\boldsymbol{V}_1\cdots\boldsymbol{V}_{n-2}\boldsymbol{e}_1=\boldsymbol{G}_1\boldsymbol{e}_1=\boldsymbol{Q}\boldsymbol{e}_1.$$

这样，用一系列 Givens 变换(驱逐引入的非零元)将矩阵还原为三对角矩阵. 这样无需显式进行 QR 分解，就可以隐式地将 $\boldsymbol{T}$ 变换为 $\hat{\boldsymbol{T}}$. 由隐式 Q 定理，经正交变换 $\boldsymbol{Q}$ 得到的 $\bar{\boldsymbol{T}}$ 和经 $\boldsymbol{V}$ 得到的 $\hat{\boldsymbol{T}}$ 本质上一样.

一步 QR 迭代可以小结为: 选位移，计算 $\boldsymbol{G}_1$；$\boldsymbol{G}_1^{\mathrm{T}}\boldsymbol{T}\boldsymbol{G}_1$ 冒泡，赶泡出境(恢复至对称三对角). 如果只计算特征值，则算法运算量约为 $4n^3/3$；如果还需要特征向量，则平均运算量约为 $9n^3$. 该算法计算得到的特征值 $\tilde{\lambda}_i$（$i=1,\cdots,n$）满足 $\boldsymbol{V}^{\mathrm{T}}(\boldsymbol{A}+\boldsymbol{E})\boldsymbol{V}=\mathrm{diag}(\tilde{\lambda}_1,\cdots,\tilde{\lambda}_n)$，其中 $\boldsymbol{V}$ 是正交阵，$\|\boldsymbol{E}\|_2\approx\|\boldsymbol{A}\|_2 u$. 由 Weyl(外尔)定理知，$\left|\tilde{\lambda}_i-\lambda_i(\boldsymbol{A})\right|=O(u)$，$u$ 是机器精度. 对称 QR 迭代是数值代数中非常优美的算法.

7.3 Jacobi 方法

先考虑一个 2×2 的对称矩阵 $\boldsymbol{A}=\begin{pmatrix}a_{11} & a_{12}\\ a_{21} & a_{22}\end{pmatrix}$，定义 Givens 变换 $\boldsymbol{G}=\begin{pmatrix}\cos\theta & -\sin\theta\\ \sin\theta & \cos\theta\end{pmatrix}$，作用到 $\boldsymbol{A}$ 上，计算

$$\boldsymbol{B}=\boldsymbol{G}^{\mathrm{T}}\boldsymbol{A}\boldsymbol{G}=\begin{pmatrix}b_{11} & b_{12}\\ b_{21} & b_{22}\end{pmatrix},$$

其中

$$\begin{aligned}
b_{11}&=a_{11}\cos^2\theta+2a_{12}\cos\theta\sin\theta+a_{22}\sin^2\theta,\\
b_{12}&=b_{21}=(a_{22}-a_{11})\cos\theta\sin\theta+a_{12}(\cos^2\theta-\sin^2\theta),\\
b_{22}&=a_{11}\sin^2\theta-2a_{12}\cos\theta\sin\theta+a_{22}\cos^2\theta.
\end{aligned}$$

选取适当的 θ，使 $\boldsymbol{G}^{\mathrm{T}}\boldsymbol{A}\boldsymbol{G}$ 为对角阵，即 $b_{12}=b_{21}=0$. 取 $\tan2\theta=\dfrac{2a_{12}}{a_{11}-a_{22}}$ $(a_{11}\neq a_{22})$，或者 $\theta=\dfrac{\pi}{4}$ $(a_{11}=a_{22})$. 为使旋转角度尽可能小，通常限制 $|\theta|\leqslant\pi/4$.

考虑一般的 $n\times n$ 对称矩阵，定义 n 阶 Givens 旋转阵

$$\boldsymbol{G}_{pq}=\begin{bmatrix}1 & & & & & & \\ & \ddots & & & & & \\ & & \cos\theta & & -\sin\theta & & \\ & & & \ddots & & & \\ & & \sin\theta & & \cos\theta & & \\ & & & & & \ddots & \\ & & & & & & 1\end{bmatrix}.$$

该矩阵与单位矩阵的区别在于以下位置:

$$\boldsymbol{G}_{pq}(p,p)=\boldsymbol{G}_{pq}(q,q)=\cos\theta,\quad \boldsymbol{G}_{pq}(p,q)=-\boldsymbol{G}_{pq}(q,p)=-\sin\theta.$$

对 $\boldsymbol{A}$ 左乘 $\boldsymbol{G}_{pq}^{\mathrm{T}}$，右乘 $\boldsymbol{G}_{pq}$，只改变 $\boldsymbol{A}$ 的第 p,q 两行和第 p,q 两列. 可以用 Givens 变换将 (p,q) 元素化为 0, 具体地说, 确定 θ, 使得

$$\begin{pmatrix} \cos\theta & \sin\theta \\ -\sin\theta & \cos\theta \end{pmatrix}\begin{pmatrix} a_{pp} & a_{pq} \\ a_{qp} & a_{qq} \end{pmatrix}\begin{pmatrix} \cos\theta & -\sin\theta \\ \sin\theta & \cos\theta \end{pmatrix}=\begin{pmatrix} \hat{a}_{pp} & 0 \\ 0 & \hat{a}_{qq} \end{pmatrix}.$$

Jacobi 方法的基本思想就是用 Givens 变换将大的非对角元往对角线上"赶". 从 $\boldsymbol{A}_1=\boldsymbol{A}$ 开始, 找到按模最大的非对角元, $|a_{pq}|=\max\limits_{1\leqslant i,j\leqslant n}|a_{ij}|$, 用 Givens 变换 $\boldsymbol{G}_{pq}$ 计算 $\boldsymbol{A}_2=\boldsymbol{G}_{pq}^{\mathrm{T}}\boldsymbol{A}_1\boldsymbol{G}_{pq}$, 将 (p,q) 位置元素消为 0; 接着再找 $\boldsymbol{A}_2$ 中按模最大的非对角元, 并用 Givens 变换将其消为 0. 依此继续, 产生矩阵序列 $\{\boldsymbol{A}_k\}$, 直到 $\boldsymbol{A}_k$ 对角元以外的非零元绝对值足够小.

定理 7.6

设 $\boldsymbol{A}$ 是 n 阶是对称矩阵, 则由 Jacobi 方法产生的矩阵序列 $\{\boldsymbol{A}_k\}$ 的非对角元收敛于 0.

证明　记 $\boldsymbol{A}_k=(a_{ij}^{(k)})=\mathrm{diag}(a_{ii}^{(k)})+\boldsymbol{E}_k$, 其中 $\boldsymbol{E}_k$ 是将 $\boldsymbol{A}_k$ 对角元置 0 所得矩阵, 亦即由 $\boldsymbol{A}_k$ 的非对角元组成. 确定 Givens 矩阵 $\boldsymbol{G}_{pq}$ 使变换后矩阵 (p,q) 位置元素为 0.

$$\boldsymbol{A}_{k+1}=\boldsymbol{G}_{pq}^{\mathrm{T}}\boldsymbol{A}_k\boldsymbol{G}_{pq}=\mathrm{diag}(a_{ii}^{(k+1)})+\boldsymbol{E}_{k+1}.$$

显然

$$\|\boldsymbol{A}_{k+1}\|_F^2=\|\boldsymbol{E}_{k+1}\|_F^2+(a_{pp}^{(k+1)})^2+(a_{qq}^{(k+1)})^2+\sum_{i\neq p,q}(a_{ii}^{(k+1)})^2,$$

$$\|\boldsymbol{A}_k\|_F^2=\|\boldsymbol{E}_k\|_F^2+(a_{pp}^{(k)})^2+(a_{qq}^{(k)})^2+\sum_{i\neq p,q}(a_{ii}^{(k)})^2,$$

其中

$$(a_{pp}^{(k+1)})^2+(a_{pq}^{(k+1)})^2+2\times 0=(a_{pp}^{(k)})^2+(a_{qq}^{(k)})^2+2(a_{pq}^{(k)})^2,$$

$$a_{ii}^{(k+1)}=a_{ii}^{(k)}\quad (i\neq p,q).$$

由 $\|\boldsymbol{A}_{k+1}\|_F=\|\boldsymbol{A}_k\|_F$ 得

$$\|\boldsymbol{E}_{k+1}\|_F^2=\|\boldsymbol{E}_k\|_F^2-2(a_{pq}^{(k)})^2.$$

由算法, $|a_{pq}^{(k)}|=\max\limits_{1\leqslant i,j\leqslant n,\, i\neq j}|a_{ij}^{(k)}|$, 则

$$\sum_{1\leqslant i,j\leqslant n, i\neq j}|a_{ij}^{(k)}|^2\leqslant n(n-1)(a_{pq}^{(k)})^2,$$

即

$$\|\boldsymbol{E}_k\|_F^2\leqslant n(n-1)|a_{pq}^{(k)}|^2.$$

故

$$\|\boldsymbol{E}_{k+1}\|_F^2\leqslant\left(1-\frac{2}{n(n-1)}\right)\|\boldsymbol{E}_k\|_F^2\leqslant\cdots\leqslant\left(1-\frac{2}{n(n-1)}\right)^k\|\boldsymbol{E}_1\|_F^2.$$

显然, 当 $k\to\infty$ 时, $\|\boldsymbol{E}_{k+1}\|_F\to 0$. □

Jacobi 方法最重要的特点是其并行性, 另外计算结果精度较高. 在计算中要扫描所有非对角元, 找出按模最大者, 这样的扫描比较耗时, 可引入阈值 δ, 在一次扫描中, 将绝对值大于 δ

的非零元消为 0. 当所有非对角元都按模小于 δ 后，将阈值减少，重复下一次扫描，直到阈值足够小为止.

7.4 二 分 法

若 $\boldsymbol{X}$ 为正交阵，则 $\boldsymbol{X}^{\mathrm{T}}\boldsymbol{A}\boldsymbol{X}$ 与 $\boldsymbol{A}$ 相似，有相同的特征值；当 $\boldsymbol{X}$ 非奇异时，称 $\boldsymbol{X}^{\mathrm{T}}\boldsymbol{A}\boldsymbol{X}$ 与 $\boldsymbol{A}$ 同余(congruent)，此二者一般没有相同的特征值，但有相同的惯性. 对称阵 $\boldsymbol{A}$ 的惯性是指三元整数组 $\mathrm{Inertia}(\boldsymbol{A})=\{\upsilon,\varsigma,\pi\}$，其中 υ 是 $\boldsymbol{A}$ 的负特征值个数(负惯性指数)，ς 是零特征值个数(零惯性指数)，π 是正特征值个数(正惯性指数).

定理 7.7(Sylvester 惯性定理)

设 $\boldsymbol{A}$ 为对称矩阵，$\boldsymbol{X}$ 非奇异，则 $\boldsymbol{X}^{\mathrm{T}}\boldsymbol{A}\boldsymbol{X}$ 与 $\boldsymbol{A}$ 有相同的惯性.

证明　假设 $\boldsymbol{A}$ 有 υ 个负特征值，$\boldsymbol{X}^{\mathrm{T}}\boldsymbol{A}\boldsymbol{X}$ 有 υ' 个负特征值，$\upsilon'<\upsilon$. 令 S_N 是 $\boldsymbol{A}$ 的 υ 个负特征值对应的特征向量张成的空间，$\forall \boldsymbol{x}\in S_N$，$\boldsymbol{x}^{\mathrm{T}}\boldsymbol{A}\boldsymbol{x}<0$. 令 S_P 是 $\boldsymbol{X}^{\mathrm{T}}\boldsymbol{A}\boldsymbol{X}$ 的 $n-\upsilon'$ 维非负特征值对应的特征向量张成的空间，这里 n 是 $\boldsymbol{A}$ 的阶数，则 $\forall \boldsymbol{0}\neq\boldsymbol{y}\in S_P$，$\boldsymbol{y}^{\mathrm{T}}\boldsymbol{X}^{\mathrm{T}}\boldsymbol{A}\boldsymbol{X}\boldsymbol{y}\geqslant 0$. 因为 $\boldsymbol{X}$ 非奇异，故 $\boldsymbol{X}S_P$ 是 $n-\upsilon'$ 维. 因 $\dim(S_N)+\dim(\boldsymbol{X}S_P)=\upsilon+n-\upsilon'>n$，所以空间 S_N 与 $\boldsymbol{X}S_P$ 的交集非空. 设非零向量 $\boldsymbol{x}$ 属于二者交集. 由 $\boldsymbol{x}\in S_N$ 知，$\boldsymbol{X}^{\mathrm{T}}\boldsymbol{A}\boldsymbol{X}<0$；又由 $\boldsymbol{x}\in\boldsymbol{X}S_P$ 知，$\exists\ \boldsymbol{y}\in S_P$，使得 $\boldsymbol{x}=\boldsymbol{X}\boldsymbol{y}$，且 $\boldsymbol{x}^{\mathrm{T}}\boldsymbol{A}\boldsymbol{x}=(\boldsymbol{X}\boldsymbol{y})^{\mathrm{T}}\boldsymbol{A}\boldsymbol{X}\boldsymbol{y}\geqslant 0$，矛盾，假设 $\upsilon'<\upsilon$ 不成立. 故 $\upsilon'\geqslant\upsilon$.

交换上述证明中 $\boldsymbol{A}$ 和 $\boldsymbol{X}^{\mathrm{T}}\boldsymbol{A}\boldsymbol{X}$ 的角色，可得 $\upsilon'\leqslant\upsilon$，故 $\upsilon'=\upsilon$，即负特征值个数相同. 同理可证，$\boldsymbol{A}$ 与 $\boldsymbol{X}^{\mathrm{T}}\boldsymbol{A}\boldsymbol{X}$ 的正特征值个数相同. 因此，也必有相同个数的零特征值. □

下面考虑如何计算特征值. 设 $\boldsymbol{A}-\tau\boldsymbol{I}=\boldsymbol{L}\boldsymbol{D}\boldsymbol{L}^{\mathrm{T}}$，其中 $\boldsymbol{L}$ 非奇异，$\boldsymbol{D}$ 为对角阵，则

$$
\begin{aligned}
\mathrm{Inertia}(\boldsymbol{A}-\tau\boldsymbol{I})&=\mathrm{Inertia}(\boldsymbol{D})\\
&=\{\#(d_{ii}<0),\#(d_{ii}=0),\#(d_{ii}>0)\}\\
&=\{\#(\lambda_i(\boldsymbol{A}-\tau\boldsymbol{I})<0),\#(\lambda_i(\boldsymbol{A}-\tau\boldsymbol{I})=0),\#(\lambda_i(\boldsymbol{A}-\tau\boldsymbol{I})>0)\}\\
&=\{\#(\lambda_i(\boldsymbol{A})<\tau),\#(\lambda_i(\boldsymbol{A})=\tau),\#(\lambda_i(\boldsymbol{A})>\tau)\},
\end{aligned}
$$

其中 $\#(d_{ii}<0)$ 表示负对角元 d_{ii} 的个数，$\#(\lambda_i(\boldsymbol{A})<\tau)$ 表示 $\boldsymbol{A}$ 的特征值小于 τ 的个数. 假设 $a<b$，计算 $\mathrm{Inertia}(\boldsymbol{A}-a\boldsymbol{I})$ 和 $\mathrm{Inertia}(\boldsymbol{A}-b\boldsymbol{I})$，可知 $\#(\lambda_i(\boldsymbol{A})<b)-\#(\lambda_i(\boldsymbol{A})<a)$ 为区间 $[a,b)$ 内特征值个数.

设 $\boldsymbol{A}-\tau\boldsymbol{I}=\boldsymbol{L}\boldsymbol{D}\boldsymbol{L}^{\mathrm{T}}$，因 $\#(\lambda_i(\boldsymbol{A})<\tau)=\#(d_{ii}<0)$，可通过计算 $\{d_{ii}\}$ 实现目标.

$$
\boldsymbol{A}-\tau\boldsymbol{I}\equiv\begin{pmatrix} a_1-\tau & b_1 & \cdots & 0\\ b_1 & a_2-\tau & \ddots & \vdots\\ \vdots & \ddots & \ddots & b_{n-1}\\ 0 & \cdots & b_{n-1} & a_n-\tau\end{pmatrix}=\boldsymbol{L}\boldsymbol{D}\boldsymbol{L}^{\mathrm{T}}
$$

$$
=\begin{pmatrix} 1 & & \cdots & 0\\ l_1 & 1 & & \vdots\\ \vdots & \ddots & \ddots & \\ 0 & \cdots & l_{n-1} & 1\end{pmatrix}\begin{pmatrix} d_1 & & \cdots & 0\\ & d_2 & & \vdots\\ \vdots & & \ddots & \\ 0 & \cdots & & d_n\end{pmatrix}\begin{pmatrix} 1 & l_1 & \cdots & 0\\ & 1 & \ddots & \vdots\\ \vdots & & \ddots & l_{n-1}\\ 0 & \cdots & & 1\end{pmatrix}.
$$

由对应关系,

$$\begin{aligned} &a_1-\tau=d_1, && d_1l_1=b_1. \\ &l_{i-1}^2d_{i-1}+d_i=a_i-\tau, && d_il_i=b. \end{aligned}$$

把 $l_i=b_i/d_i$ 代入, 得递推关系 $d_i=a_i-\tau-b_{i-1}^2/d_{i-1}(i=2,\cdots,n)$. 相较于 d_i 的大小, 我们更关注它的符号.

对于给定区间, 可以判定是否有 $\boldsymbol{A}$ 的特征值; 若有, 则用 $c=\dfrac{a+b}{2}$, 将区间分为 $[a,c)$ 和 $[c,b)$ 再判断, 如此进行下去. 二分法求某个范围之内的 k 个特征值, 代价为 $O(nk)$. 求解特征值后, 对应的特征向量可用反幂法计算.

7.5　分而治之法

设 $\boldsymbol{T}$ 为 $n\times n$ 的对称三对角矩阵, 记左上角子矩阵 $\boldsymbol{T}(1:m,1:m)=\overline{\boldsymbol{T}}_1$, 右下角子矩阵 $\boldsymbol{T}(m+1:n,m+1:n)=\overline{\boldsymbol{T}}_2$, $\boldsymbol{e}_j$ 为单位矩阵的第 j 列, 维数由上下文确定. 则 $\boldsymbol{T}$ 可分块为

$$\begin{aligned}\boldsymbol{T}&=\begin{pmatrix} a_1 & b_1 & & & & & \cdots & & 0 \\ b_1 & \ddots & \ddots & & & & & & \\ & \ddots & a_{m-1} & b_{m-1} & & & & & \vdots \\ & & b_{m-1} & a_m & b_m & & & & \\ & & & b_m & a_{m+1} & b_{m+1} & & & \\ \vdots & & & & b_{m+1} & & \ddots & & \\ & & & & & \ddots & \ddots & b_{n-1} \\ 0 & & \cdots & & & & b_{n-1} & a_n \end{pmatrix} \\ &=\begin{pmatrix} \overline{\boldsymbol{T}}_1 & b_m\boldsymbol{e}_m\boldsymbol{e}_1^{\mathrm{T}} \\ b_m\boldsymbol{e}_1\boldsymbol{e}_m^{\mathrm{T}} & \overline{\boldsymbol{T}}_2 \end{pmatrix}=\begin{pmatrix} \overline{\boldsymbol{T}}_1-b_m\boldsymbol{e}_m\boldsymbol{e}_m^{\mathrm{T}} & \boldsymbol{0} \\ \boldsymbol{0} & \overline{\boldsymbol{T}}_2-b_m\boldsymbol{e}_1\boldsymbol{e}_1^{\mathrm{T}} \end{pmatrix}+b_m\begin{pmatrix} \boldsymbol{e}_m \\ \boldsymbol{e}_1 \end{pmatrix}\begin{pmatrix} \boldsymbol{e}_m^{\mathrm{T}} & \boldsymbol{e}_1^{\mathrm{T}} \end{pmatrix} \\ &\equiv\begin{pmatrix} \boldsymbol{T}_1 & \\ & \boldsymbol{T}_2 \end{pmatrix}+b_m\boldsymbol{v}\boldsymbol{v}^{\mathrm{T}},\end{aligned}$$

其中 $\boldsymbol{v}$ 是第 m 和 $m+1$ 个元素为1, 其余元素为0的 $n\times 1$ 向量. $\boldsymbol{T}_1$ 与 $\overline{\boldsymbol{T}}_1$ 的 (m,m) 元素, $\boldsymbol{T}_2$ 与 $\overline{\boldsymbol{T}}_2$ 的 $(1,1)$ 元素均相差数值 b_m.

下面先分别求两个低阶矩阵 $\boldsymbol{T}_1$ 和 $\boldsymbol{T}_2$ 的特征对, 再结合起来确定 $\boldsymbol{T}$ 的特征对.

设 $\boldsymbol{T}_1$ 和 $\boldsymbol{T}_2$ 分别有特征分解 $\boldsymbol{T}_i=\boldsymbol{Q}_i\boldsymbol{\Lambda}_i\boldsymbol{Q}_i^{\mathrm{T}}$ ($i=1,2$), 则

$$\boldsymbol{T}=\begin{pmatrix} \boldsymbol{Q}_1\boldsymbol{\Lambda}_1\boldsymbol{Q}_1^{\mathrm{T}} & \boldsymbol{0} \\ \boldsymbol{0} & \boldsymbol{Q}_2\boldsymbol{\Lambda}_2\boldsymbol{Q}_2^{\mathrm{T}} \end{pmatrix}+b_m\boldsymbol{v}\boldsymbol{v}^{\mathrm{T}}=\begin{pmatrix} \boldsymbol{Q}_1 & \boldsymbol{0} \\ \boldsymbol{0} & \boldsymbol{Q}_2 \end{pmatrix}(\boldsymbol{D}+b_m\boldsymbol{w}\boldsymbol{w}^{\mathrm{T}})\begin{pmatrix} \boldsymbol{Q}_1^{\mathrm{T}} & \boldsymbol{0} \\ \boldsymbol{0} & \boldsymbol{Q}_2^{\mathrm{T}} \end{pmatrix},$$

其中 $\boldsymbol{D}\equiv\begin{pmatrix} \boldsymbol{\Lambda}_1 & \boldsymbol{0} \\ \boldsymbol{0} & \boldsymbol{\Lambda}_2 \end{pmatrix}$, $\boldsymbol{w}\equiv\begin{pmatrix} \boldsymbol{Q}_1 & \boldsymbol{0} \\ \boldsymbol{0} & \boldsymbol{Q}_2 \end{pmatrix}^{\mathrm{T}}\boldsymbol{v}=\begin{pmatrix} \boldsymbol{Q}_1^{\mathrm{T}} & \boldsymbol{0} \\ \boldsymbol{0} & \boldsymbol{Q}_2^{\mathrm{T}} \end{pmatrix}\begin{pmatrix} \boldsymbol{e}_m \\ \boldsymbol{e}_1 \end{pmatrix}=\begin{pmatrix} \boldsymbol{Q}_1^{\mathrm{T}}\boldsymbol{e}_m \\ \boldsymbol{Q}_2^{\mathrm{T}}\boldsymbol{e}_1 \end{pmatrix}$.

现在问题转化为求矩阵 $\boldsymbol{D}+\rho\boldsymbol{u}\boldsymbol{u}^{\mathrm{T}}$ 的谱分解. 不失一般性, 设 $0\neq\rho\in\mathbb{R}$, $\boldsymbol{D}=\mathrm{diag}(d_1,\cdots,d_n)$,

对角元 d_i 互异，单位向量 $\boldsymbol{u}=(u_j)\in\mathbb{R}^n$，其分量 $u_j\neq 0$.

(1) $\boldsymbol{D}+\rho\boldsymbol{u}\boldsymbol{u}^{\mathrm{T}}$ 的特征值.

如果 $\boldsymbol{0}\neq\boldsymbol{x}\in\mathbb{R}^n$ 和 $\lambda\in\mathbb{R}$ 满足

$$(\boldsymbol{D}+\rho\boldsymbol{u}\boldsymbol{u}^{\mathrm{T}})\boldsymbol{x}=\lambda\boldsymbol{x},$$

则 $\boldsymbol{u}^{\mathrm{T}}\boldsymbol{x}\neq 0$，且 $\boldsymbol{D}-\lambda\boldsymbol{I}$ 非奇异. 证明如下.

若 $\boldsymbol{u}^{\mathrm{T}}\boldsymbol{x}=0$，则 $\boldsymbol{D}\boldsymbol{x}=\lambda\boldsymbol{x}$，$\boldsymbol{x}\neq\boldsymbol{0}$. λ 是 $\boldsymbol{D}$ 的特征值，则有某个 i，使 $\lambda=d_i$ 且 $\boldsymbol{x}=\alpha\boldsymbol{e}_i$，$\alpha\neq 0$. 所以，$0=\boldsymbol{u}^{\mathrm{T}}\boldsymbol{x}=\boldsymbol{u}^{\mathrm{T}}(\alpha\boldsymbol{e}_i)=\alpha u_i$，与假设 $u_i\neq 0$ 矛盾，故 $\boldsymbol{u}^{\mathrm{T}}\boldsymbol{x}\neq 0$. 若 $\boldsymbol{D}-\lambda\boldsymbol{I}$ 奇异，则有某个 j，使 $\boldsymbol{e}_j^{\mathrm{T}}(\boldsymbol{D}-\lambda\boldsymbol{I})=0$，则

$$0=\boldsymbol{e}_j^{\mathrm{T}}(\boldsymbol{D}-\lambda\boldsymbol{I})\boldsymbol{x}=\boldsymbol{e}_j^{\mathrm{T}}(-\rho\boldsymbol{u}\boldsymbol{u}^{\mathrm{T}}\boldsymbol{x})=-\rho\boldsymbol{u}^{\mathrm{T}}\boldsymbol{x}\boldsymbol{e}_j^{\mathrm{T}}\boldsymbol{u}.$$

因 $\rho\boldsymbol{u}^{\mathrm{T}}\boldsymbol{x}\neq 0$，故 $\boldsymbol{e}_j^{\mathrm{T}}\boldsymbol{u}=0$，与假设 $u_j\neq 0$ 矛盾，故 $\boldsymbol{D}-\lambda\boldsymbol{I}$ 非奇异.

由 $\boldsymbol{D}-\lambda\boldsymbol{I}$ 非奇异，可得

$$\det(\boldsymbol{D}+\rho\boldsymbol{u}\boldsymbol{u}^{\mathrm{T}}-\lambda\boldsymbol{I})=\det(\boldsymbol{D}-\lambda\boldsymbol{I})\det\left(\boldsymbol{I}+\rho(\boldsymbol{D}-\lambda\boldsymbol{I})^{-1}\boldsymbol{u}\boldsymbol{u}^{\mathrm{T}}\right).$$

注意到 $\det(\boldsymbol{D}-\lambda\boldsymbol{I})\neq 0$，故 λ 是 $\boldsymbol{D}+\rho\boldsymbol{u}\boldsymbol{u}^{\mathrm{T}}$ 特征值等价于

$$0=\det\left(\boldsymbol{I}+\rho(\boldsymbol{D}-\lambda\boldsymbol{I})^{-1}\boldsymbol{u}\boldsymbol{u}^{\mathrm{T}}\right)=1+\rho\boldsymbol{u}^{\mathrm{T}}(\boldsymbol{D}-\lambda\boldsymbol{I})^{-1}\boldsymbol{u}=1+\rho\sum_{j=1}^{n}\frac{u_j^2}{d_j-\lambda}\equiv f(\lambda).$$

该特征方程 $f(\lambda)=0$ 的根为特征值.

考查 $f(x)=1+\rho\sum_{j=1}^{n}\frac{u_j^2}{d_j-x}$，这里 $d_1<d_2<\cdots<d_n$，$u_j\neq 0$，$\rho>0$. 易验证 $y=1$ 是一条水平渐近线，$x=d_i$ 是垂直渐近线. $f'(x)=\rho\sum_{j=1}^{n}\frac{u_j^2}{(d_j-x)^2}>0$，故 $f(x)$ 在区间 (d_j,d_{j+1}) 单调递增，该区间的一个根可以用 Newton (牛顿) 法找到. 另外区间 (d_n,∞) 还有一个根. 图 7.1 给出了一个具体例子.

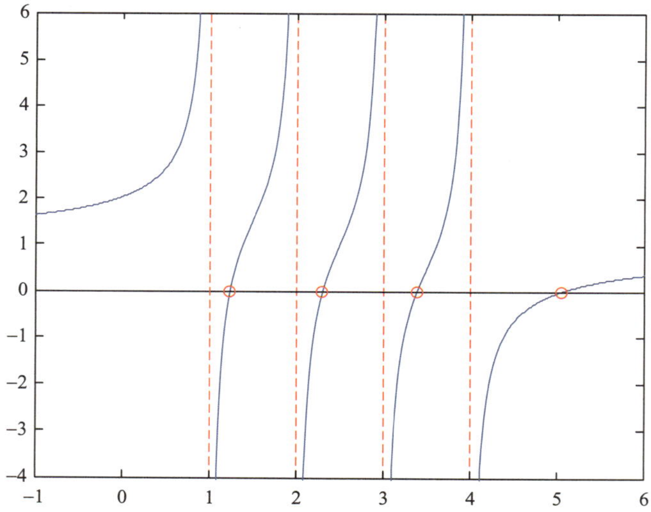

图 7.1　久期方程 $f(x)=1+\frac{0.5}{1-x}+\frac{0.5}{2-x}+\frac{0.5}{3-x}+\frac{0.5}{4-x}=0$ 及四个根: 1.2360, 2.3062, 3.3963 和 5.0615

(2) $\boldsymbol{D}+\rho\boldsymbol{u}\boldsymbol{u}^{\mathrm{T}}$ 的特征向量.

设 λ 是 $\boldsymbol{D}+\rho\boldsymbol{u}\boldsymbol{u}^{\mathrm{T}}$ 的一个特征值，则 $(\boldsymbol{D}-\lambda\boldsymbol{I})^{-1}\boldsymbol{u}$ 是对应的特征向量，这是因为

$$\begin{aligned}(\boldsymbol{D}+\rho\boldsymbol{u}\boldsymbol{u}^{\mathrm{T}})(\boldsymbol{D}-\lambda\boldsymbol{I})^{-1}\boldsymbol{u} &= (\boldsymbol{D}-\lambda\boldsymbol{I}+\lambda\boldsymbol{I}+\rho\boldsymbol{u}\boldsymbol{u}^{\mathrm{T}})(\boldsymbol{D}-\lambda\boldsymbol{I})^{-1}\boldsymbol{u}\\ &= \boldsymbol{u}+\lambda(\boldsymbol{D}-\lambda\boldsymbol{I})^{-1}\boldsymbol{u}+\boldsymbol{u}(\rho\boldsymbol{u}^{\mathrm{T}}(\boldsymbol{D}-\lambda\boldsymbol{I})^{-1}\boldsymbol{u})\\ &= \boldsymbol{u}+\lambda(\boldsymbol{D}-\lambda\boldsymbol{I})^{-1}\boldsymbol{u}+\boldsymbol{u}(-1)\\ &= \lambda(\boldsymbol{D}-\lambda\boldsymbol{I})^{-1}\boldsymbol{u}.\end{aligned}$$

原始方法计算相近特征值的特征向量时，会有数值稳定性问题；这一问题在 1995 年由 Gu 和 Eisenstat 解决(Gu and Eisenstat, 1995). 前面的讨论假设 d_i 互异且 u_i 非零，若 $d_i=d_{i+1}$ 或 $u_i=0$ 时，可证 d_i 是 $\boldsymbol{T}$ 的特征值. 为了使算法实用，这时常用收缩(deflation)技术；在实际计算中，收缩现象经常发生. 分而治之法是计算大于 25 阶的对称矩阵所有特征值与特征向量的最快算法.

知识拓展

对称特征值问题的分而治之法和相对稳健表示(relatively robust representation, RRR)方法，在计算所有特征值和特征向量时的速度超过了 QR，但是 QR 经过半个世纪的检验，可靠性强.

调用 LAPACK 函数计算对称(或 Hermite)矩阵特征值分两个阶段. 先用正交变换约化到对称三对角矩阵 $\boldsymbol{T}=\boldsymbol{Q}^{\mathrm{T}}\boldsymbol{A}\boldsymbol{Q}$，对实对称矩阵调用_SYTRD、_SPTRD 或_SBTRD，相应的 Hermite 版本是_HETRD、_HPTRD 或_HBTRD. 接着调用以下函数计算对称三对角矩阵 $\boldsymbol{T}$ 的特征值和特征向量. ①_STEQR：用隐式位移 QR 计算全部特征值和特征向量. ②_STERF：避免平方根的 QR，只求特征值. ③_STEDC：分而治之法，用于求解全部特征值和特征向量，比_STEQR 快但是需更多工作空间. ④_STEGR：RRR 算法，用 LDL 分解一系列矩阵 $\boldsymbol{T}-\sigma\boldsymbol{I}$. ⑤_STEBZ：二分法求部分或全部特征值. ⑥_STEIN：给定特征值，用逆迭代求特征向量.

此外还有 CG、Lanczos 和 Jacobi-Davidson 等求特征值的方法.

习　题　7

1. 用 Jacobi 方法求实对称矩阵

$$\boldsymbol{A}=\begin{pmatrix}2&1&1\\1&2&1\\1&1&2\end{pmatrix}$$

的全部特征值和对应的特征向量.

2. 设 $\boldsymbol{A}$ 为 n 阶实对称矩阵，其特征值满足

$$|\lambda_1|>|\lambda_2|\geqslant|\lambda_3|\geqslant\cdots\geqslant|\lambda_n|,$$

对 $\boldsymbol{A}$ 做幂法运算 $\boldsymbol{x}_{k+1}=\boldsymbol{A}\boldsymbol{x}_k\,(k=1,2,\cdots)$，证明：

$$\frac{(\boldsymbol{A}\boldsymbol{x}_k,\boldsymbol{x}_k)}{(\boldsymbol{x}_k,\boldsymbol{x}_k)}=\lambda_1+O\left(\left(\frac{\lambda_2}{\lambda_1}\right)^{2k}\right).$$

3. 设 $\boldsymbol{A},\boldsymbol{E}\in\mathbb{R}^{n\times n}$ 是两个对称矩阵. 证明: 若 $\boldsymbol{A}$ 正定且 $\|\boldsymbol{A}^{-1}\|_2\|\boldsymbol{E}\|_2<1$, 则 $\boldsymbol{A}+\boldsymbol{E}$ 也是正定的.

4. $\boldsymbol{B}=\begin{pmatrix}\alpha & \boldsymbol{b}^{\mathrm{H}}\\ \boldsymbol{b} & \boldsymbol{A}\end{pmatrix}$ 是一个 Hermite 矩阵. 证明: 在区间 $\{\lambda\,|\,|\lambda-\alpha|\leqslant\|\boldsymbol{b}\|_2\}$ 中存在 $\boldsymbol{B}$ 的一个特征值.

5. 设 $\boldsymbol{A},\boldsymbol{B}\in\mathbb{R}^{n\times n}$. 证明: $\boldsymbol{C}=\boldsymbol{A}+\mathrm{i}\boldsymbol{B}$ 是 Hermite 矩阵(即 $\boldsymbol{C}^{\mathrm{H}}=\boldsymbol{C}$)的充分必要条件是 $\boldsymbol{M}=\begin{pmatrix}\boldsymbol{A} & -\boldsymbol{B}\\ \boldsymbol{B} & \boldsymbol{A}\end{pmatrix}$ 为对称矩阵. 讨论 $\boldsymbol{C}$ 与 $\boldsymbol{M}$ 的特征值和特征向量之间的关系.

6. 设 $\boldsymbol{x}$ 是对称矩阵 $\boldsymbol{A}$ 对应于特征值 λ 的特征向量, $\tilde{\boldsymbol{x}}$ 是 $\boldsymbol{x}$ 的一个 $O(\varepsilon)$ 近似, 即 $\tilde{\boldsymbol{x}}=\boldsymbol{x}+O(\varepsilon)$. 证明: $R(\tilde{\boldsymbol{x}})=\dfrac{\tilde{\boldsymbol{x}}^{\mathrm{T}}\boldsymbol{A}\tilde{\boldsymbol{x}}}{\tilde{\boldsymbol{x}}^{\mathrm{T}}\tilde{\boldsymbol{x}}}=\lambda+O(\varepsilon^2)$.

7. 设

$$\boldsymbol{T}=\begin{pmatrix}\alpha_0 & \varepsilon\\ \varepsilon & \alpha_1\end{pmatrix}\in\mathbb{R}^{2\times 2},\quad \alpha_1\neq\alpha_0,\quad \varepsilon\ll 1.$$

令 $\tilde{\boldsymbol{T}}$ 是以 $\mu=\alpha_1$ 为位移进行了一次对称 QR 迭代得到的矩阵. 试证 $\tilde{\boldsymbol{T}}(2,1)=O(\varepsilon^3)$. 如果改用 Wilkinson 位移, 试估计 $\tilde{\boldsymbol{T}}(2,1)$.

8. 证明: 实对称三对角阵

$$\boldsymbol{A}=\begin{pmatrix}d_1 & c_2 & & & \\ c_2 & d_2 & c_3 & & \\ & c_3 & d_3 & \ddots & \\ & & \ddots & \ddots & c_n\\ & & & c_n & d_n\end{pmatrix}$$

的所有元素满足 $|d_k|$, $|c_k|\leqslant\max_i|\lambda_i|$, 其中 $\lambda_i(i=1,2,\cdots,n)$ 是矩阵 $\boldsymbol{A}$ 的特征值(提示: $\|\boldsymbol{A}\boldsymbol{e}_k\|_2\leqslant\|\boldsymbol{A}\|_2=\max_i|\lambda_i|$).

9. 设

$$\boldsymbol{A}=\begin{pmatrix}\alpha_1 & \nu_1 & & & \\ \beta_1 & \alpha_2 & \nu_2 & & \\ & & & \ddots & \\ & \ddots & \ddots & & \\ & & & & \nu_{n-1}\\ & & & \beta_{n-1} & \alpha_n\end{pmatrix}\in\mathbb{R}^{n\times n},$$

其中 $\nu_i\beta_i>0$. 证明存在对角矩阵 $\boldsymbol{D}$, 使得 $\boldsymbol{D}^{-1}\boldsymbol{A}\boldsymbol{D}$ 为对称三对角矩阵.

10. 设

$$\boldsymbol{T}=\begin{pmatrix}-2 & 1 & & \\ 1 & -2 & 1 & \\ & 1 & -2 & 1\\ & & 1 & -2\end{pmatrix},$$

试求矩阵 $\boldsymbol{T}$ 在区间 $[-2,0]$ 内的特征值个数.

11. 设 λ 是对称三对角矩阵 $\boldsymbol{T}$ 的特征值. 证明: 若 λ 的代数重数为 k, 则 $\boldsymbol{T}$ 的次对角元素至少有 $k-1$ 个是零.

12. 设 $\boldsymbol{A}=\boldsymbol{D}+\rho\boldsymbol{u}\boldsymbol{u}^{\mathrm{T}}$, 其中 $\boldsymbol{D}=\mathrm{diag}(d_1,d_2,\cdots,d_n)$, $\boldsymbol{u}=(u_i)$, $\rho\neq 0$. 证明: 若对某个 i, $d_i=d_{i+1}$ 或 $u_i=0$, 则 d_i 是 $\boldsymbol{A}$ 的特征值. 试写出对应的特征向量.

第 8 章

奇异值分解

第 8 章知识导图

设 $\boldsymbol{A}$ 是一个任意的 $m\times n$ 矩阵(不妨设 $m\geqslant n$)，我们将证明存在分解 $\boldsymbol{A}=\boldsymbol{U\Sigma V}^{\mathrm{H}}$，其中 $\boldsymbol{U}=(\boldsymbol{u}_1,\cdots,\boldsymbol{u}_m)$ 是 $m\times m$ 矩阵且满足 $\boldsymbol{U}^{\mathrm{H}}\boldsymbol{U}=\boldsymbol{I}$，$\boldsymbol{V}=(\boldsymbol{v}_1,\cdots,\boldsymbol{v}_n)$ 是 $n\times n$ 矩阵且满足 $\boldsymbol{V}^{\mathrm{H}}\boldsymbol{V}=\boldsymbol{I}$，$\boldsymbol{\Sigma}=\mathrm{diag}(\sigma_1\cdots,\sigma_n)\in\mathbb{R}^{m\times n}$，其中 $\sigma_1\geqslant\cdots\geqslant\sigma_n\geqslant 0$. $\boldsymbol{U}$ 的列 $\boldsymbol{u}_1,\cdots,\boldsymbol{u}_m$ 称为左奇异向量，$\boldsymbol{V}$ 的列 $\boldsymbol{v}_1,\cdots,\boldsymbol{v}_n$ 称为右奇异向量，σ_i 称为奇异值.

8.1 基本性质

定理 8.1

对任意 $\boldsymbol{A}\in\mathbb{C}^{n\times n}$，$\mathrm{rank}(\boldsymbol{A})=r$，存在酉矩阵 $\boldsymbol{U}$ 和 $\boldsymbol{V}$，使得 $\boldsymbol{U}^{\mathrm{H}}\boldsymbol{AV}=\begin{pmatrix}\boldsymbol{\Sigma}_r & \boldsymbol{0}\\ \boldsymbol{0} & \boldsymbol{0}\end{pmatrix}$，其中 $\boldsymbol{\Sigma}_r=\mathrm{diag}(\sigma_1,\cdots,\sigma_r)$，$\sigma_i>0\,(i=1,\cdots,r)$.

证明 设 $\boldsymbol{A}^{\mathrm{H}}\boldsymbol{A}$ 的特征值为 $\sigma_1^2,\cdots,\sigma_r^2,0,\cdots,0$，存在酉矩阵 $\boldsymbol{V}$，使

$$\boldsymbol{V}^{\mathrm{H}}\boldsymbol{A}^{\mathrm{H}}\boldsymbol{AV}=\mathrm{diag}(\sigma_1^2,\cdots,\sigma_r^2,0,\cdots,0)=\begin{pmatrix}\boldsymbol{\Sigma}_r^2 & \\ & \boldsymbol{0}\end{pmatrix}.$$

将 $\boldsymbol{V}$ 分块为 $\boldsymbol{V}=(\boldsymbol{V}_1,\boldsymbol{V}_2)$，其中 $\boldsymbol{V}_1$ 有 r 列；分块后，

$$\begin{pmatrix}\boldsymbol{V}_1^{\mathrm{H}}\\ \boldsymbol{V}_2^{\mathrm{H}}\end{pmatrix}\boldsymbol{A}^{\mathrm{H}}\boldsymbol{A}(\boldsymbol{V}_1,\boldsymbol{V}_2)=\begin{pmatrix}\boldsymbol{\Sigma}_r^2 & \\ & \boldsymbol{0}\end{pmatrix},$$

比较两边得

$$\begin{cases}\boldsymbol{V}_1^{\mathrm{H}}\boldsymbol{A}^{\mathrm{H}}\boldsymbol{AV}_1=\boldsymbol{\Sigma}_r^2,\\ \boldsymbol{AV}_2=\boldsymbol{0}.\end{cases}$$

由第一式，$(\boldsymbol{AV}_1\boldsymbol{\Sigma}_r^{-1})^{\mathrm{H}}(\boldsymbol{AV}_1\boldsymbol{\Sigma}_r^{-1})=\boldsymbol{I}_r$，定义列正交矩阵 $\boldsymbol{U}_1=\boldsymbol{AV}_1\boldsymbol{\Sigma}_r^{-1}$；再将 $\boldsymbol{U}_1$ 扩充为酉矩阵 $\boldsymbol{U}=(\boldsymbol{U}_1,\boldsymbol{U}_2)$，从而

$$(\boldsymbol{U}_1,\boldsymbol{U}_2)^{\mathrm{H}}\boldsymbol{A}(\boldsymbol{V}_1,\boldsymbol{V}_2)=\begin{pmatrix}\boldsymbol{U}_1^{\mathrm{H}}\boldsymbol{AV}_1 & \boldsymbol{U}_1^{\mathrm{H}}\boldsymbol{AV}_2\\ \boldsymbol{U}_2^{\mathrm{H}}\boldsymbol{AV}_1 & \boldsymbol{U}_2^{\mathrm{H}}\boldsymbol{AV}_2\end{pmatrix}=\begin{pmatrix}\boldsymbol{\Sigma}_r & \\ & \boldsymbol{0}\end{pmatrix},$$

这里用到 $\boldsymbol{AV}_1=\boldsymbol{U}_1\boldsymbol{\Sigma}_r^{-1}$，$\boldsymbol{U}_2^{\mathrm{H}}\boldsymbol{AV}_1=\boldsymbol{U}_2^{\mathrm{H}}\boldsymbol{U}_1\boldsymbol{\Sigma}_r^{-1}=\boldsymbol{0}$. 显然，

$$\boldsymbol{A}=(\boldsymbol{U}_1,\boldsymbol{U}_2)\begin{pmatrix}\boldsymbol{\Sigma}_r & \\ & \boldsymbol{0}\end{pmatrix}\begin{pmatrix}\boldsymbol{V}_1^{\mathrm{H}}\\ \boldsymbol{V}_2^{\mathrm{H}}\end{pmatrix}\equiv\boldsymbol{U\Sigma V}^{\mathrm{H}}.$$ □

上述 SVD 可写出紧凑形式，$\boldsymbol{A}=\boldsymbol{U}_1\boldsymbol{\Sigma}_r\boldsymbol{V}_1^{\mathrm{H}}=\sum_{i=1}^{r}\sigma_i\boldsymbol{u}_i\boldsymbol{v}_i^{\mathrm{H}}$，亦称为瘦 SVD.

以二阶矩阵为例，考查 SVD 的几何意义. 令 $\boldsymbol{A}=(\boldsymbol{u}_1,\boldsymbol{u}_2)\begin{pmatrix}\sigma_1 & \\ & \sigma_2\end{pmatrix}\begin{pmatrix}\boldsymbol{v}_1^{\mathrm{H}}\\ \boldsymbol{v}_2^{\mathrm{H}}\end{pmatrix}$，$\|\boldsymbol{x}\|_2=1$，对应于单位圆上的点.

$$\boldsymbol{y}=\boldsymbol{Ax}=(\boldsymbol{u}_1,\boldsymbol{u}_2)\begin{pmatrix}\sigma_1 & \\ & \sigma_2\end{pmatrix}\begin{pmatrix}\boldsymbol{v}_1^{\mathrm{H}}\boldsymbol{x}\\ \boldsymbol{v}_2^{\mathrm{H}}\boldsymbol{x}\end{pmatrix}\equiv\eta_1\boldsymbol{u}_1+\eta_2\boldsymbol{u}_2,$$

其中 $\eta_1=\sigma_1\boldsymbol{v}_1^{\mathrm{H}}\boldsymbol{x}$，$\eta_2=\sigma_2\boldsymbol{v}_2^{\mathrm{H}}\boldsymbol{x}$，且

$$\left(\frac{\eta_1}{\sigma_1}\right)^2+\left(\frac{\eta_2}{\sigma_2}\right)^2=(\boldsymbol{v}_1^{\mathrm{H}}\boldsymbol{x})^2+(\boldsymbol{v}_2^{\mathrm{H}}\boldsymbol{x})^2=\left\|(\boldsymbol{v}_1,\boldsymbol{v}_2)^{\mathrm{H}}\boldsymbol{x}\right\|_2^2=\|\boldsymbol{x}\|_2^2=1 .$$

显然，圆上的点映到了椭圆上.

奇异值分解与对称矩阵谱分解有着千丝万缕的联系. 设 $\boldsymbol{A}\in\mathbb{C}^{m\times n}(m\geqslant n)$，$\boldsymbol{A}=\boldsymbol{U\Sigma V}^{\mathrm{H}}$，$\boldsymbol{\Sigma}=\begin{pmatrix}\boldsymbol{\Sigma}_n\\ \boldsymbol{0}\end{pmatrix}$，$\boldsymbol{\Sigma}_n=\mathrm{diag}(\sigma_1,\cdots,\sigma_n)$，则

$$\boldsymbol{A}^{\mathrm{H}}\boldsymbol{A}=\boldsymbol{V\Sigma}_n^2\boldsymbol{V}^{\mathrm{H}},\quad \boldsymbol{AA}^{\mathrm{H}}=\boldsymbol{U}\begin{pmatrix}\boldsymbol{\Sigma}_n^2 & \\ & \boldsymbol{0}\end{pmatrix}\boldsymbol{U}^{\mathrm{H}} .$$

令 $\boldsymbol{U}=(\boldsymbol{U}_1,\boldsymbol{U}_2)$，$\boldsymbol{U}_1\in\mathbb{R}^{m\times n}$，$\boldsymbol{U}_2\in\mathbb{R}^{m\times(m-n)}$，$\boldsymbol{Q}=\dfrac{1}{\sqrt{2}}\begin{pmatrix}\boldsymbol{U}_1 & \boldsymbol{U}_1 & \sqrt{2}\boldsymbol{U}_2\\ \boldsymbol{V} & -\boldsymbol{V} & \boldsymbol{0}\end{pmatrix}$，$\boldsymbol{C}=\begin{pmatrix} & \boldsymbol{A}\\ \boldsymbol{A}^{\mathrm{H}} & \end{pmatrix}$，则

$$\boldsymbol{Q}^{\mathrm{H}}\boldsymbol{CQ}=\mathrm{diag}(\sigma_1,\cdots,\sigma_n,-\sigma_1,\cdots,-\sigma_n,0,\cdots,0) .$$

若 $\boldsymbol{A}$ 对称，有谱分解 $\boldsymbol{A}=\boldsymbol{U\Lambda U}^{\mathrm{T}}$，$\boldsymbol{\Lambda}=\mathrm{diag}(\lambda_1,\cdots,\lambda_n)$，$\boldsymbol{U}=(\boldsymbol{u}_1,\cdots,\boldsymbol{u}_n)$，$\boldsymbol{U}^{\mathrm{T}}\boldsymbol{U}=\boldsymbol{I}$，则 $\boldsymbol{A}$ 的 SVD 为 $\boldsymbol{A}=\boldsymbol{U\Sigma V}^{\mathrm{T}}$，其中 $\sigma_i=|\lambda_i|$，$\boldsymbol{v}_i=\mathrm{sign}(\lambda_i)\boldsymbol{u}_i$，sign 是取值 ±1 的符号函数，$\mathrm{sign}(0)=1$.

定理 8.2

设 $\sigma_1\geqslant\cdots\geqslant\sigma_r>\sigma_{r+1}=\cdots=\sigma_n=0$，则 $\boldsymbol{A}$ 的秩为 r，$\boldsymbol{A}=\boldsymbol{U\Sigma V}^{\mathrm{H}}=\sum\limits_{j=1}^{r}\sigma_j\boldsymbol{u}_j\boldsymbol{v}_j^{\mathrm{H}}$，$\boldsymbol{A}$ 的零空间 $N(\boldsymbol{A})=\mathrm{span}\{\boldsymbol{v}_{r+1},\cdots,\boldsymbol{v}_n\}$，$\boldsymbol{A}$ 的值域空间 $R(\boldsymbol{A})=\mathrm{span}\{\boldsymbol{u}_1,\cdots,\boldsymbol{u}_r\}$. $\boldsymbol{A}$ 的最佳秩 $k(\leqslant r)$ 逼近矩阵为 $\boldsymbol{A}_k=\sum\limits_{i=1}^{k}\sigma_i\boldsymbol{u}_i\boldsymbol{v}_i^{\mathrm{H}}$，且 $\|\boldsymbol{A}-\boldsymbol{A}_k\|_2=\sigma_{k+1}$.

证明　由 $\boldsymbol{A}_k$ 的定义和 2-范数酉不变性,

$$\|\boldsymbol{A}-\boldsymbol{A}_k\|_2=\left\|\boldsymbol{U}\mathrm{diag}(0,\cdots,0,\sigma_{k+1},\cdots,\sigma_n)\boldsymbol{V}^{\mathrm{H}}\right\|_2=\sigma_{k+1} .$$

设 $\boldsymbol{B}$ 是任意秩 k 矩阵，零空间维数 $\mathrm{null}(\boldsymbol{B})=n-k$，则 $\mathrm{span}\{\boldsymbol{v}_1,\cdots,\boldsymbol{v}_{k+1}\}\cap N(\boldsymbol{B})\neq\varnothing$，因为两个子空间维数之和为 $n-k+(k+1)>n$，交集非空. 设 $\boldsymbol{w}$ 为交集中的一个单位向量，则

$$\|\boldsymbol{A}-\boldsymbol{B}\|_2\geqslant\|(\boldsymbol{A}-\boldsymbol{B})\boldsymbol{w}\|_2=\|\boldsymbol{Aw}\|_2=\left\|\boldsymbol{U\Sigma V}^{\mathrm{H}}\boldsymbol{w}\right\|_2=\left\|\boldsymbol{\Sigma V}^{\mathrm{H}}\boldsymbol{w}\right\|_2 .$$

令 $\boldsymbol{V}_1=(\boldsymbol{v}_1,\cdots,\boldsymbol{v}_{k+1})$，$\boldsymbol{w}=\boldsymbol{V}_1\boldsymbol{y}$，则

$$\|\boldsymbol{A}-\boldsymbol{B}\|_2\geqslant\left\|\boldsymbol{\Sigma V}^{\mathrm{H}}\boldsymbol{w}\right\|_2=\left\|\boldsymbol{\Sigma V}^{\mathrm{H}}\boldsymbol{V}_1\boldsymbol{y}\right\|_2=\left\|\boldsymbol{\Sigma}\begin{pmatrix}\boldsymbol{I}_{k+1}\\ \boldsymbol{0}\end{pmatrix}\boldsymbol{y}\right\|_2\geqslant\sigma_{k+1} .$$

故 $\boldsymbol{A}_k$ 是最接近于 $\boldsymbol{A}$ 的秩 k 矩阵. □

基于 Hermite 矩阵特征值的扰动性质，讨论奇异值的扰动.

定理 8.3

设矩阵 $\boldsymbol{A}\in\mathbb{C}^{m\times n}$，对 $k=1,\cdots,\min\{m,n\}$,

$$\sigma_k(\boldsymbol{A})=\min_{\dim(L)=n-k+1}\ \max_{\boldsymbol{x}\in L,\,\boldsymbol{y}\in\mathbb{C}^m}\frac{\boldsymbol{y}^{\mathrm{H}}\boldsymbol{Ax}}{\|\boldsymbol{y}\|_2\|\boldsymbol{x}\|_2}=\max_{\dim(L)=k}\ \min_{\boldsymbol{x}\in L}\frac{\|\boldsymbol{Ax}\|_2}{\|\boldsymbol{x}\|_2},$$

其中 L 是 $\mathbb{C}^n$ 中子空间.

应用定理 7.1 于矩阵 $A^{\mathrm{H}}A$ 可得上述结果，参考（Golub and Van Loan, 2013）.

推论 8.4

设 $A, A+E\in\mathbb{C}^{m\times n}$，$m\geqslant n$，则

$$|\sigma_k(A+E)-\sigma_k(A)|\leqslant\sigma_1(E)=\|E\|_2\quad(k=1,\cdots,n),$$

$$\sum_{k=1}^{n}(\sigma_k(A+E)-\sigma_k(A))^2\leqslant\|E\|_{\mathrm{F}}.$$

对矩阵

$$\begin{pmatrix}0 & A^{\mathrm{H}}\\ A & 0\end{pmatrix},\quad\begin{pmatrix}0 & (A+E)^{\mathrm{H}}\\ A+E & 0\end{pmatrix}$$

分别应用定理 7.2 和定理 7.3 可得以上推论.

推论 8.5

设矩阵按列分块为 $A=(a_1,\cdots,a_n)\in\mathbb{C}^{m\times n}$ $(m\geqslant n)$，令 $A_r=(a_1,\cdots,a_r)$，则对 $r=1,\cdots,n-1$，

$$\sigma_1(A_{r+1})\geqslant\sigma_1(A_r)\geqslant\sigma_2(A_{r+1})\geqslant\cdots\geqslant\sigma_r(A_{r+1})\geqslant\sigma_r(A_r)\geqslant\sigma_{r+1}(A_{r+1}).$$

将定理 7.4 用于矩阵 $A^{\mathrm{H}}A$ 可得上述推论.这一结果表明，矩阵增加一列，则最大奇异值增加，最小奇异值减小.

8.2 Golub-Kahan SVD 算法

对矩阵 A 预处理，存在酉变换 U_0 和 V_0，将 A 上双对角化，即

$$U_0^{\mathrm{T}}AV_0=\begin{pmatrix}d_1 & f_1 & & \\ & d_2 & \ddots & \\ & & \ddots & f_{n-1}\\ & & & d_n\end{pmatrix}\equiv B.$$

简单起见，下面以四阶矩阵为例，图示上双对角化过程(矩阵中“0”是新引入的，“+”强调该位置的元素相对于上一步有改动)：

$$\begin{pmatrix}x&x&x&x\\x&x&x&x\\x&x&x&x\\x&x&x&x\end{pmatrix},\quad\begin{pmatrix}+&+&+&+\\0&+&+&+\\0&+&+&+\\0&+&+&+\end{pmatrix},\quad\begin{pmatrix}x&+&0&0\\&+&+&+\\&+&+&+\\&+&+&+\end{pmatrix},$$

$$\begin{pmatrix}x&x&&\\&+&+&+\\&0&+&+\\&0&+&+\end{pmatrix},\quad\begin{pmatrix}x&x&&\\&x&+&0\\&&+&+\\&&+&+\end{pmatrix},\quad\begin{pmatrix}x&x&&\\&x&x&\\&&+&+\\&&0&+\end{pmatrix}.$$

令 $T\equiv B^{\mathrm{T}}B$，$v\equiv(T-\mu I)e_1=(d_1^2-\mu,f_1d_1,0,\cdots,0)^{\mathrm{T}}$. 理论上，可以直接对 T 作 QR 迭代. 由

$\begin{pmatrix} d_1^2-\mu \\ f_1 d_1 \end{pmatrix}$确定 Givens 变换$\hat{\boldsymbol{G}}_1$，使得$\hat{\boldsymbol{G}}_1^{\mathrm{T}}\begin{pmatrix} d_1^2-\mu \\ f_1 d_1 \end{pmatrix}=\begin{pmatrix} \times \\ 0 \end{pmatrix}$，并定义$\boldsymbol{G}_1=\begin{pmatrix} \hat{\boldsymbol{G}}_1 & \boldsymbol{0} \\ \boldsymbol{0} & \boldsymbol{I}_{n-2} \end{pmatrix}$，则$\boldsymbol{G}_1^{\mathrm{T}}\boldsymbol{v}=\sigma\boldsymbol{e}_1$. 从而，$\boldsymbol{v}=\sigma\boldsymbol{G}_1^{-\mathrm{T}}\boldsymbol{e}_1=\sigma\boldsymbol{G}_1\boldsymbol{e}_1$，即$\boldsymbol{G}_1\boldsymbol{e}_1$与$\boldsymbol{v}$同向. 对$\boldsymbol{G}_1^{\mathrm{T}}\boldsymbol{T}\boldsymbol{G}_1$找一系列 Givens 旋转$\boldsymbol{V}_1,\cdots,\boldsymbol{V}_{n-2}$（具体定义同上一章），使$\boldsymbol{V}^{\mathrm{T}}\boldsymbol{T}\boldsymbol{V}$为三对角，这里$\boldsymbol{V}=\boldsymbol{G}_1\boldsymbol{V}_1\cdots\boldsymbol{V}_{n-2}$，且$\boldsymbol{V}\boldsymbol{e}_1=\boldsymbol{G}_1\boldsymbol{e}_1$，即$\boldsymbol{V}$的第一列也是与$\boldsymbol{v}$同向的.

实际上，我们不显式形成$\boldsymbol{T}=\boldsymbol{B}^{\mathrm{T}}\boldsymbol{B}$，采用如下的隐式对称 QR 算法. 据向量$\boldsymbol{v}$确定 Givens 变换$\boldsymbol{G}_1$后，计算

$$\boldsymbol{B}\boldsymbol{G}_1=\begin{pmatrix} \times & \times & & \\ + & \times & \times & \\ & & \times & \times \\ & & & \times \end{pmatrix},$$

相较于原始上双对角矩阵，$\boldsymbol{B}\boldsymbol{G}_1$在$(2,1)$位置冒出了一个“泡泡”. 下面将其驱逐出境，还原为上双对角矩阵:

$$\boldsymbol{U}_{n-1}^{\mathrm{T}}\cdots\boldsymbol{U}_1^{\mathrm{T}}(\boldsymbol{B}\boldsymbol{G}_1)\boldsymbol{W}_1\cdots\boldsymbol{W}_{n-2}\equiv\boldsymbol{U}^{\mathrm{T}}\boldsymbol{B}\boldsymbol{W}=\begin{pmatrix} \times & \times & & \\ & \times & \times & \\ & & \times & \times \\ & & & \times \end{pmatrix}\equiv\tilde{\boldsymbol{B}},$$

其中 Givens 旋转$\boldsymbol{U}_1^{\mathrm{T}}$消去第一列中$(2,1)$元素，左乘$\boldsymbol{U}_1^{\mathrm{T}}$会影响前两行，导致$(1,3)$位置的填充；令$\boldsymbol{W}_1=\mathrm{diag}(1,\tilde{\boldsymbol{G}}_1,\boldsymbol{I}_{n-3})$，其中$\tilde{\boldsymbol{G}}_1$是由第一行的$(1,2)$和$(1,3)$元素定义的二阶 Givens 矩阵，右乘$\boldsymbol{W}_1$消去第一行中$(1,3)$元素，同时带来$(3,2)$位置的填充；如此继续，$\boldsymbol{U}_k^{\mathrm{T}}$消去第$k$列中$(k+1,k)$元素，引起$(k,k+2)$位置的填充$(k=1,2,\cdots,n-1)$；$\boldsymbol{W}_k$形如$\mathrm{diag}(\boldsymbol{I}_k,\tilde{\boldsymbol{G}}_k,\boldsymbol{I}_{n-k-2})$，可消去第$k$行中$(k,k+2)$元素$(k=1,2,\cdots,n-2)$. 以四阶矩阵为例图示上述过程（同前，‘+’强调该位置相对于上一步的变动；从$\boldsymbol{B}\boldsymbol{G}_1$开始）.

$$\begin{pmatrix} x & x & & \\ x & x & x & \\ & & x & x \\ & & & x \end{pmatrix},\quad\begin{pmatrix} + & + & + & \\ 0 & + & + & \\ & & x & x \\ & & & x \end{pmatrix},\quad\begin{pmatrix} x & + & 0 & \\ & + & + & \\ & + & + & x \\ & & & x \end{pmatrix},$$

$$\begin{pmatrix} x & x & & \\ & + & + & + \\ & 0 & + & + \\ & & & x \end{pmatrix},\quad\begin{pmatrix} x & x & & \\ & x & + & 0 \\ & & + & + \\ & & + & + \end{pmatrix},\quad\begin{pmatrix} x & x & & \\ & x & x & \\ & & + & + \\ & & 0 & + \end{pmatrix}.$$

定义$\boldsymbol{W}=\boldsymbol{G}_1\boldsymbol{W}_1\cdots\boldsymbol{W}_{n-2}$，则

$$\boldsymbol{W}^{\mathrm{T}}\boldsymbol{T}\boldsymbol{W}=\boldsymbol{W}^{\mathrm{T}}\boldsymbol{B}^{\mathrm{T}}\boldsymbol{B}\boldsymbol{W}=\boldsymbol{W}^{\mathrm{T}}\boldsymbol{B}^{\mathrm{T}}\boldsymbol{U}\boldsymbol{U}^{\mathrm{T}}\boldsymbol{B}\boldsymbol{W}=\tilde{\boldsymbol{B}}^{\mathrm{T}}\tilde{\boldsymbol{B}}\quad\text{(对称三对角矩阵)}.$$

注意$\boldsymbol{W}\boldsymbol{e}_1=\boldsymbol{G}_1\boldsymbol{W}_1\cdots\boldsymbol{W}_{n-2}\boldsymbol{e}_1=\boldsymbol{G}_1\boldsymbol{e}_1=\boldsymbol{V}\boldsymbol{e}_1$，由隐式 Q 定理，$\boldsymbol{W}^{\mathrm{T}}\boldsymbol{T}\boldsymbol{W}$与$\boldsymbol{V}^{\mathrm{T}}\boldsymbol{T}\boldsymbol{V}$本质上是一样的. 上述过程可小结为: 据上双对角矩阵$\boldsymbol{B}$选择位移，确定 Givens 旋转$\boldsymbol{G}_1$；计算$\boldsymbol{B}\boldsymbol{G}_1$冒泡，赶泡还原为上双对角矩阵.

8.3 秩亏最小二乘问题

作为 SVD 的一个应用，用 SVD 求解秩亏最小二乘问题. 设 $A\in\mathbb{R}^{m\times n}$，$\mathrm{rank}(A)=r<n$，$A=U\Sigma V^{\mathrm{T}}=(U_1,U_2)\begin{pmatrix}\Sigma_1 & \mathbf{0}\\ \mathbf{0} & \mathbf{0}\end{pmatrix}(V_1,V_2)^{\mathrm{T}}$，其中 $U_1=\mathbb{R}^{m\times r}$，$U_2\in\mathbb{R}^{m\times(m-r)}$，$V_1\in\mathbb{R}^{n\times r}$，$V_2\in\mathbb{R}^{n\times(n-r)}$，$\Sigma_1=\mathrm{diag}(\sigma_1,\cdots,\sigma_r)$.

$$\begin{aligned}\|Ax-b\|_2^2&=\|U^{\mathrm{T}}(Ax-b)\|_2^2\\&=\left\|\begin{pmatrix}U_1^{\mathrm{T}}\\U_2^{\mathrm{T}}\end{pmatrix}(U_1\Sigma_1V_1^{\mathrm{T}}x-b)\right\|_2^2=\left\|\begin{pmatrix}\Sigma_1V_1^{\mathrm{T}}x-U_1^{\mathrm{T}}b\\-U_2^{\mathrm{T}}b\end{pmatrix}\right\|_2^2\\&=\|\Sigma_1V_1^{\mathrm{T}}x-U_1^{\mathrm{T}}b\|_2^2+\|U_2^{\mathrm{T}}b\|_2^2,\end{aligned}$$

当 $\Sigma_1V_1^{\mathrm{T}}x=U_1^{\mathrm{T}}b$ 或 $x=V_1\Sigma_1^{-1}U_1^{\mathrm{T}}b+V_2z$ 时，$\|Ax-b\|$ 取极小. 因为 V_1 和 V_2 的列相互正交，故

$$\|x\|_2^2=\|V_1\Sigma_1^{-1}U_1^{\mathrm{T}}b\|_2^2+\|V_2z\|_2^2.$$

当 $z=\mathbf{0}$ 时，得极小范数最小二乘解 $x=V_1\Sigma_1^{-1}U_1^{\mathrm{T}}b=A^{\dagger}b$，其中 $A^{\dagger}$ 是 Moore-Penrose 广义逆. 特殊地，对 $\Sigma=\begin{pmatrix}\Sigma_1 & \\ & \mathbf{0}\end{pmatrix}\in\mathbb{R}^{m\times n}$，则 $\Sigma^{\dagger}=\begin{pmatrix}\Sigma_1^{-1} & \\ & \mathbf{0}\end{pmatrix}\in\mathbb{R}^{n\times m}$. 设 $A=U\Sigma V^{\mathrm{T}}=U_1\Sigma_1V_1^{\mathrm{T}}$，则

$$A^{\dagger}=V\Sigma^{\dagger}U^{\mathrm{T}}=V_1\Sigma_1^{-1}U_1^{\mathrm{T}}.$$

知识拓展

历史上至少有五位数学家从不同角度建立和发展了 SVD，包括贝尔特拉米(Beltrami, 1835—1899)，若尔当(Jordan, 1838—1921)，西尔维斯特(Sylvester, 1814—1897)，施密特(Schimidt, 1876—1959)和外尔(Weyl, 1885—1955). 除了这里介绍的，还有广义奇异值分解(GSVD)和限制奇异值分解(RSVD). SVD 是矩阵计算中的一把瑞士军刀，但是计算量比较大. 这里介绍的 Golub-Kahan 算法计算量约为 $4mn^2-\frac{4}{3}n^3$；当 $m\gg n$ 时，Lawson-Hanson-Chan 算法的计算量约为 $2mn^2+2n^2$.

LAPACK 函数_GEBRD 实现双对角化. _BDSQR 基于 QR 迭代计算双对角阵的奇异值和奇异向量. _BDSVDX 基于二分法. _BDSDC 基于变形的分而治之法，求大矩阵的奇异向量时比_BDSQR 快，如果只求奇异值则切换到带位移的微分商-差算法(differential quotient-difference algorithm with shifts, dqds 如同_BDSQR 那样). 有别于双对角化，另一类 SVD 计算基于 Jacobi 方法，参考 LAPACK 函数_GESVJ 和_GEJSV.

在矩阵计算中，经常用到如下三种矩阵约化技术.

(1) Hessenberg 约化：如 QR 分解那样，无需显式形成 Householder 变换 $I-\beta uu^{\mathrm{T}}$，向量 u 可存放于次对角线之下. 浮点运算次数为 $\frac{10}{3}n^3+O(n^2)$，如果还需计算正交矩阵 $H=H_1H_2\cdots H_{n-2}$，则运算次数为 $\frac{14}{3}n^3+O(n^2)$. 参考 LAPACK 函数_GEHRD.

(2) 三对角约化：矩阵对称时，约化需 $\frac{4}{3}n^3+O(n^2)$，如果还需计算正交矩阵 $\boldsymbol{H}$，则运算次数为 $\frac{8}{3}n^3+O(n^2)$. 参考函数_SYTRD.

(3) 上双对角约化：约 $\frac{8}{3}n^3+O(n^2)$，显式形成 $\boldsymbol{U}_0$ 和 $\boldsymbol{V}_0$ 则另需 $4n^3+O(n^2)$ 浮点运算. 参考函数_GEBRD.

习 题 8

1. 设 $\boldsymbol{A}\in\mathbb{R}^{m\times n}$. 证明 $\boldsymbol{A}$ 的非零奇异值的平方正好是对称矩阵 $\boldsymbol{A}^{\mathrm{T}}\boldsymbol{A}$ 和 $\boldsymbol{A}\boldsymbol{A}^{\mathrm{T}}$ 的非零特征值.

2. 证明对称矩阵的奇异值正好是其特征值的绝对值.

3. 设 $\boldsymbol{A}\in\mathbb{R}^{n\times n}$ 非奇异. 证明 $\kappa_2(\boldsymbol{A})=\|\boldsymbol{A}\|_2\|\boldsymbol{A}^{-1}\|_2=\frac{\sigma_1}{\sigma_n}$，其中 σ_1 和 σ_n 分别为 $\boldsymbol{A}$ 的最大和最小奇异值.

4. 设 $\boldsymbol{A}\in\mathbb{R}^{m\times n}(m\geqslant n)$，并假定 $\boldsymbol{A}$ 的奇异值为 $\sigma_1\geqslant\cdots\geqslant\sigma_n$，则有

$$\sigma_i=\max_{\mathcal{X}\in\mathcal{G}_i^n}\min_{\mathbf{0}\neq\boldsymbol{u}\in\mathcal{X}}\frac{\|\boldsymbol{A}\boldsymbol{u}\|_2}{\|\boldsymbol{u}\|_2}=\min_{\mathcal{X}\in\mathcal{G}_{n-i+1}^n}\max_{\mathbf{0}\neq\boldsymbol{u}\in\mathcal{X}}\frac{\|\boldsymbol{A}\boldsymbol{u}\|_2}{\|\boldsymbol{u}\|_2},$$

其中 $\mathcal{G}_k^n$ 表示 $\mathbb{R}^n$ 中所有 k 维子空间的全体.

5 设 $\boldsymbol{A}\in\mathbb{R}^{n\times n}$ 的奇异值分解为 $\boldsymbol{A}=\boldsymbol{U}\boldsymbol{\Sigma}\boldsymbol{V}^{\mathrm{T}}$，其中 $\boldsymbol{U}$ 和 $\boldsymbol{V}$ 为正交阵，$\boldsymbol{\Sigma}$ 为对角阵. 设 $\boldsymbol{I}$ 为 $n\times n$ 单位阵，$\boldsymbol{b}\in\mathbb{R}^n$，$\mu\in\mathbb{R}$. 证明最小二乘问题

$$\min_{\boldsymbol{x}}\left\|\begin{pmatrix}\boldsymbol{A}\\ \mu\boldsymbol{I}\end{pmatrix}\boldsymbol{x}-\begin{pmatrix}\boldsymbol{b}\\ \mathbf{0}\end{pmatrix}\right\|_2,$$

等价于 $\min_{\boldsymbol{x}}\|\boldsymbol{A}\boldsymbol{x}-\boldsymbol{b}\|_2^2+\mu^2\|\boldsymbol{x}\|_2^2$，并且最小二乘解 $\boldsymbol{x}_{\mathrm{LS}}=\boldsymbol{V}(\boldsymbol{\Sigma}^2+\mu^2\boldsymbol{I})^{-1}\boldsymbol{\Sigma}\boldsymbol{U}^{\mathrm{T}}\boldsymbol{b}$.

第 9 章

快速 Fourier 变换

第 9 章知识导图

9.1 离散 Fourier 变换

定义 ω 为 N 次单位根，满足 $\omega^N=1$．考查下面的 N 阶置换矩阵 $\boldsymbol{P}$，

$$\boldsymbol{P}=\begin{pmatrix}0&1&0&\cdots&0\\0&0&1&\cdots&0\\\vdots&\vdots&\vdots&&\vdots\\0&0&0&\cdots&1\\1&0&0&\cdots&0\end{pmatrix}.$$

令 $\boldsymbol{x}_k=(1,\omega^k,\omega^{2k},\cdots,\omega^{(N-1)k})^{\mathrm{T}}$，$k=0,1,\cdots,N-1$，可验证

$$\boldsymbol{P}\boldsymbol{x}_k=(\omega^k,\omega^{2k},\cdots,\omega^{(N-1)k},1)^{\mathrm{T}}=\omega^k\boldsymbol{x}_k.$$

因此，$\boldsymbol{P}$ 的特征向量为 $\boldsymbol{x}_k$，对应的特征值为 ω^k（$k=0,1,\cdots,N-1$）．易验证，

$$\langle\boldsymbol{x}_k,\boldsymbol{x}_j\rangle\equiv\boldsymbol{x}_k^{\dagger}\boldsymbol{x}_j=\sum_{l=0}^{N-1}\bar{\omega}^{kl}\omega^{jl}=\sum_{l=0}^{N-1}\omega^{(j-k)l}=\begin{cases}0, & j\neq k,\\N, & j=k.\end{cases}$$

因此

$$\left\{\frac{1}{\sqrt{N}}\boldsymbol{x}_0,\quad\frac{1}{\sqrt{N}}\boldsymbol{x}_1,\quad\cdots,\quad\frac{1}{\sqrt{N}}\boldsymbol{x}_{N-1}\right\}$$

为 $\mathbb{C}^N$ 的标准正交基．用这 N 个向量定义酉矩阵

$$\boldsymbol{F}=\frac{1}{\sqrt{N}}(\omega^{kj})_{k,j=0}^{N-1}=\frac{1}{\sqrt{N}}\begin{pmatrix}1&1&1&\cdots&1\\1&\omega&\omega^2&\cdots&\omega^{N-1}\\1&\omega^2&\omega^4&\cdots&\omega^{2(N-1)}\\\vdots&\vdots&\vdots&&\vdots\\1&\omega^{N-1}&\omega^{2(N-1)}&\cdots&\omega^{(N-1)(N-1)}\end{pmatrix},$$

此即 Fourier 矩阵，满足 $\boldsymbol{F}^{\mathrm{H}}\boldsymbol{F}=\boldsymbol{I}$，$\boldsymbol{F}^{\mathrm{H}}\boldsymbol{P}\boldsymbol{F}=\mathrm{diag}(\omega^0,\omega^1,\cdots,\omega^{N-1})$．习惯上用 $\omega=\mathrm{e}^{-\mathrm{i}\,2\pi/N}$，比如 8×8 Fourier 矩阵，$\omega=\mathrm{e}^{-\mathrm{i}\,2\pi/8}$，

$$\boldsymbol{F}_8=\begin{pmatrix}1&1&1&1&1&1&1&1\\1&\omega&-\mathrm{i}&\omega^3&-1&\omega^5&\mathrm{i}&\omega^7\\1&\omega^2&-1&\mathrm{i}&1&-\mathrm{i}&-1&\mathrm{i}\\1&\omega^3&\mathrm{i}&\omega&-1&\omega^7&-\mathrm{i}&\omega^5\\1&-1&1&-1&1&-1&1&-1\\1&-\omega&-\mathrm{i}&-\omega^3&-1&-\omega^5&\mathrm{i}&-\omega^7\\1&-\omega^2&-1&-\mathrm{i}&1&\mathrm{i}&-1&-\mathrm{i}\\1&-\omega^3&\mathrm{i}&-\omega&-1&-\omega^7&-\mathrm{i}&-\omega^5\end{pmatrix}.$$

给定 N 维向量 $\boldsymbol{f}=(f_j)=(f_0,f_1,\cdots,f_{N-1})^{\mathrm{T}}$，离散 Fourier 变换（DFT）定义为

$$\hat{f}_k=\frac{1}{\sqrt{N}}\sum_{j=0}^{N-1}f_j\mathrm{e}^{-\mathrm{i}\frac{2\pi}{N}kj}\quad(k=0,1,\cdots,N-1),$$

其离散 Fourier 逆变换为

$$f_j = \frac{1}{\sqrt{N}} \sum_{k=0}^{N-1} \hat{f}_k e^{i\frac{2\pi}{N}kj} \quad (j = 0, 1, \cdots, N-1).$$

Fourier 矩阵是有内在结构的，以 $\boldsymbol{F}_8$ 为例，定义置换向量 $\boldsymbol{p} = (0, 2, 4, 6, 1, 3, 5, 7)$，则 8 阶 Fourier 矩阵可重排为

$$\boldsymbol{F}_8(:, \boldsymbol{p}) = \begin{pmatrix} \boldsymbol{F}_4 & \boldsymbol{\Omega}_4 \boldsymbol{F}_4 \\ \boldsymbol{F}_4 & -\boldsymbol{\Omega}_4 \boldsymbol{F}_4 \end{pmatrix},$$

其中 $\boldsymbol{\Omega}_4 = \mathrm{diag}(1, \omega, \omega^2, \omega^3)$，$\boldsymbol{F}_4$ 为 4 阶 Fourier 矩阵.

令 $\boldsymbol{x}(:, \boldsymbol{p}) = [\boldsymbol{x}^t; \boldsymbol{x}^b]$，其中 $\boldsymbol{x}^t = \boldsymbol{x}[0,2,4,6]$，$\boldsymbol{x}^b = \boldsymbol{x}[1,3,5,7]$，则

$$\boldsymbol{y}_{[8]} \equiv \boldsymbol{F}_8 \boldsymbol{x} = \boldsymbol{F}_8(:, \boldsymbol{p})\boldsymbol{x}(:, \boldsymbol{p}) = \boldsymbol{F}_8(:, \boldsymbol{p}) \begin{pmatrix} \boldsymbol{x}^t \\ \boldsymbol{x}^b \end{pmatrix} = \begin{pmatrix} \boldsymbol{F}_4 \boldsymbol{x}^t + \boldsymbol{\Omega}_4 \boldsymbol{F}_4 \boldsymbol{x}^b \\ \boldsymbol{F}_4 \boldsymbol{x}^t - \boldsymbol{\Omega}_4 \boldsymbol{F}_4 \boldsymbol{x}^b \end{pmatrix} \equiv \begin{pmatrix} \boldsymbol{y}_{[4]}^t + \boldsymbol{\Omega}_4 \boldsymbol{y}_{[4]}^b \\ \boldsymbol{y}_{[4]}^t - \boldsymbol{\Omega}_4 \boldsymbol{y}_{[4]}^b \end{pmatrix},$$

下标 $[\cdot]$ 代表向量维数. 假设 $\boldsymbol{y}_{[4]}^t \equiv \boldsymbol{F}_4 \boldsymbol{x}^t$ 和 $\boldsymbol{y}_{[4]}^b \equiv \boldsymbol{F}_4 \boldsymbol{x}^b$ 已计算出，并给定 $\boldsymbol{\Omega}_4$，则计算 $\boldsymbol{\Omega}_4 \boldsymbol{y}_{[4]}^b$ 和 $\boldsymbol{y}_{[4]}^t \pm \boldsymbol{\Omega}_4 \boldsymbol{y}_{[4]}^b$ 只需 $\frac{8}{2} \times 3$ 次运算. 向量 $\boldsymbol{y}_{[4]}^t$ 和 $\boldsymbol{y}_{[4]}^b$ 可由类似方式计算.

一般矩阵向量积的运算量为 $O(N^2)$，考虑到 Fourier 矩阵的结构特点，采用一种分而治之的策略，可设计快速算法 FFT，仅需 $O(N \log N)$ 运算量. 不妨设 $N = 2^n$，

$$\boldsymbol{y}_{[N]} \equiv \boldsymbol{F}_N \boldsymbol{x} = \boldsymbol{F}_N(:, \boldsymbol{p}) \begin{pmatrix} \boldsymbol{x}^t \\ \boldsymbol{x}^b \end{pmatrix} = \begin{pmatrix} \boldsymbol{F}_{N/2} \boldsymbol{x}^t + \boldsymbol{\Omega}_{N/2} \boldsymbol{F}_{N/2} \boldsymbol{x}^b \\ \boldsymbol{F}_{N/2} \boldsymbol{x}^t - \boldsymbol{\Omega}_{N/2} \boldsymbol{F}_{N/2} \boldsymbol{x}^b \end{pmatrix} \equiv \begin{pmatrix} \boldsymbol{y}_{[N/2]}^t + \boldsymbol{\Omega}_{N/2} \boldsymbol{y}_{[N/2]}^b \\ \boldsymbol{y}_{[N/2]}^t - \boldsymbol{\Omega}_{N/2} \boldsymbol{y}_{[N/2]}^b \end{pmatrix}.$$

假设更小规模的Fourier变换 $\boldsymbol{y}_{[N/2]}^i \equiv \boldsymbol{F}_{N/2} \boldsymbol{x}^i\ (i = t, b)$ 已获得，则计算 $\boldsymbol{\Omega}_{N/2} \boldsymbol{y}_{[N/2]}^b$ 和 $\boldsymbol{y}_{[N/2]}^t \pm \boldsymbol{\Omega}_{N/2} \boldsymbol{y}_{[N/2]}^b$ 只需 $\frac{N}{2} \times 3$ 次运算. 视 $\boldsymbol{y}_{[N]}$ 为第一层计算向量，其计算由一对 $\frac{N}{2}$ 维向量实现；第二层向量 $\boldsymbol{y}_{[N/2]}^t$ 和 $\boldsymbol{y}_{[N/2]}^b$ 可类似地由下一层更小规模的 Fourier 变换获得. 如图 9.1 所示依次细分下去，共可分为 $\log N$ 层；第 k 层计算中涉及的向量维数为 $\frac{N}{2^k}$，这样的向量有 2^{k-1} 对 $(k = 1, \cdots, n)$，故每层计算量为

$$\frac{N}{2^k} \times 3 \times 2^{k-1} = \frac{3}{2} N,$$

从而总计算量约为 $\frac{3}{2} N \log N$.

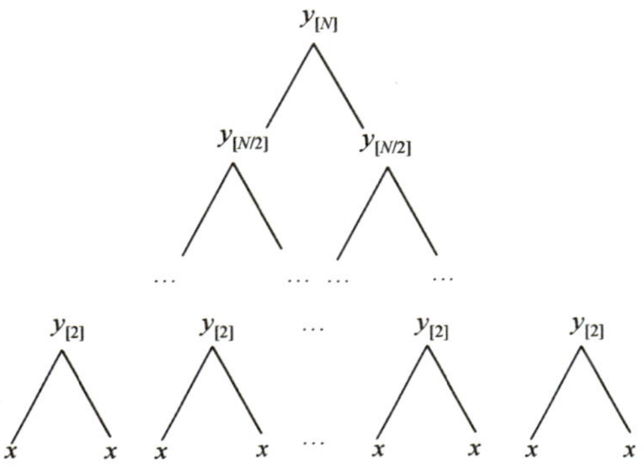

图 9.1　快速 Fourier 变换中的分而治之策略

9.2 量子 Fourier 变换

定义 N 阶量子 Fourier 变换(quantum Fourier transform, QFT)为

$$F_N=\frac{1}{\sqrt{N}}\sum_{k=0}^{N-1}\sum_{j=0}^{N-1}\exp\left(\frac{\mathrm{i}2\pi kj}{N}\right)|k\rangle\langle j|,$$

这里用到 Dirac(狄拉克)符号. 对 n 量子比特情形, $N=2^n$. 设 j 的二进制形式为 $j=(j_1j_2,\cdots,j_n)$, 则 $j/N=\sum_{l=1}^{n}j_l2^{-l}$,

$$\begin{aligned}F_N|j\rangle&=\frac{1}{\sqrt{N}}\sum_{k=0}^{N-1}\exp(\mathrm{i}2\pi jk/N)|k\rangle=\frac{1}{\sqrt{N}}\sum_{k=0}^{N-1}\exp\left(\mathrm{i}2\pi j\sum_{l=1}^{n}k_l2^{-l}\right)|k_1k_2\cdots k_n\rangle\\&=\frac{1}{\sqrt{N}}\sum_{k=0}^{N-1}\prod_{l=1}^{n}\exp(\mathrm{i}2\pi jk_l2^{-l})|k_1k_2\cdots k_n\rangle\\&=\frac{1}{\sqrt{N}}\sum_{k_1=0}^{1}\sum_{k_2=0}^{1}\cdots\sum_{k_n=0}^{1}\bigotimes_{l=1}^{n}\mathrm{e}^{\mathrm{i}2\pi jk_l2^{-l}}|k_l\rangle=\bigotimes_{l=1}^{n}\frac{1}{\sqrt{2}}\left(|0\rangle+\exp(\mathrm{i}2\pi j2^{-l})|1\rangle\right).\end{aligned}$$

特别地, 当 $n=3$ 时, 对 $x=(x_1x_2x_3)$,

$$F_8|x_1x_2x_3\rangle=\frac{1}{\sqrt{2}}\left(|0\rangle+\mathrm{e}^{\mathrm{i}2\pi(0.x_3)}|1\rangle\right)\otimes\frac{1}{\sqrt{2}}\left(|0\rangle+\mathrm{e}^{\mathrm{i}2\pi(0.x_2x_3)}|1\rangle\right)\otimes\frac{1}{\sqrt{2}}\left(|0\rangle+\mathrm{e}^{\mathrm{i}2\pi(0.x_1x_2x_3)}|1\rangle\right).$$

为了合成这个态, 需要两个基本的单量子比特门操作: Hadamard(阿达马)门 $\boldsymbol{H}$ 和相位门 $\boldsymbol{R}_t$. 相位门定义为

$$\boldsymbol{R}_t=|0\rangle\langle 0|+\mathrm{e}^{\mathrm{i}2\pi/2^t}|1\rangle\langle 1|=\begin{pmatrix}1&0\\0&\mathrm{e}^{\mathrm{i}2\pi/2^t}\end{pmatrix}.$$

显然, $\boldsymbol{R}_t\left(\alpha|0\rangle+\beta|1\rangle\right)=\alpha|0\rangle+\mathrm{e}^{\mathrm{i}2\pi/2^t}\beta|1\rangle$, 引入 $\mathrm{e}^{\mathrm{i}2\pi/2^t}$ 的相位差.

Hadamard 门定义为

$$\boldsymbol{H}=\frac{1}{\sqrt{2}}\left(|0\rangle+|1\rangle\right)\langle 0|+\frac{1}{\sqrt{2}}\left(|0\rangle-|1\rangle\right)\langle 1|=\frac{1}{\sqrt{2}}\begin{pmatrix}1&1\\1&-1\end{pmatrix}.$$

对 $x\in\{0,1\}$, $\boldsymbol{H}|x\rangle=\frac{1}{\sqrt{2}}\left(|0\rangle+(-1)^x|1\rangle\right)=\frac{1}{\sqrt{2}}\sum_{y=0}^{1}(-1)^{xy}|y\rangle$. Hadamard 门将 x 信息编码到 $|0\rangle$ 与 $|1\rangle$ 的相对相位中. 因 $\boldsymbol{H}^2=\boldsymbol{I}$, 故 $\boldsymbol{H}\left(\frac{1}{\sqrt{2}}|0\rangle+\frac{(-1)^x}{\sqrt{2}}|1\rangle\right)=|x\rangle$, 可视为解码.

下面分三部分合成这个态 $F_8|x\rangle$: ①对 $|x_3\rangle$ 作 Hadamard 变换, 产生 $\boldsymbol{H}|x_3\rangle=\frac{1}{\sqrt{2}}\left(|0\rangle+(-1)^{x_3}|1\rangle\right)=\frac{1}{\sqrt{2}}\left(|0\rangle+\mathrm{e}^{\mathrm{i}2\pi(0.x_3)}|1\rangle\right)$; ②对 $|x_2\rangle$ 的 Hadamard 变换产生 $\frac{1}{\sqrt{2}}\left(|0\rangle+\mathrm{e}^{\mathrm{i}2\pi(0.x_2)}|1\rangle\right)$, 据 $|x_3\rangle$ 作用受控 $-\boldsymbol{R}_2$, 会增加相位 $\mathrm{e}^{\mathrm{i}2\pi(0.0x_3)}$, 从而产生 $\frac{1}{\sqrt{2}}\left(|0\rangle+\mathrm{e}^{\mathrm{i}2\pi(0.x_2x_3)}|1\rangle\right)$; ③对 $|x_1\rangle$ 作用 Hadamard 变换, 据 $|x_2\rangle$ 作用受控 $-\boldsymbol{R}_2$, 据 $|x_3\rangle$ 作用受控 $-\boldsymbol{R}_3$ 产生 $\frac{1}{\sqrt{2}}\left(|0\rangle+\mathrm{e}^{\mathrm{i}2\pi(0.x_1x_2x_3)}|1\rangle\right)$.

考查一般情形. 从态$|x\rangle=|x_1x_2\cdots x_n\rangle$开始, 作用$\boldsymbol{H}$于第一量子比特后, 有$\frac{1}{\sqrt{2}}\left(|0\rangle+\mathrm{e}^{\mathrm{i}2\pi(0.x_1)}|1\rangle\right)$ $|x_2\cdots x_n\rangle$, 作用受控$-\boldsymbol{R}_2$后, 在相对相位上增加了一位x_2, 即$\frac{1}{\sqrt{2}}\left(|0\rangle+\mathrm{e}^{\mathrm{i}2\pi(0.x_1x_2)}|1\rangle\right)|x_2\cdots x_n\rangle$, 继续作用受控$-\boldsymbol{R}_3$, $\boldsymbol{R}_4$, $\cdots$, $\boldsymbol{R}_n$, 每个受控门在$|1\rangle$前的相对相位上增加一位, 由此得

$$\frac{1}{\sqrt{2}}\left(|0\rangle+\mathrm{e}^{\mathrm{i}2\pi(0.x_1x_2\cdots x_n)}|1\rangle\right)|x_2\cdots x_n\rangle .$$

对第二个量子比特做同样的操作, 先作用$\boldsymbol{H}$, 再作用受控$-\boldsymbol{R}_2$, $\cdots$, $\boldsymbol{R}_{n-1}$, 得

$$\frac{1}{\sqrt{2}}\left(|0\rangle+\mathrm{e}^{\mathrm{i}2\pi(0.x_1x_2\cdots x_n)}|1\rangle\right)\frac{1}{\sqrt{2}}\left(|0\rangle+\mathrm{e}^{\mathrm{i}2\pi(0.x_2\cdots x_n)}|1\rangle\right)|x_3\cdots x_n\rangle .$$

依次对后续比特做类似的处理, 可得

$$\frac{1}{\sqrt{2^n}}\left(|0\rangle+\mathrm{e}^{\mathrm{i}2\pi(0.x_1x_2\cdots x_n)}|1\rangle\right)\left(|0\rangle+\mathrm{e}^{\mathrm{i}2\pi(0.x_2\cdots x_n)}|1\rangle\right)\cdots\left(|0\rangle+\mathrm{e}^{\mathrm{i}2\pi(0.x_n)}|1\rangle\right).$$

最后使用 SWAP 操作交换各项次序. 实现 QFT 变换的量子线路涉及n比特, 每个比特最多n个量子门, 总共需要量子门个数为$O(n^2)=O(\log^2 N)$, 而经典快速 Fourier 变换(FFT)需$O(n2^n)=O(N\log N)$. 考虑到多数的量子门为相位门$\boldsymbol{R}_k$(当$k\geqslant\log n$时接近于单位阵), 若对每个比特仅保留$O(\log n)$个相位门, 则总共$O(n\log n)$个逻辑门.

QFT 是很多量子算法的基础, 著名的 Shor(肖尔)算法、量子相位估计以及 Harrow-Hassidim-Lloyd(HHL)算法等都需要用到. 量子算法中经常用到的

$$\boldsymbol{H}^{\otimes n}=\frac{1}{\sqrt{2^n}}\sum_{j,k=0}^{2^n-1}(-1)^{k\cdot j}|j\rangle\langle k|,$$

其实是$\mathbb{Z}_2^n$上的 Fourier 变换.

知识拓展

1965 年, Cooley(库里)和 Tukey(图基)发表了 FFT 算法, 把 DFT 复杂度从N^2降至$N\log N$. FFT 曾多次被人重复发现, 比如, Gauss 在 1805 年, Lanczos 在 1942 年都曾导出算法. 后来人们用特殊的电路实现 FFT, 在图像、信号处理等领域 FFT 都极其重要.

这里定义的$\boldsymbol{F}$与$\boldsymbol{F}^{-1}$是酉矩阵, 与 MATLAB 的定义稍不同, MATLAB 定义的 Fourier 变换和逆变换分别为

```
y=Fx=fft(x)/sqrt(N);
x=F^(-1)y=ifft(y)*sqrt(N);
```

习 题 9

1. 证明: $\left\{\frac{1}{\sqrt{2\pi}}, \frac{1}{\sqrt{\pi}}\cos x, \frac{1}{\sqrt{\pi}}\sin x, \cdots, \frac{1}{\sqrt{\pi}}\cos nx, \frac{1}{\sqrt{\pi}}\sin nx, \cdots\right\}$是$[-\pi,\pi]$上的正交函数系.

2. 证明: 复值函数 $\{e^{ikx}\}$ 是离散点集 $\{x_k = 2\pi k/N\}_{k=0}^{N-1}$ 上的正交函数族, 即 $\left\langle e^{iax}\ ,\ e^{ibx}\right\rangle = N\,\delta_{ab}$, 这里离散内积按 $\left\langle e^{iax}, e^{ibx}\right\rangle = \sum_{k=0}^{N-1} e^{i(b-a)x_k}$ 定义.

3. 设 $\boldsymbol{a} = (0, 0, 0, 0, 1, 0, 0, 0)^{\mathrm{T}}$, 计算离散 Fourier 变换 $\boldsymbol{F}_8\boldsymbol{a}$.

4. 设 $|\varphi\rangle = \frac{1}{2}\sum_{j=0}^{7}\cos(2\pi j/8)|j\rangle$, 计算 $\boldsymbol{F}_8|\varphi\rangle$.

5. 设 $|\psi\rangle = \sum_x a(x)|x\rangle$, $a(x) = \frac{1}{\sqrt{N}}\exp(-i2\pi jx/N)$, 计算 $\boldsymbol{F}_N|\psi\rangle$.

参考文献

曹志浩. 1980. 矩阵特征值问题. 上海: 上海科学技术出版社.
曹志浩. 1996. 数值线性代数. 上海: 复旦大学出版社.
曹志浩. 2005. 变分迭代法. 北京: 科学出版社.
曹志浩, 张玉德, 李瑞遐. 1979. 矩阵计算和方程求根. 2 版. 北京: 高等教育出版社.
向华. 2022. 量子数值代数. 北京: 清华大学出版社.
向华, 李大美. 2015. 数值计算及其工程应用. 北京: 清华大学出版社.
徐树方. 1995. 矩阵计算的理论与方法. 北京: 北京大学出版社.
徐树方, 高立, 张平文. 2013. 数值线性代数. 2 版. 北京: 北京大学出版社.
张平文, 李铁军. 2007. 数值分析. 北京: 北京大学出版社.
Demmel J W. 1997. Applied Numerical Linear Algebra. Philadelphia: SIAM.
Golub G H, Van Loan C F. 2013. Matrix Computations. 4th ed. Baltimore: The Johns Hopkins University Press.
Gu M, Eisenstat S C. 1995. A divide-and-conquer algorithm for the symmetric tridiagonal eigenproblem. SIAM J. Matrix Anal. Appl., 16: 172-191.
Higham N J. 1996. Accuracy and Stability of Numerical Algorithms. Philadelphia: SIAM.
Higham N J. 2008. Functions of Matrices: Theory and Computation. Philadelphia: SIAM.
Parlett B N. 1998. The Symmetric Eigenvalue Problem. Philadelphia: SIAM.
Saad Y. 1992. Numerical Methods for Large Eigenvalue Problems. Manchester: Manchester U. Press.
Saad Y. 1996. Iterative Methods for Sparse Linear Systems. Boston: PWS Publishing.
Stewart G W. 1973. Introduction to Matrix Computation. New York: Academic Press.
Stewart G W, Sun J G. 1990. Matrix Perturbation Theory. Boston: Academic Press.
Trefethen L N, Bau Ⅲ D. 1997. Numerical Linear Algebra. Philadelphia: SIAM.
Van der Vorst H A. 2002. Computational methods for large eigenvalue problems//Ciarlet P G, Lions J L. Handbook of Numerical Analysis, Volume Ⅷ. Amsterdam: North-Holland (Elsevier), 3-179.
Van der Vorst H A. 2003. Iterative Krylov Methods for Large Linear systems. Cambridge: Cambridge University Press.
Watkins D S. 2007. The Matrix Eigenvalue Problem, GR and Krylov Subspace Methods. Philadelphia: SIAM.
Watkins D S. 2010. Fundamentals of Matrix Computations. 3rd ed. New York: John Wiley.
Wilkinson J H. 1965. The Algebraic Eigenvalue Problem. New York: Oxford University Press.